模　度

人性尺度上尺寸平衡的随笔
普适于建筑学及力学

模　度

Le Modulor · Modulor 2

[法] 勒·柯布西耶　著

张春彦　邵雪梅　译

中国建筑工业出版社

著作权合同登记图字：01-2006-1648号

图书在版编目（CIP）数据

模度 /（法）柯布西耶著；张春彦，邵雪梅译. —北京：
中国建筑工业出版社，2011.7（2023.7重印）
ISBN 978-7-112-13226-3

Ⅰ.①模…　Ⅱ.①柯…②张…③邵…　Ⅲ.①建筑设计–
理论Ⅳ.①TU201

中国版本图书馆CIP数据核字（2011）第088068号

责任编辑：孙　炼
责任设计：赵明霞
责任校对：肖　剑　赵　颖

模　度
[法] 勒·柯布西耶　著
　　张春彦　邵雪梅　译
　　*
中国建筑工业出版社出版、发行（北京西郊百万庄）
各地新华书店、建筑书店经销
北京嘉泰利德公司制版
建工社（河北）印刷有限公司印刷
　　*
开本：880×1230毫米　1/32　印张：12　字数：365千字
2011年10月第一版　2023年7月第四次印刷
定价：49.00元
ISBN 978-7-112-13226-3
　　　　　（20636）

目　录

Le Modulor

Modulor 2

---

* 模度数值图表在 49 页

Le Modulor

前 言

一 "建筑"这个词在这里涵盖了：

建造房子的艺术，建造宫殿或庙宇、船只、汽车、火车车厢、飞机等的艺术。

居住、工业或者一些转换、交换功能的建筑设施。

报纸、杂志及书籍印刷艺术。

"力学"这个词，用于伴随人类出现而产生的机器生产施工的称谓，以及对其周围空间的称谓上。从一些构件拉伸、轧制、融合进入机器制造完成时，通过一个动机性选择，暗示了一个随机或者近似的替换。

二 生活对于人类来说不是百科全书式的，她是个性化的。成为百科全书派 [百科全书派通常指的是 18 世纪法国一部分启蒙思想家在编纂《百科全书》（全称为《百科全书或科学、艺术和工艺详解词典》）的过程中形成的派别——译者注]，在大量复杂的事情和想法面前，只是去确认、认识和归类这些东西，就显得很麻木、呆板。在生活面前，有些人不能无动于衷；相反，他们是生活的积极参与者。在这里我们不企求什么别的，只是通过准确的标尺，来表达生活进程中一个阶段式研究的呼唤、抑或其研究轨迹、在明确结论中充分展开的（或许）研究。因为在这里，一个人、一方风土、一种氛围、一份热情、一种局势、一些状况、一个机会，他们能够构成一个历经纷繁生活环境的规律序列：局势，热情，矛盾，竞争，一些事物的衰退，一些事物的兴起，一些特殊条件，历经的变革……

百科全书图书馆的书架对面，在那儿，那些卷轴静静地排成行。

第一篇

研究的环境、社会背景、
形势及进展

第一章

导　言

一些决定、应用及习惯偏向于那些令人震惊的事情上，它们让人不适，构成了束缚，任意复杂化了规则。我们没有留意这样一件事。在某些不适产生时，一个简单的顿悟解开了束缚，发现了想象、自由创新的规则。这些应用变得适度或者一些习惯成为万能，而没有人，在如此多的令人疲乏的矛盾中，只去想象作出一个简单的决定，排除障碍的同时，为生活开启自由的通道。为了生活，就这么简单。

声音是持续的，不会因为尖厉的高音而中断。嗓子能够发出一个声音，并能够使其抑扬顿挫，众多的乐器同样也能够办到，例如小提琴，喇叭一样也可以。但是另外一些乐器，它们相比较起来就弱一些。因为它们已经属于一个经过人类化的、通过有机组织而得到的秩序里，那是附有艺术化的音程：例如钢琴、笛子等。

几千年当中，我们能利用声音来唱歌、演出、跳舞。那是口头流传着的第一首音乐，但仅此而已。

可是，当有一天，在公元前6世纪，有个人，他整天专注于转化一种音乐，一种与从口到耳传递所不同的音乐。那是写下来、记录下来的音乐。然而当时既没有办法，也不存在器具能够做这件事。重要的是把声音固定在一些确定的点，这些点是分散开并完美延续下去的。他希望通过一些易察觉的元素再现它，于是就根据确定的惯例分割这种延续，并给予分度。这些分度将组成声音艺术化尺度（人工的）的阶梯。

如何划分声音领域的这种延续？如何以一个大家都能够接受尤其是有效的尺度，划分这个声音？也就是说，要非常地灵活，非常地多样，非常地细腻而丰富，可是一定要简单、方便且容易达到？

借助于集合了可靠性与多样性有效支撑的两点，毕达哥拉斯回答了问题：一方面，人类的耳朵——是人类的听觉器官（不是狼的，狮子或者狗的听觉器官）。另外一方面，数字，意味着数学（那些组合），它自身是宇宙的产物。

这样就创造了第一个以书写形式记录、表现出来的音乐，有效地凝固了那些声音，并穿越时间与空间传播它们：多立克及爱奥尼的形式，稍晚的格列高利圣诵音乐（由教皇格列高利一世整理编定的无伴奏齐唱圣歌——译者注）以及跨越不同民族、不同语言国家的基督教宗教礼拜。除文艺复兴无大建树的尝试外，这一活动一直持续到 17 世纪。而在巴赫家族，尤其是让·塞巴斯蒂安本人，他创造了一个新的记谱法：平均律音节。这是新的更臻完善的工具。从那时开始他使音乐构成突飞猛进地向前发展。三个世纪以来，这一被用来记录音乐的工具，足够去表达那些显得精妙的东西，甚至灵魂：音乐的思想——让·塞巴斯蒂安，莫扎特的、贝多芬的、德彪西的、斯特拉文斯基的、萨蒂的、拉威尔的，以及最后无调主义的。

我担心这样的一个预言，或许机械时代的繁荣要求一个更加精细的工具，要更有效地去综合声音的排列，直到被忽略或者失去听觉，失去感觉，不被喜欢……依然是这样的问题：近几千年白人文明赋予的两个展开声音的工具——如果以前没有被划分，没有被定量，通过书写，依然不能使其延续。

在这里，我所进行的工作，它涉及的对象是：我们是否了解那些涉及视觉的事物？那些长度，我们的文明仍然没有超越音乐的阶段？所有这些被施工建造的，在长度、宽度及体量上布局的事物，它们并没有被赋予一个与音乐演奏同等的定量——类似那为音乐思想服务的工具。

这是否造成其结果是一种缺失，一个人类精神的迷失？这不像帕提农及印度的庙宇，那些大教堂，以及近来人类完成的所有那些精致细腻的作品，还有那些最近几个世纪诞生的令人惊诧的机械，他们都可以勾勒出时间的脚步。

如果已经提供一个线性或光学的度量工具，就像记录音乐的乐谱，那些建造施工的事情是否将容易呢？我们将去研究这样的问题，在读者面前商讨，首先给读者描述这一主题，解释已经涉及这一主题研究的历史。随后确定在目前阶段中的想法、创意，尝试着看看这一创意是否占有诱人的位置。最终，大门始终敞开，期待公众帮助，每个人都可以进入这一开放的领域，从这一敞开的大门门槛开始，描绘出一条更确定、更丰富的道路。我们将以一个简单的陈述结束：在当代机械化社会，每天为了获得舒适生活所需的资源，工具日臻完善，出现了一系列视觉定量工具。这一系列全新的工具将具有合并、集合的作用，以及平衡这时人们明显缺失的协调工作——历经痛苦——很难调和的两个不同体系的存在：一方面是盎格鲁撒克逊人的英寸，另外一方面是米制体系。

**

在着手进行我们这项工作以前，进行一个解释说明仍然是必需的：证明一个新视觉尺度要求的提出，真的是最近一段时期才集中兴起的。这时，那些高速交通工具转变了人类、普通老百姓间的关系。以往，步行使那些公司趋于节奏化，并固化了那些规范要求，创造并确立了那些应用的范式。一百年前，作为这些公众必需事物崩塌的前兆（指步行速度创立的公司节奏为高速交通工具所冲破——本书编辑注），火车头建立了一个机械速度，导致所有的事物都一致地尽最大可能去接近一个最快的位移速度。

当写下这些文字的时候，我们忽略了引起了很大震动的当代航空学，它在改变着世界。但这不是要展开的主题，而由此可以得出结论：一切都在转变，变得休戚相关。那些需求在转变，并占有新的空间。所提供的方式在递增；那些产品涌现、传播并覆盖了整个世界。于是提出了问题：这时那些用来生产制造物品的尺度，能够服务于建筑场所空间吗？这正是问题的所在。

当罗马帝国占据广袤的土地的时候，掌握了唯一的一门语言并用来治理国家。

当罗马公教会控制世界，一个世纪继一个世纪，夺得土地、海洋及大陆，它掌握唯一的传递思想的工具：拉丁语。在黑暗时期，当欧洲正在血与火当中寻求新的稳定时，拉丁语是表达基本思想的媒介。

. . . .

依然需要来继续说明的是：以精确的尺度建造出来的建筑，例

—6—

如帕提农神庙及印度庙宇，构成了一个规则，一个严密的体系，展示了一个确定的根本上的统一。而进一步来说，不规则是随时随地的东西，而那些高度文明的持有者，埃及、古巴比伦、希腊等，最终他们定量尺度，统一建造下来，他们拥有什么样的工具呢？那些恒久且珍贵的工具，从它们属于人类时，这些工具有了名字：肘、手指、拇指、脚、拃、步子等[肘尺，古代长度单位，约 50 厘米。手指，一指的宽度。拇指，英寸，约 2.54 厘米。脚，法古尺，约 0.3048 米。拃，张开手掌，大拇指和中指（或小指）两端间的距离——译者注]。我们直接进入主题：它们是人类身体不可分割的一部分，因此是适宜来服务定量有关于建造茅屋、别墅及庙宇的方法。

更进一步：它们是无限丰富和微妙的，因为它们具有数学的性质，这些数字确定了人类身体——优雅高尚而稳固的数字，我们感动于它们平衡和谐的特质：美（这是通过人类的眼睛、人类的思想去审视，因此说，对于我们来说，不会有另外一种规则了）。

肘、步子、拃、脚、拇指，作为计量单位，比起人类的现代化，它们史前就已被作为工具应用。

帕提农神庙及印度庙宇，大的教堂、茅屋、别墅等建造在了确定的地方：希腊、亚洲等，这些稳固的建筑形式从没有从一个地方迁移到另外一个地方，没有任何理由，去要求一个统一的尺度。就像斯堪的纳维亚人比腓尼基人高大，北欧人的脚和拇指从来没有必要与腓尼基人的尺寸协调一致，反之亦然。

然而有一天，世俗的思想，它回头开始征服世界。法国大革命深深启动了人类的理性。一个变革在之前已经被尝试，一种解放——最少的许诺——众大门向明天敞开。科学，计算走上了一条没有边界的道路。

在那么一个美好的日子，我们思考，在计算中我们有足够的去定量 0 这个十进制的关键了吗？没有十进制算法的这个 0，我们就不能够有效地进行计算。法国大革命废弃了英寸度量法及那些复杂又慢的计算方法。放弃了拇指英寸度量制，因此应该去寻找另外一种度量标准。那样地不带有个人色彩，如此地以一个客观态度的抽象概念，一个新标准变成了法国国民工会的学者们所接受的一个具体的度量尺度——一个标志性的实体：米（1790 年法国国民议会通过决议，责成法国科学院研究如何建立长度和质量等基本物理量的基准，为统一计量单位打好基础。次年，又决定采用通过巴黎的地球子午线的四分之一的千万分之一为长度单位，选取古希腊文中"metron"一词作为这个单位的名称，后来演变为"meter"，中文译成"米突"或"米"。从1792年开始，法国天文学家用了7年时间，测量通过巴黎的地球子午线，并根据测量结果制成了米的铂质原器，这支米原器一直保存在巴黎档案局里——译者注），地球子午线的四千万分之一。米这一度量标尺，让一个充满了新思想的社会接受了它。一个半世纪以后，在机械产品流行的时候，地球被划分成这样的两部分：一部分继续使用英寸度量，另一部分使用米制。英寸度量和人类身高紧密相连，但是使用起来又是如此那般地复杂。米与人类身体的比例尺度不同，可以划分为半米、四分之一米、分米、厘米、千米，如此多的与人类身体尺度不同的尺寸，因为基本不存在什么身高正好一米或者两米的人。

人们建造房屋、别墅或庙宇时，米制度量单位，似乎导致了那些令人吃惊的怪异尺度的出现。当我们在近处看时，尤为明显地体现在那些解体了的建筑。解体已经是一个足够褒义的词了：同它所作用的建筑客体相比，至少它含有一层人类的意思。"米制"度量作为尺度的建筑学，似乎被引入了歧途。而相比之下，英寸作为度量单位的建筑学却保持了持久的魅力，穿越了一个又一个已经消逝的世纪。

这样一个简短的序言作为我们研究方向的简述。我们开始明白随后的章节将会涉及的东西。首先是一个真实的历史，既没有粉饰，也没有稍许的夸张，来揭示那些创意通常是如何产生的，那些偶尔的发现是如何涌现的。

在世界各个地方，涉及建造那些居住的、工业或商业的、生产的、旅游和购物的建筑时，现代社会缺少一个普遍有效的、来支配一些建筑体量及内容的度量尺度，进而有效地提出安全保障的提议或者要求。这关系到我们的工作，这就是这一研究存在的道理：赋予序列。

而另外，是否协调的概念会使我们的研究工作更加完满……

第二章

年　表

　　在那么一个时期，亟需一个发现，让它来服务于人的大脑、眼睛和手：环境、社会背景及形势等有利条件，允许了研究及其结果向正面前进。提出应用一个新度量来补充米制或者英寸制，似乎是一个过分的想法。在他们开始应用之初，如果通过一个主教会议或者大会提出，似乎人们更容易接受。想法并不一定非出现在一个非常专业的研究学者身上，也可以产生于一个普通人，但这一想法要来自于特殊的社会背景，且享有一个有益的环境，又或者想法来源于一个创造的契机中。这里要讨论的人是建筑师、画家，他们近45年来一直从事艺术实践，在那里一切都被度量化。

　　1900～1907年，在一位非常优秀的大师的指导下，一位先生开始研究自然，在汝拉山上的大自然中，他观察那些远离城市的现象、事物。研究方式是通过学习、研究植物、动物、天象等来更新那些装饰元素。15～25岁的时候，在课堂上讲到：自然是秩序和法则，既统一又缤纷各异，既精妙、有力又协调平衡。

图2-1①

　　19岁时，他出发去了意大利，看了那些艺术作品，那些充满个性的、荒诞的、尖锐的作品。随后在巴黎学习了中世纪的课程，那是一个严格却草率的体系。而这时，大时代的格局是：城市化及社交化。

　　23岁时，在他的画幅上，我们这位先生，描绘设计了他将建造起来的一个房子的立面。提出了一个令人苦恼的问题："什么样的一个法则支配着、联系着所有的东西。我觉得表面上，

_____

① 这幅画是45年前在森林里完成的，该被读者来校正；诚然，那些垂直的间隔在向下延伸的时候不应该缩减；是这页纸的缩减，它引导着这一递减。

这是一个自然几何化的问题，我身处视觉现象之中，我目击了他们的形成。在柱础上虎爪饰教我们意识到了狮子！爪子在哪？狮子在哪？"……巨大的焦虑，巨大的模糊，巨大的空洞。

他想起了旅行时参观过的一个现代别墅，在不来梅（Brême），园艺师对他解释道：您知道，这很复杂，在这有很多窍门来解决

图 2-2

问题。那些曲线，那些角度，那些算法，这太深奥渊博了。这是一个名字叫做 Thorn Brick（？）的别墅，主人是一个荷兰人（接近1909年）。

一天，在巴黎小房间的煤油灯下，带图的明信片散放在桌子上。他的眼睛停留在罗马米歇尔昂日的政治中心画面上。他的手翻转着另外一张卡片，白色的一面，不经意地在政治中心的立面折出一个直角。突然一个现象出现了：直角支配着图形构成，那些直角轨迹控制着所有画面的图形构成。对于他，这是一个启发，也给他以信心。同样的实验在塞尚的画上也成功了。但是，我们这位先生怀疑这一判定，他自语道：艺术作品的构成，它为一些法规所支配，它可以是一些尖锐抑或精妙、意识化的东西；同样它也可以是一些平常实用的法规。还可以是蕴含着艺术家创作的冲动，可以是直觉的平衡与协调的迸发，例如塞尚；罗马米歇尔昂日是另外一种，倾向于描述愿望与预想、学术的绘图……

一本书带来了一些确认：是在奥古斯都·舒瓦西（Auguste Choisy）的《建筑史》（Histoire de l'Architecture）一书中，那些描绘图形构成的文章。因此，是否有一些基准线来支配那些构图呢？

1918年，我们这位先生置身于描绘一些图画中，非常认真地来完成。头两幅是"随便地"构成的。1919年，第三幅寻找一个支配性的方法处理布景。结果近乎是满意的。而第四幅，这一次他校正了第三幅画，通过一个明晰的绘图，丰富、统一、结构化了第三幅。结果是肯定的、无可争议的。这些是随后1920年（1921年，Druet

画廊展览）的绘画，他们以一个几何桁架为支撑，展开了两个数学理论：直角轨迹和黄金分割。（A）

那些年，围绕着数学的兴起而来了一种兴盛。《新精神》杂志已经出版，它引导着我们这位先生及其他人。一系列理论文章从他的笔下流淌而出，因为大战结束了，重新获得及维持一些基础的东西似乎是必须的。《新精神》杂志很明确地完成了这样一些工作。

我们这位先生，在1922年，这时他放弃建筑设计已经6年时间了。尽管这样，为了重新拾起这一活动，从1920年开始，他准备了那些理论概念。而后，在《新精神》杂志里，他又重新开始建筑设计了。那些他所建造的第一批房子，体现了新的建筑理论思想，是一个时代精神的表达。那些基准线使那些立面焕发光彩（只是那些立面），研究是复合并协调的：城市规划基本尺度（1922年，"300万人口的现代城市"），细胞结构统一（对于房屋）以及交通网络的确定。事实上，基础建筑学这一现象在15年前，在托斯卡纳的爱玛修道院，已经首次被提及。（个人自由与集体组织）[1907年]

在旅行当中，在那些协调的建筑中，对那些民间世俗的或者高度理智化的建筑，他都做了测绘。在顶棚与地板之间的高度差不多是这样一个定数，2.1～2.2米（7～8法尺）：巴尔干的房子、土耳其及希腊的房子、蒂罗尔的、巴伐利亚的、俄罗斯的、法国哥特式的木质旧房子。同样还有路易十五及路易十四小特里亚农的圣日耳曼农庄的那些"小房间"，以及从路易十五到文艺复兴，巴黎那些带有两层2.2米阁楼的传统店铺。这是一个人举起手臂的高度（B），一个人类尺度的完美高度。

在那些建筑施工当中，他情不自禁地去应用和表达这一饶有趣味的高度。这往往与那些政治官员的条例相矛盾。一天，巴黎一个重要团体的官员对他说："我们保证允许您有时违反规范条例，因为我们知道您的工作是为了人本身的舒适与自由。"

《新精神》被赋予"现代活动国际刊物"的副标题。在那里，人们定量、评估、讨论一些范畴、现象的相互依存性，并去证明在我们这个时代，一切都是失调的和无规则的。事实上，在一个致力于现代美学发展的活动中，是与经济因素紧密相连的。一天，一篇文章引起了争鸣，标题为《批量建造》，探讨了被称为"居住机器"的房屋。批量、机器、效率、成本、速率，如此多的概念，我们信赖它们的存在，并求助于一个度量体系的精度（1921）（C）。[1]

《新精神》是立体主义，那一引起众多精神批判及革命的名词的代言人。这不是一个使社会及经济产生震动的技术发明的问题，表现为一个思想的自由与发挥。表现为一个开始：那些正到来的时间……令人震惊的造型变革的时刻。这一革新这时即将进入建筑学领域。（D）

我们这位先生，是位自学的人。正规官方的教育避他而去，他也不知道那些规范条例，不了解那些学院学会编纂的强加规定的东西。避开学院学会的思想，令他有一个自由的头脑和灵敏的嗅觉。立体派，包括在造型艺术范畴之内，理性化了视觉艺术。他生在一个音乐家庭，可他连音符都不认识，但他是一个敏锐的音乐家，非常了解如何去作曲，擅长去讨论及评述音乐。音乐是：时间和空间，就像建筑。音乐与建筑，它们都取决于一个度量的尺度。

在他的论著《新精神》之后的一些年：出现了马蒂拉·吉卡（Matila Ghyka）的关于自然与艺术中的比例尺度及黄金系数的书籍，1921年的《基准线》。他不是去准备追随书里的数学论证（形式代数）。相反，那些最终被他察觉到了的图形，成了他思考的客体。

一天，苏黎世大学（现位于巴塞尔）的教授安德烈亚斯·斯派泽（Andréas Speiser），他致力于群及数的卓越研究，并作了一些关于希腊人装饰、关于巴赫、关于贝多芬的研究。在那里，代数给予了全部的证明、验证——"同意"，他回答教授说，"自然是数学，那些艺术品杰作是与自然的共鸣，他们转达了自然的法则并服务于自身。结果艺术作品变成了数学，学者能够将他不变的推理及完美的公式用于艺术作品。艺术家，是无止境的，极其不同寻常和感性的通灵者。他们感受、辨别自然，并将其表达在那属于他们的创作之中。他们接受如命运般的必然性，同时也是这种必然性的传达者、代言人。这样，例如您的数学的研究，它控制这些希腊的装饰，证明了那些奇妙的构成。我，作为造型师，如果你叫我处于

---

[1]　如此的一些担心引起了轰动，1935年，我去美国的第一次旅行，媒体对我一致抱怨……（美国在想：这是亵渎神明的），今天，1949年：批量、机器、效率、成本及速率……！

图2-3

这个自然带饰装饰中，我会觉得这一装饰构成和我是同路的，因为它形成了装饰必然性的一部分，形成了一个简洁的群系列。它的关键是几何，几何化了的它是自然人性的，因为人也在自然几何法则之中。"

接近1933年，如此多的这种倾向，它们应该驾驭我们的建筑学，去接近一个出乎我们这位先生预料的、完美的确认：在苏黎世大学600周年庆典上，他接待了著名的数学哲学及形式空间组织研究博士，霍诺里斯·考萨（Honoris Causa），他们的辩论使他意外，但无论如何……！1945年，经过了令人窒息的几年，在一个短语中，这位先生找到了表达他深深忧虑的词："难以描述的空间"，并将其表述为：

"占据空间是有生命之物，人类、动物、植物和云彩的基本行为，平衡而持久的根本表现。存在的首要证据是对空间的占据。

花、草、树木、山川，它们站立着，生机勃勃地存在于一方风土之内。如果有一天，它们以一个至上和谐的态势引起了注意，那就是它们自身所表现出来的并引起周围的和谐。我们停下来，感受着如此多的自然联系；我们观察，激动于如此多的空间搭配的协调；于是我们去定量那些我们看到的。

建筑、雕塑及绘画它们尤其依赖于空间，依附于空间处理的必要性，每一种艺术以适合它们自己的方式。这是在这里主要说明的，那就是美学感受的关键是一个空间的官能。

周围作品的作用（建筑、雕像、绘画）：波形装饰，喧哗或嘈杂（雅典娜的帕提农神庙），像辐射放射出来的、炸弹爆炸涌出的线条；近处或远处的风景被震动、影响、控制或轻拂。环境的反应：房间的墙，它们的尺度，带有不同分量立面的广场，广阔的或起伏的风景一直到平原消逝的地平线，或者以山川为底景，用整体氛围来衡量这一场所，并成为那里的一件艺术品，烙上人类的愿望，强加其深

度或伸展度，坚硬度或蓬松度，粗犷或柔美。协调一致的现象出现了，如数学一样地精确——造型声学的真正的出现；它将被允许求助于最精妙的那些现象秩序之一，喜悦（音乐）或抑郁（噪声）的承载者。

丝毫不是自大，我来做一个有关空间'出现'的陈述，是在接近 1910 年，我家族的艺术家们在立体主义创造者们惊人地活跃时所从事的活动。他们讨论*第四维尺度*，不管是带有或多或少的直觉预感及第六感似的远见。一个致力于平衡、和谐的研究，借助于三个艺术的实践：建筑，雕塑及绘画，轮到我并使我能够来观察现象。

第四维尺度，似乎是一个由特别地恰当的和谐所引发的无限流失的时刻，这一和谐由造型艺术手段引发并实现。

这不是选题的效应，而是一个所有事物比例上的胜利——作品实体性，同样也像一些被控制或没被控制的、可领会或不可领会、然而存在并得益于直觉的一些意图的效应，这一后天的、被同化的、甚至被遗忘的智慧催化的奇迹。因为在一个获得成功的作品中，被那些成堆的意图埋没，一个真实的世界，展示给率直的人，这个人想说：成就属于谁。

于是一个无界的深度开启，拆掉那些墙，去掉那些偶然的出现，*完成那难以描述空间的奇迹*。

我不知道教条的奇迹，但我经常生活在难以描述空间的奇迹中，造型艺术感受的圆满。"

1925 ~ 1933 年，大力生产的那几年，那时处在战前危机，在法国人们树立品位与追求，以人为尺度的建筑设计要求促使他在工作室的墙上设计了一个 4 米高的米制尺，以便他自我核对，对照他自己的身材，标注尺寸，一组真实的尺寸，窗台的尺寸、座椅的尺寸、过道的尺寸……这一经验说明了在十进制体系之下，米只是一个数字，一个抽象的数字，建筑上不能定性一个间距（一个度量单位）。这一甚至危险的工具，如果从其抽象的数字构成出发，出于不在意或懒惰，我们就这样将其具体化为一些实用的尺寸，米、半米、四分之一米、分米等；在这一使建筑学消沉的世纪，进化逐渐自我实现了。

因在生活的某一时刻，我们这位先生面对着"*法国标准化协会标准*"，几年以后，他才完成了现在的漫笔。

　　为了有助于地方的重建，那时候法国标准化协会已经创建，一些工业部门、一些工程师及建筑师被聚集起来，去标准化尤其是用来建造住宅的一些东西。我们这位先生没有被邀请参加这项工作，尽管在 20 年以前他就已经指出了：

　　"为了面对完善的问题，应该建立标准化机构。"

　　"帕提农神庙是一个应用标准化选择的产物。"

　　"建筑设计体现在那些标准上。"

　　"标准化是一个逻辑的东西、分析的东西、一个一丝不苟的研究得出的东西；是在一个明确提出的问题之上确立的。试验、检验明确地确立了标准化。"

（"视而不见的眼睛"，

《新精神》，1920 年。

以及：《走向新建筑》，1923 年）

· ·

　　"大工业应该专注建筑并批量化制定建筑部件。"

　　"应该建立批量化的精神：

　　批量化建造建筑的精神，

　　居住在批量化建筑中的精神，

　　构思设计批量化建筑的精神。"

（"批量化建筑"

《新精神》，1921 年）

· ·

　　对于这一活动：*使标准化。*

　　伴随着那样多的舆论谴责！

　　当法国标准化协会发表第一批标准化系列时，对于普遍应用于建筑学及力学的人性尺度和谐的尺寸，我们这位先生决定明确他的那些预感。

**
*

　　图 A、B、C、D、E，再现了自 1918 年开始的那些有关基准线

— 16 —

图 2-4

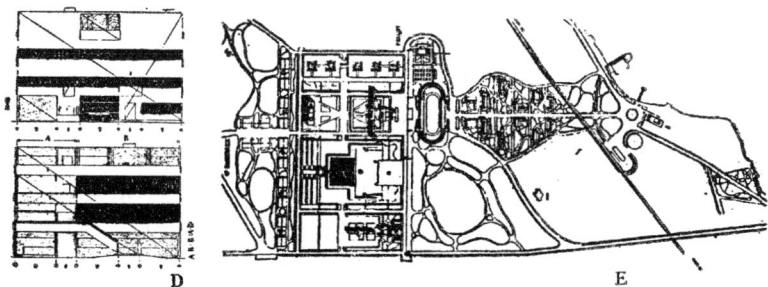

图 2-5

的绘画及建筑作品。"直角空间"、黄金分割、对数螺旋线、五边形……一个几何化族群，各个自身都显示了一个特殊平衡的性质。由此，得出了某些特性。基本上，基准线不是被预先设想的；根据确确实实先天的、已经正式明确的布局的要求，它就是被这样或那样选择的。在几何平衡的平面上，轨迹、画线只是来排序，来使其明晰，实现或要求一个真正精确的纯化。这些画线没有带来诗意的或抒情的想法，丝毫没有给主题以启发。它不是创造者，是平衡者。纯塑性的问题。

　　这就是同时期设计的住宅及其他建筑物的一些立面——小住宅、公共建筑、建筑组群：

　　体现了黄金分割、"直角轨迹"及 2.2 米高度（一个举起手臂的人的高度）的绘画及建筑设计。

*
**

这是巴黎的占地情况，以及被分界线分割成两部分的法国。我的工作室自 1940 年 6 月 11 日已经关闭。在 4 年之中没有任何委托改建的工作，这使我们能够深入地进行学术、学说的研究。尤其是 1942 年创建的一个协会的协助，"ASCORAL"建造者建筑革新联合会，在某个好奇心所掩蔽的角落，这一协会的 11 个半小组每月聚集两次。准备了 10 本书的主题材料。第三组主题为"*住房科学*"，包括了三个部分：

a）住房设施；

b）标准化与施工；

c）工业化。[①]

我的年轻人当中的一位——哈宁，他于萨伏伊在线的另一头转圈（1943 年）。"请给我一个任务来打发空闲的时间"，这个男孩从 1938 年就在我这里工作，长时间以来他非常了解这一关于比例尺度研究的内容与精神，这时应该回答他："法国标准化协会组织提出标准化（建筑）施工对象，方式是过于简单的，是建筑师、工程师、工业家的应用或成套工具间的简单运算、简单方法。"这让我觉得有些武断和贫乏。例如那些树木，它们的躯干、枝条、叶片、叶脉向我表明，生长及组合的规律能够且应该更丰富更巧妙。某个数学的联系应该介入这些事物中。我梦想能够置身于那些稍晚将铺满该地区的工地之上，一个在墙上标出或靠在墙上用铁条焊接的"比例格子"，将作为工地的标尺准则及作为一个展示比例与各种相互联合的无界系列的基准；泥瓦工、木工、细木工将不时来到这一"比例格子"处，选择他们作品的尺寸，所有各种作品及分化将作为这一协调的证明。我的梦想就是这样的。

"您把举起手臂达 2.2 米高的人放到两个叠放的 1.1 米的正方形

---

① 那些出版的或即将出版的《关于四条道路》，N.R.F.1941；《雅典宪章》，Plon，1942；《人类住房》，Plon 1942；《和学生的访谈》，Denoël，1942；《城市规划的思考方式》，（Ascoral，1943 ~ 1946）今日建筑出版；《人类三大聚居地》，Denoël，1943 ~ 1946；《城市规划言论》，1945；Bourrelier，1946。其中的一些书籍我们已经翻译成英语、西班牙语、意大利语、丹麦语等。

中；试着把第三个正方形嵌在前两个之间，应该能找到一个解决方法。直角轨迹应该能够帮助放置第三个正方形。"

"借助于工地上这个通过安置在内部的一个人来限定的方格网，我深信您获得了一个与人身高（抬起手臂）及数学相对应的尺度系列……"

这就是我对哈宁的指导。

1943 年 8 月 25 日，第一个命题到来了：

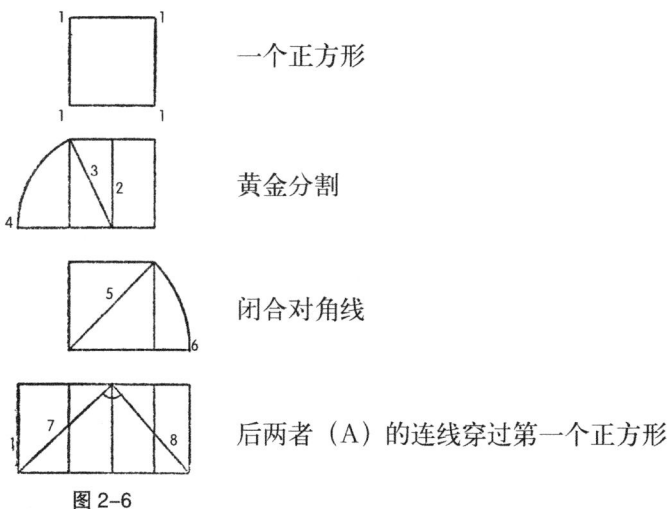

一个正方形

黄金分割

闭合对角线

后两者（A）的连线穿过第一个正方形

图 2-6

建造者建筑革新联合会组织也参与了工作（第三组 B），尤其是伊利萨·马亚尔小姐。[①] 1943 年 12 月 26 日，她（A）的更正过的图样提出来：

在 g-i 直线上出现了一些值得注意的尺度，它们之间的关系是无穷丰富的，但仍未向我们显示出一个体系。

我们可以看图 8：

abcd= 最初的正方形

ef= 中线

---

① 受雇于克鲁尼博物馆、关于图形构成的优秀著作的作者，《黄金分割》，André Tournon et Cie 出版社。

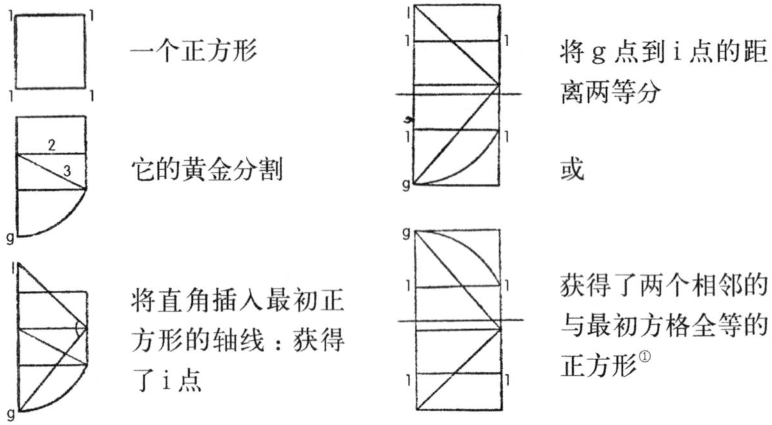

	一个正方形
	它的黄金分割
	将直角插入最初正方形的轴线：获得了 i 点

	将 g 点到 i 点的距离两等分
	或
	获得了两个相邻的与最初方格全等的正方形①

图 2-7

在 f 点我们插入直角连接 g 点；i= 在 g、b 两点延长线上汇合；bdij= 两个矩形，它们的 bi 边 dj 边与 iq 及 qj 边是黄金比例关系；ghij 的水平向中线 =kl；kl 的对称 =mn；klmn 被垂直中线分成两部分并获得：komp 及 olnp，它们的对角线和它们的半分线是黄金比例关系。

在 gi 线上我们看到 m 点位于黄金分割点上；

m=abcd（母函数正方形）的黄金分割点；

k=dcab 的黄金分割点；

k=ghij 的中线点。

在 gi 线上我们观察到 5 条递增的系列线：

km；

ka=mb=bi；

ga=am=kb；

gk=ki；

gb。

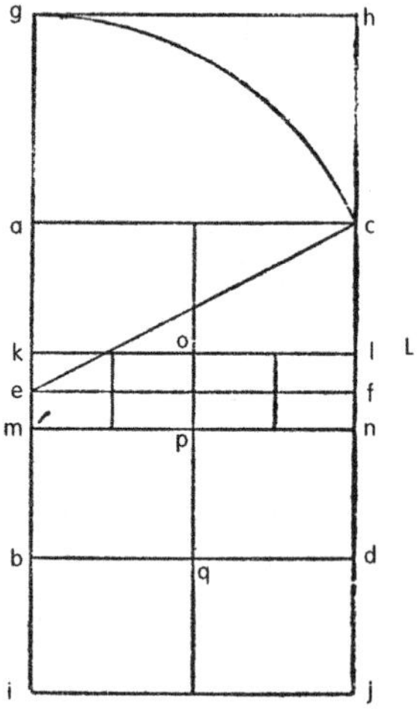

图 2-8

---

① 最后，我们将实现三个全等正方形。

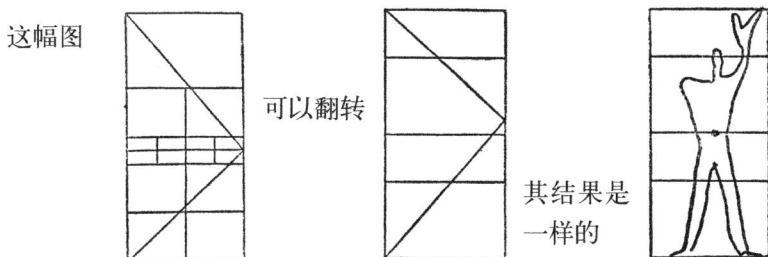

这幅图　　　　　　可以翻转　　　　　　其结果是
　　　　　　　　　　　　　　　　　　　一样的

图 2-9

如果 gk=ki，gklh 与 klji 是相邻的两个全等正方形。它们与最初的正方形 abcd 也是全等的。

我们因此明白了提出的问题：*在容纳一个抬起手臂的人的相邻两个正方形中，从"直角轨迹"处插入第三个正方形。*

哈宁获得的 j 点与 i 点不是完全重合的。

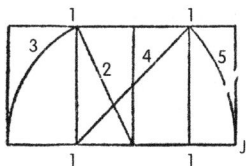

我们看到两个近乎相等的图像，但是思考方式却是不同的：哈宁是通过最初正方形的两条对角线来获得。

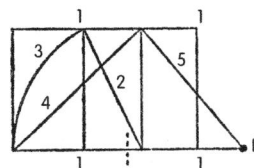

马亚尔通过黄金分割关系绘制（源于第一条对角线并继续从 i 点建立直角）。

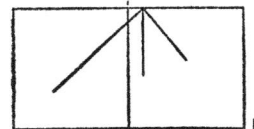

i 点确立了两个相邻的与最初正方形全等的正方形。

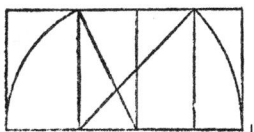

图 2-10

格栅诞生了——带有一点 i 点及 j 点的误差——格栅准备安置在重建工地上，以便提供设计描绘房间、门、衣橱、门窗等的一些尺度，这一尺度是适用的、平衡和谐的、丰富的。借助于无限关联的系列，使之能够获得预制住宅的那些元素构件，并不费力气地将他们并列起来。

我们重新置身于工地，在塞弗尔街工作室。1922 年，第一次展示了"尺寸一致的公寓"的研究（"楼房—别墅"），随后在 1925 年（在国际装饰艺术展上的新精神馆），随后在 1937 年："有害健康的第 6 号组团"。在设计对象尺度上，格栅给我们带来了非凡的保障。这是我们创造的一个表面元素，一个数学次序与人类身高相联系的方格网。我们使用它，但是不满意：我们还没有一个对我们所创造事物的定义。

老实说，我们还没有达成意见一致。哈宁在 1944 年 5 月 10 日，从萨伏伊给我写道，马亚尔—勒柯布西耶的图从数学上来说是不可能的：直角轨迹只能位于两个相邻正方形的连线上，在"s"点；"只有一个可能的直角，就是在两个正方形的对角线上。"肯定的是，这与 1943 年 8 月 25 日他自己描绘的 7-8 斜线的出现是矛盾的。1948 年 8 月，像他解释的一样，这一斜线将出现，被找到。

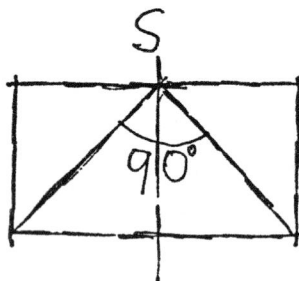

图 2-11

读者应该想象一下研究的现实情况：那就是德国人对巴黎的占领。人们四处离散，很难汇聚到一起。在巴黎的压抑气氛中，有关建筑这一行业的人们之间的争论，离清晰的阐释还很远。一项法令迫使我为 1940 年末维希创建的建筑师工会完成候选文书，我的候选资格将放在工会来审查，持续了 15 个月。一直到我们听到英国人的加农大炮在凡尔赛边上轰鸣（已经 1944 年）。建造者建筑革新联合会组织，借助于蜡烛的微光，工作在其日常委员会中，在塞弗尔街35 号废弃工作室的灰尘中，没有电话，没有暖气。第三组 B：他的任务是对标准化的追求。我们也收到法国标准化协会官方工作的回应，建造者建筑革新联合会第三组 B 的领导人，他自己也是法国标准化协会的成员。他经常和我写信联系，其中 1943 年 10 月 16 日写道："在建造者建筑革新联合会组织里，与他的法国标准化协会（AFNOR）的观点有一个根本的不同：一方面是可能的最完美，另一方是现有的一般水平。"

1944 年，解放了。

秋天，我加入了建筑师国家同盟学术委员会，它是在讨论基础上的国际现代建协《雅典宪章》许可的。重建，建立，确立系列元素，平衡……比例格栅从来没有被这样列入议事日程中。

1945 年 2 月 7 日，马亚尔小姐与我，我们回访索邦科学系系主任蒙泰尔，并给他看了我们的方格图。他的回答是："在你们能够将直角插入两个正方形的时候，你们引入了函数 $\sqrt{5}$，并激发了黄金分割的兴盛。"

1945 年 3 月 30 日，我重又认真进行比例格栅的研究，沃根斯基、哈宁、奥雅姆和德·洛泽都在其中。外交部的文化联系处要求我组织与美国建筑研究的任务。我希望能够将比例格栅带到美国。作为一个预制尺度可能的工具，我们校准调整了一系列的图板，展示了（在我们自己眼里）所有可能的无穷联系变化。

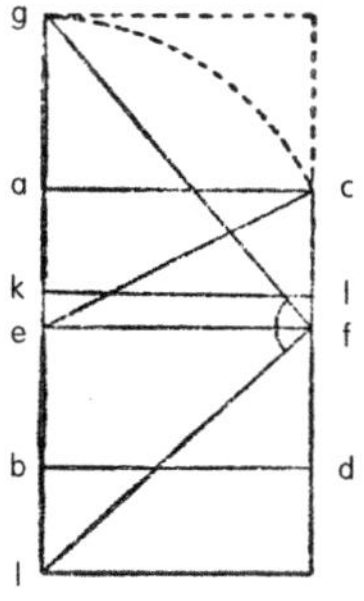

随后我们将发现的几何联系赋予一个人性的尺度，采取 1.75 米高的一人高度。

图 2-12

从那时开始，格栅尺寸被定下来：175—216.4—108.2，在这一尺度中，我们能够分出一个递增的黄金分割数列：1，2，3，4，5，6，……

我们发觉这表现为如斐波那契所讲的数列，这里两个连续项的加法产生了后面的项。

这时，这项工作获得了专利。

有趣的是这一事情产生的一些细节：

对我来说，很难开门见山地、简单地、快速地给比例格栅以一个解释。我们解释给一个不熟悉的人，他是专利办公室的领导，一个信息工程师，他还不能在思想上接受这样的一个研究。在长期的个人建筑设计经验之后；在家具、城市规划、施工、经济及雕塑领

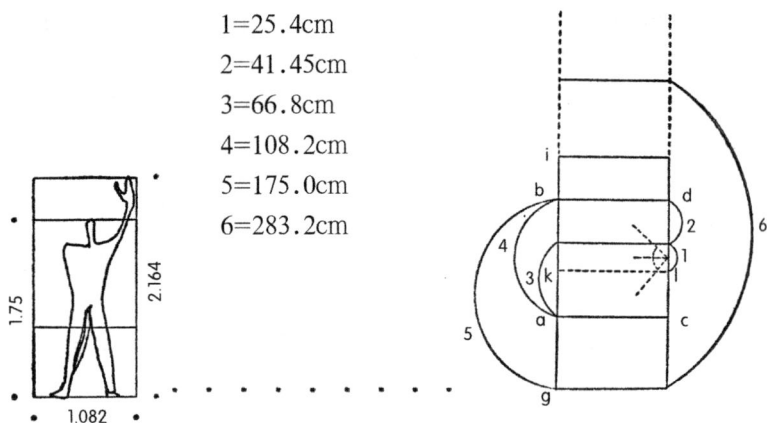

1=25.4cm
2=41.45cm
3=66.8cm
4=108.2cm
5=175.0cm
6=283.2cm

图 2-13

域等个人经验之后，如何去理解这件事。我们进入了某一轨道，它
似乎导向第一个结论：我们在一扇门前，门后面发生了一些事情，
但是我们还没有开启理解这一情况大门的钥匙。在他的工作室里宝
贵的时间随着秒针的敲打流逝，我们请教这样一位很高雅同样很可
亲的工程师（在一整天当中他要倾听所有的观点），请教这个发明专
利大办公室的领导。我们对他说：先生，请允许我首先声明，介于
诸多的以及我生活经验中来的理由，我对那些发明专利权不感兴趣。
然而，我将给您介绍一个比例格栅……这一格子通过量化、数字、
描绘表述出来，但是我们还没有找到一个对它的定义抑或阐述。对
于我的解释如果您什么都没有明白，我重新开始第二遍。如果需要，
我会重新开始第三遍。如果很明显您对这件事不感任何兴趣，您就
把我撵走。就这样进行了第一次解释、第二次解释——"很遗憾，
我不明白。"于是第三次解释，"停止吧，我明白了，这非常的有趣，
太重要了"……在休假的时候这位先生对我说道："在我的专利师生
涯里留下了闪光的一刻，那就是和您谈话的时候……"

　　对于我的谈话者来说，发明的重要性是无可争议的，并带来了
可观的资金资助。

　　在随后的那些星期里，过去的一年中，我们把任务转交给一个
很聪明、很有修养的男士，由他完成这一战后预制尺度的实行。我

对事物的感觉变得明确，那不是野心欲望：我度量比例格栅，如果有一天应用于预制，它应该利用"英寸"和"米"。

那些业务员声明："您有权利征收所有以您的尺度方法施工建造的许可。"数量众多、无穷无尽。我的特许人在欧洲及美洲的众多国家享有专利权。他准备在不同的地方创建办事处⋯⋯

· ·

总而言之，这件事情开始刺激到我了。专利师似兄弟般焦虑地打量我——"您是您的第一号敌人"，他说道。

特许权代理人与世界各地保持联系。一天，他向我声明道："您的那些数字是那般近乎不可改变的正确。它们不能够与英寸或米的'整数化'数字相一致，不能很好地与法国标准化协会的尺度接合。但是如果您同意在您的那些数字刻度中有稍微的一点灵活性，变化的余地不超过 5%，一切都将会正常，一切都将会容易，所有的人都会同意⋯⋯"

可怕的话题持续了 1945 年整整一年！

随后前往美国的旅行即将到来，包括在"弗尔依·S·霍德"货轮上的横渡。

1946 年的一天，在巴黎，我请在于日讷（Ugines）的一个化学电镀的朋友，安德烈·贾乌尔（André Jaoul），让他陪我到专利师那去。"先生，我对这个优雅的男人说，在见证人面前我跟您声明，在我的发明里没有任何要聚集财富的念头。钱不应该介入这件事里，请理解我。我渴望平静地去追求这一围绕着格栅的研究，着手进行并展开对它的实用的解释，根据日常的形式和在我眼中及自己手中的形式，揭示它的那些功效及不足，思考并对其作出调整。我不需要一个商业性的组织，我不想做广告。这一发明如果能够做到，那么它的初衷是，使世界上我的朋友们、当代的建筑师们能够致力于这一发明，使他们在那些最好的杂志中奉献他们的一页研究，并能够传播这一发明。我很清楚地感觉到了这件事情的责任。我们不能够在这件事情中进行一个不好的、生硬的、重复且没有资金的顾忌。我面对着那些使用这一实用比例尺度工具的施工者及建筑师，我充满焦虑，尤其对这件事十分焦虑。很多会议忙于解决这些事情。稍晚，如果事情需要，联合国将通过经济及社会划分来权衡这个问题。而有谁能够了解呢？是否有一天我们能够接受那些障碍、那个制动系统、那一竞争，以及目前两种尺度区分对抗的涌现：英寸和米应该终止，随后我们的尺度将能够连接那些区分与对抗，将能够变成一个统一工具。亲爱的先生，您一定很明显能够感觉到，如果我知道在我的每一个激励、每一次辩论、每一次成功背后，都有一个出纳员以我的名字把钱存起来，我将不能够继续追求这一将成为神圣事业的工作。我不是一个收过路费的收税员。"

这次会晤解决了这一问题，而读者朋友，我能够向你保证这件事已结束，经过了 1945 年这么一个充满资金展望的炫目一年，我自我感觉丢掉了束缚，变得轻松、明朗地面对自己，这是最大程度地令人满意。

· · · · · · · · · · · · · · · · ·

在工作室，我让安德烈·沃根斯基和苏丹帮我准备去美国的资料。苏丹是新加入工作中来的，还不了解问题的情况……两个正方形产生第三个正方形……最初的那些天，他对工作有所介入与反应，他说道："先生，我觉得您的发明不是一个面性的展开，而是线性的。您发现的方格只是线性数列的一部分，黄金分割一方面接近于 0，另一方面接近于无限大。""漂亮，我回答道，从此我们将它命名为——比例的尺子。"

此后，在迷雾的外面，一切都进展得很快。

苏丹在涂釉的厚纸上完成了一个 0 ~ 2.164 米的完美标带，与一个 1.75 米高的人的尺度相结合。

1945 年 12 月 9 日，我尝试了第一次对这一比例尺的表述：

随后，自由轮"弗尔侬·S·霍德"在 1945 年 12 月中从哈佛出发，将会在 19 天以后到达纽约。历经了头六个可怕的暴风雨，停留在一个波涛汹涌的海面上。美国的陪同向我们预报了 7 ~ 9 天的航程，从第二天船位已经确定，这让我们能够容易计算出将要到来的 18 ~ 19 天。对于 29 个游客来说，这是一个激励。我们睡在宿舍里，而水手们睡在隔间。我对陪着我的克洛迪于斯·佩蒂（Claudius Petit）说："在没有找到对我的黄金比例尺解释前，我不会离开这条

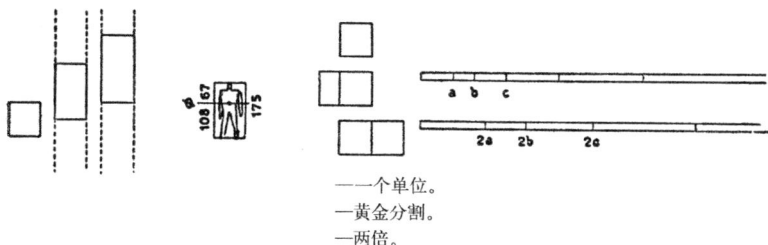

——个单位。
—黄金分割。
—两倍。

图 2-14

神圣的船。"一位可爱的游客与那些官员交涉道：每天早上从 8 点到 12 点，晚上从 20 点到午夜，他们中的一个隔间都有人在找着位置。而那时是我正在海浪的不适中，专心于梳理、联系某些及随后出现的另外一些想法。在我的口袋里装着苏丹标刻出的那个标带，卷在一个装柯达胶卷的小铝盒子里，这个小盒子一直都没有离开过我的口袋。人们经常见到我——在那些最意想不到的地方——从盒子里牵出那条魔法蛇，并着手进行检验，例如：在轮船上，我们中的几个蹲在空中指挥塔里，愉快而有效地寻找着那些比例性的事物。离开盒子的这一条标带，面对着一个交锋与验核，况且还有 1945 年圣诞的凯旋。1948 年的春天，是另外一个校验。我出席"重建—城市规划—公共工程"经济会议，为了讨论关于住宅租金新法令的制定。我们讨论了住宅的高度。我主张利用一个举起手臂的人的高度，以及这一高度的两倍。我们在巴黎皇宫（Palais-royal）"小房间"（18 世纪末、19 世纪初重修）那一层讨论。这一尺寸，对于我们所在的这个厅来说，足够我们用来争论、讨论。从地面到顶棚，我展开我的尺子。我们的主席，卡科先生（Caquot），记录下来这一准确的一致性。

我们转回到轮船上。

在船航行颠簸的时候，我拟定了一个数字尺子：

这些数字契合于人类身体构造及那些空间体积的关键点。因此，它们是人性的。

它们具有一个数学特殊情

图 2-15

— 27 —

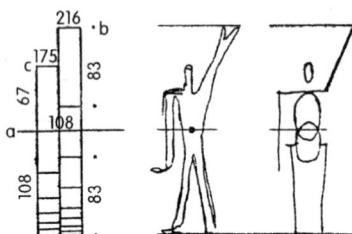

图 2-16

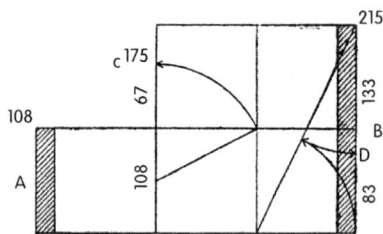

图 2-17

况，或许甚至是享有这一特权的？图案能够回答这一切：

一个单位………A（=108）

两倍…………B（=216）

A 的黄金比例 =C（=175）

　　　　　（108+67）

B 的黄金比例 =D（83）

　　　　　（143+83）

我们这时可以说，这把尺子，在空间的主要点上引入了人体的尺度，并且它实现了一个最重要的、最简单的数学价值的演变，这就是：一个单位，通过加入或重新分割，实现它的两倍及两个黄金比例关系。

我们尤其可以肯定，比起最初简单地插入图形，现在它更加确定、更加进步，取代了直角轨迹，取代了插入两个相邻正方形的第三个正方形，它们三个是全等的。将两个结论合并到一个图案中，于是我获得了一幅极其漂亮的图画。首先我限定了"红色系列"，以 108 为一个单元单位的、斐波那契以黄金比例关系确立的系列。又限定了"蓝色系列"，是以两倍即 216 为一个单元单位得来的。我画了一个 1.75 米高的人，通过四个数字引入：0、108、175、216。然后红色条带放在左边，蓝色在右边，黄金比例系列向下接近于 0，向上接近于无穷大。

1946 年 1 月 10 日，下了轮船，我们到了纽约。我有一个与凯泽先生的会晤，他是战争时期那些著名的自由之舰的建造者。他的新计划是在美国每天建造一万幢房子。——"但是，他回答道，我改变了计划，我将生产汽车……！"与他的会晤所作的陈述唤起这一

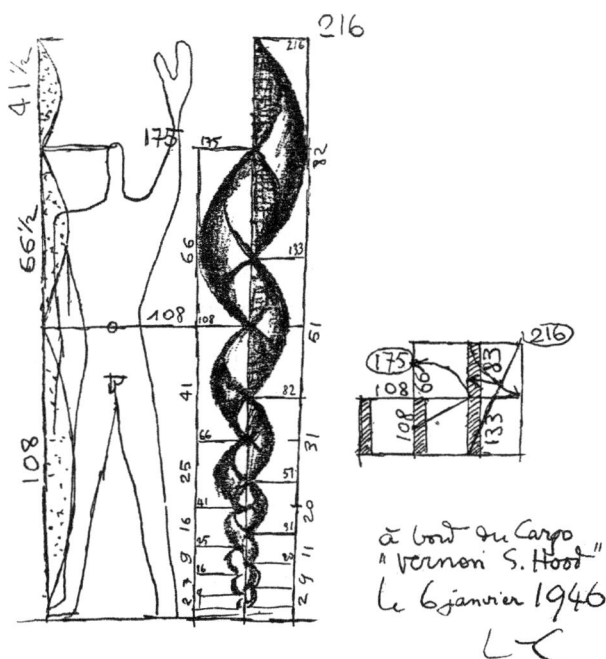

图 2-18

研究向更远展开。我们暂且放下思考，插入一个社会经济方面的
话题：

　　美国完全能确保这位才华卓越的工业之长、凯泽先生，每年生
产 300 万幢房子。因此，这些房子是近似的、系列性的。这些房子
覆盖着大地，沿着长长的街道展开，当然这些道路不是在城市里，
那里已经没有位置了，这是在乡村。城市过度无限地展开——郊区，
广大无限的郊区。为了能够连接他们达到畅通，需要创建大量的交
通：铁路、地铁、轻轨、公共汽车……因此，无数的路面需要铺装，
无尽的管路需要畅通（水、煤气、电、电信等）这是什么样的举动？
如此巨大的生产制造！您相信吗？这加速了失败，造成了 1935 年
我已观察并分析到的大浪费。[①]没有人有权利来告诫凯泽先生，没有
人打算在他的冲劲中叫他停下来，任何机构都没有去为了正确引导

————————————
① 《当那些大教堂是白色的时候》。

社会发展及节约那些不可遏制的能源流失工作……因此6个月的学习研究之后，以其权威，凯泽先生决定不再建造那些房子了，转而生产汽车。那些汽车能够服务，帮助解决交通，允许了美国城市规划领域内性质转变现象的出现。这里有了另外一个问题：廉价，汽车本身效能、效率。但是在美国竞争是激烈的、巨大的。在公众口味要求的压力之上，需要不断地提高、加强。即汽车作为大众思考重视的象征，并作为第一位的。因此，将被迫迎合大众的口味：流线型车身，最受欢迎的那些汽车品牌都足够大，夸张彰显它的功率。那些汽车是豪华的，光彩夺目的，作为享乐的传递者、力量的使者。而这些汽车是巨大的，它们的发动机罩及其前面部分，看起来就像带着巨大镀铬下颌的力量之神。在美国，道路的交通堵塞是众所周知的。那些汽车比起以前变得更长。当它们掉头的时候挡住了街道，它们罩上的外罩就像外壳一样。而效率呢？通过一些法令被限速，汽油油漆及钢材的双倍浪费。这就是人类尺度面前的新东西……我结束这一题外话，重新回到我的模度。

我第二个会见的是利林塔尔（Liliental）先生，在诺克斯维尔，他是田纳西州流域权力机构（T.V.A）的一把手，是罗斯福总统的平衡大方案的支持者，这一方案为：田纳西州的水坝，新城，农业的拯救与再生。

谈话一直在亲切友好的气氛中进行，因为我的黄金比例尺子谈论的就是平衡、和谐的问题，而利林塔尔先生所有的工作就是以平衡、和谐为目的。他非常满意这一和缓的想法：通过那些大型的工程公司，通过大型项目的协调，实现控制平衡：水、机车力量、肥料、农业、交通、工业。首要的是：大的地域，例如法国这样正努力摆脱土地风化削弱的国家，这一风化削弱以令人恐惧的速度，拿着一块沙漠化裹尸布覆盖大片可耕种的土地。而以取得胜利的生活经验，重拾对获得解救土地的热情，以便能够实现当代组织机构中综合的、较大的部分。对于这件事情，苏联和美国一样，正展示他们解决问题的能力。

随后在纽约我会见了我以前的一个绘图员，瓦克斯曼，他以极其出色的能力创建了"Paneel协会"，来为住宅建造施工者提供整体系列构件。我们的一个普通朋友，波士顿的哈佛大学建筑学主讲教授，沃尔特·格罗皮乌斯，他帮助这一机构走向一个真正的建筑学的崇高地位。

对于加入这些朋友的活动，我的到来有些太晚。存在的问题是：瓦克斯曼采纳了一个以单一方形为模度的棋盘式标准。几个世纪以来，传统上日本人建造他们精致的木材房屋，借助于一个很巧妙的模度：席（榻榻米）。①

在美国，注定的系列，我非常喜欢表述多样无穷的安全性，就像我们的平衡尺子所确保的。

2月份返回巴黎途中，一次偶然的相遇，使我能够向一个苏联人介绍我们这个尺子。到这里事情还没有结果。

在塞弗尔街工作室，我委托普雷韦哈尔负责整理"弗尔依·S·霍德"轮船上的思路想法。从表达上来说，要求必须用一个名字来描述黄金比例尺子。在众多的词汇当中，模度这个词被选中。同时，"生产商标"，通过绘图甚至一个发明性的解释说明，标识被停止生产。

这一次的表达能够做到简朴实际："*模度*"是建立在人类身高及数学之上的量度工具。*一个举起手臂的人给出了空间限定的点——脚、腹腔、头、举起手臂的手指尖——三段间隔产生一个斐波那契所提出的黄金分割数列。另外，数学提供了一个最简洁及大量的数值变化：单一的、双倍的、两次黄金比例分割。*

"模度"的使用产生出无数的变化组合。普雷韦哈尔负责校正一系列的论证图板。得到这一漂亮的结论是数字的天赋礼物——

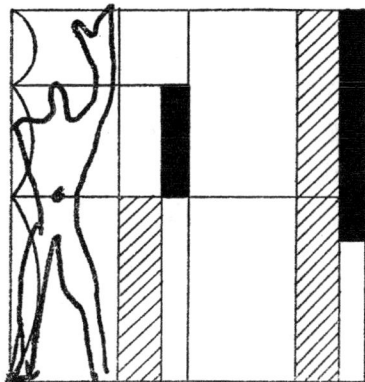

图 2-19

---

① 榻榻米的尺寸为1间的长度，半间的宽度。间在不同地区是不太一样的。京都的间为"京间"，农民间1.97米，东京的间是1.82米。也许自天皇来东京居住后将统一这一标准化。另外，人们也不再利用它来度量传统房子。尽管如此，这是它所产生的一个度量化体系。

不可改变的精妙绝伦的数学规则。

　　然而这时人们向我们提出"整数化"我们的结论数字，以便接近众多的已使用的标准数字。让我觉得不满的是：第一条标带（即苏丹的）上面或第一个数字表格上面的数字都是采取公制计数法的：例如 1080 毫米（腹腔）。不幸的是这些以公制计数的数字，它们都不能以"英寸"来表示。然而，"模度"试图有一天，打算统一所有国家的施工生产。因此必须去寻找与英寸的一致。

　　我从来没有考虑过整数化我们这红色和蓝色两条标带上的数字。一天我们集中到一起，寻找一个解决办法。我们当中的 Py 说道：——"目前'模度'的数字是通过一个 1.75 米高的人确定下来的。这是一个比较接近法国人身材的尺寸。你们有没有注意观察英国侦探小说里的那些'俊男'们——例如一个警察——他们总是有 6 英尺高？"

　　我们于是尝试解释这一标准：6 英尺 =6×30.48=182.88 厘米。借助于我们的魔法，一个以 6 英尺高的人为基础的新的"模度"的刻度出现在我们面前，对于那些英寸尺寸来说，在所有量级上都是整数化的。

　　我们证明了——主要是文艺复兴时期——人类身材是符合黄金比例的。当盎格鲁撒克逊人接受他们的线性尺度的时候，尺与英寸之间的关联就被确定下来，这一关联延伸到（暗含的）与人类身体相关的准则。从这时开始我们以 6 英尺（182.88 厘米）为基础，对我们的"模度"的转化，完全体现了它的价值，被认可接受。我们无比地高兴。这一次苏丹绘制了一个新确定的校准刻度的标带，它将替代一直装在我口袋深处的小铝盒子中的另外一个。

　　于是我们可以看到下面这些对等的数据：

公制数	应用数	英寸制	应用数
101.9mm	102mm	4"012	4"
126.02	126	4"960	5"
164.9	165	6"492	6½"
203.8	204	8"024	8"
266.8	267	10"504	10½"
329.8	330	12"98	15"
431.7	432	16"997	17"

533.9	534	21″008	21″
698.5	699	27″502	27½″
863.4	860	33″994	34″
后续的……		后续的……	

　　这一超越性的试验给我们带来了特别的收获：我们度量化的这一"模度"，它自动解决了最难解决的米制与英寸制使用不同而造成的困难。在实践当中这种不同是如此严重，它在使用英寸与使用米制的施工者及技术人员之间建起了一道墙。[1]如果一个对另外一个保持着不相干，一个体系在另外一个体系中的数学转化是一个叫人崩溃的代价昂贵的运算，如此地棘手，即使语言的不同也不能与之比肩。

　　"模度"在自动实现米—尺—英寸之间的转换。最终，巩固了对非米制的接受。这里提到的米制不是在巴黎近郊布列杜尔（Breteuil）亭子下面井口深处的那根传统的铁杆[2]，而是十进制的和英寸制的。并通过复杂的叫人崩溃的加法、减法、乘法、除法等十进制运算，来缓解英寸的负担。

　　"什么样的认识我们不应该去计数、去应用，是结果为0的吗？没有它，毫无疑问，算术永远冲不破它希腊蛹衣的束缚……在相当多的环节它有力的影响没有被认识到，不仅是数学仪器，而同样是在这些技术之上确立了大现代化国家的势力？"[3]

　　1946 年 5 月 1 日，我乘坐由联合国法国机构委托的纽约飞机前往联合国，为联合国在美国的总部建设来捍卫现代建筑。

　　我很高兴在王子镇能够和爱因斯坦教授长时间谈论"模度"。我表现得非常犹豫和担心，对自己的想法表达得很差，解释不清，在那些"因果"当中显得是那么的笨拙……在这时，爱因斯坦拿起根铅笔并计算起来。我愚蠢地打断了他，运算偏差了，计算停了下来。带我来的朋友很痛心。而在晚上，谈论"模度"的爱因斯坦热情地

---

[1]　1947 年，在纽约，当我设计东河新的建造方案的时候，在联合国总部办公室痛苦的折磨中，我了解了一些情况。这不是去忍受数字不相容所带来的愤怒与沮丧，而是没有估计到这里所提到的问题的严重性。

[2]　这一公制绝对标准值今天已被一个特定颜色的波长取代。

[3]　弗朗索瓦·勒·里奥耐（François Le Lionnais），《数学之美》，Cahiers du sud，1948 年。

给我写道："这是难以带来坏处、易于带来好处的一系列比例。"可以肯定的是，这一评价缺少科学的那一个层面。而对于我来说，我觉得他是如此有远见卓识。这是一个伟大科学家对我们这样一些很少是科学家、而是斗士的人的一个友好举动。科学家对我们说：在确定尺寸方面，指导精神是正确的，因而比例使您的工作更加有成功的保障。

在百老汇穆若（Mongeot）的顾问工程师办公室里，我向他解释"模度"，他是巴黎经济组织委员会的创始人，在美国他设置了这一组织，致力于一些工厂的筹备。"您，你们法国人打算如何来组织那些美国人的生产呢？""是的，肯定是想在那里控制这一大量的浪费……""我们每天都学到一点东西"，随即穆若对我说："我一整天都在作关于您'模度'的计算。您了解吗？目前被采用的最小尺寸是15/1000毫米，还有地面上的高楼，'模度'一共只计数了270个间隔就能包含一切了吗？这太有意思了！"他补充道："'模度'应该如同在建筑领域一样应用到机械领域。最终，一台机器是通过一个人来服务运转的，它完全取决于使用它的工人的行为动作，因此它应该是属于人类尺度的。在机械力学领域里限定那些容积的有效尺寸及实用空间，它们支配着这些机器的使用尺度，最终决定了那些树木，房屋的尺度……决定了那些包装的型板……"穆若先生的这个总结非常重要。

……我参观了纽约的库珀联盟博物馆。这一博物馆开设了装饰艺术和建筑学的教育。在家具这一科，我停下来沉浸于怪诞的[①]及优美比例装饰的、路易十五的沙龙里。我从口袋里拿出那个小铝盒子，我度量出：一间的高度是精确的2.16米，壁炉及其他各部分细节都表现出相同的一致性。我肯定地对陪着我的朋友说：这里是法国木工的作品，因为我刚才使用的我的第一条标带，以一个1.75米高的人为基础的那一条。一个标示牌上写道："来自香堤邑城堡（Chantilly）的猴形装饰（在17世纪快要落下帷幕的时候，让·贝然在把中国

---

① （grotesque）"怪诞"这个词应用于艺术史当中，主要是指赝品。源于假山（rocaille），岩石峭（roche），山洞（grotte），因此grotesque流行于文艺复兴时期。我们去掉了一个字母"t"赋予它另外的意思，来解释另外的事物。

艺术的素材引入他的装饰设计中去的同时，也开创了一个新的艺术支流——"Singerie"，即猴形人物。摘自《18世纪法国画家笔下的中国"猴形人物"》，刘海翔——译者注）。"

一天晚上，安德烈·贾乌尔叫我和约翰·达勒（John Dale）一块吃饭，他是纽约查尔斯·哈迪有限公司（Charles Hardy Inc.）的主席。也许是约翰·达勒自己发起的对模度——这一放在绘图桌上圆规旁工具的讨论。我展示了"模度"的主要原则。约翰·达勒对我回答："我极其了解，为什么在这儿，这个晚上，在我家里，我弹奏大提琴，我的那些在琴弦上的手指，它们也实现了一个人类尺度上的数学。"

"模度"是在数学与人类尺度之上组织构成的尺度，红色数列和蓝色数列，两组数列组成了它。因而是不是得到了一个数字图表？——不，在这一发明的关键点上，这就是我在这里坚持想明确的观点。米只是一个非物质、非实体性的估算值：厘米、公寸、米，它们只是一个十进制体系的应用。稍后，我会说两句毫米。"模度"的数字，它们是尺度标准，因此它表现为具有一个"物质实体性"，是在众多的值当中一个选择的结果。此外这些尺度属于算术，它们带来了这一结果。而用来构建的那些客体，它们确定了尺寸，它们是"人类的一个容器抑或人类的一个延伸"。[①]为了成为最好尺度的选择，借助于手的间隔，去看去估算，优于只是去设想。（这里是指与人类尺度相近的尺度）因此，"模度"这条标带应该放在图板上的圆规旁，在两手之间展开，呈现它所带来的正确尺度观点，并允许了一个有形实体的具体选择。建筑学（对于这一词汇，我已经说过，我概括了几乎所有来建造的对象）应该与其精神及思想方面等量，是物质的、实体的。

制定完"模度"条例以后，仍然需要辨清它的使用方法及它的具体形式。约翰·达勒委托纽约的一个建筑师，斯塔莫·帕帕塔奇负责这一研究的技术方向。什么样的形式会被"模度"采用，哪一生产部门来实现它？

形式：1.2.16米（89英寸）长铁的或塑料材质的卷尺。2.一个

---

① 一台机器或一套家具，一份报纸，他们是人类行为动作的延伸……

给出有用数列的*图表*。这一有用的限定，意味着在一个可以了解掌握的领域，维持那些尺度的使用。其界限就是一个现实的、视觉的及感性的感受。我们觉得在400米以外那些尺度就不再能够被估量了，那些问题没有现实性，即使讨论城市规划时，我们试图避开那些奇妙无比事实上无根据的绘图——因为脱离了见解与情理——众多的文艺复兴的军事新城。文艺复兴带来了无限的学术精神、"理智"的绘图，置于感知之外、感官之外、生命之外，精神的本质该变得贫乏了。在某一天，它扼杀了建筑学，将其固定在图板的纸上，星形、方形，以及另外一些主观上炫目完美的图形。3. 一本由"模度"的解释说明及不同的组合结果构成的书。

一个精致而有意义的制作，一个与技术人员精密工具相配的漂亮东西。2年来，约翰·达勒在美国寻找着能够胜任这一工作的生产部门。之前这些部门10年来只能保证一个不断重复的生产。没有丝毫努力尝试的意愿。世界在重建，总之那些技术人员随处都占有主旋律：*建造住宅*？引起轰动之前的一个跨越也许是伴随以人们的舒适为目的而到来？这些在战争的巨大不幸当中都未被触及、从人类痛苦之中牟取利益的那些人，在慵懒的富足以外，他们连一根小拇指都不愿动弹。

"模度"，如果它对于生活是有价值的，由于服务于生产中尺寸的确定被推广：约翰·达勒将通过一个名为《"模度"的世界》的简报来完善他的工作。这一简报负责散播消息，但也负责记录对模度使用、利用的反馈。这一简报是围绕这一共同知识主题的讨论。

1947年1月28日，作为联合国10名专家之一，我开始为位于纽约东河的联合国组织总部的方案设计工作。人们不是很清楚怎么做！——"模度"早已经描绘了。美国建筑师学会组织，其大会邀请我到大都会博物馆，在大演讲厅做一个讲座。以设计为主题的学会机构，并不是像法国人认为的，是一些绘图者，而是一切与设计相关的创造者、设计者。几个月以后，在波哥大，哥伦比亚建筑系的学生及他们的教师、他们国家教育部的部长，他们热情地接待了我，表明了对"模度"的高度期待。同年9月，在英国的布里奇沃特的国际现代建筑协会的第6次大会上，受到了同样的关注，伦敦最大的杂志《建筑评论》将关于"模度"的集子作为头版来出版。在集子里，由马蒂拉·吉卡编写的部分似乎回答了我每天都自问的问题，就是：在众多领域，"模度"开启了数字奇迹之门，它是否双向开启了这一领域内成百上千的门中随意的一扇，或者偶尔地、幸运地微微开启了那扇原本打算打开的门。吉卡的回答似乎更接近于后者。就像在这一随笔结尾我说的，我自己提出问题，提给我自己及这条路上的对话者。不管怎样，对"模度"可行解决方案的时刻怀疑，使我仍自由地思考，这一自由只能取决于我对事物的感知，而不是理性。

1947年7月美洲人的涌入，这些情况使我——整整一年以来——更仔细地且用*我自己与大脑衔接的双手*（稍后我将解释这一情形的价值），来校验我"建筑设计师工作室"的那些工作。在马赛，圣迪埃·巴里的工作中，绘图者及领导者对"模度"的应用，这样一个细致的工作为我提供了所有验核的机会。这一验核判断是如此正面积极，我感觉在这里实现了一个真正的判断，在读者和机械学面前，以便每个人都能评判模度。

仍然还要讲一下"模度"的2号版本，即以一个6英尺身高的人为基础确立的那一个。简而言之：当所有以"模度"为尺度生产的产品遍布世界各地，因此变成了各个种族、各种身材的特征时，它自然必须接受那些身高较高的人（6英尺），以便生产出来的器具能够为他们所用。这得出了一个最大的建筑尺度，（在一个理智的尺度里）较大的比过小的更有价值，掌握着一个为所有人使用的容器。

在1948年8月，我致力于编写这一作品的这一个月，产生了一个对模度总则第一次陈述的疑问：*位于直角轨迹点上，插入两个相邻正方形的第三个正方形*。我再一次描绘图样：

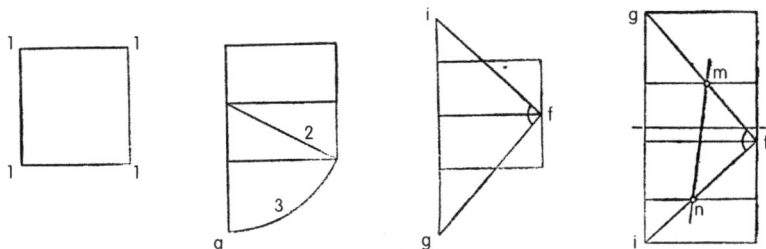

图2-20

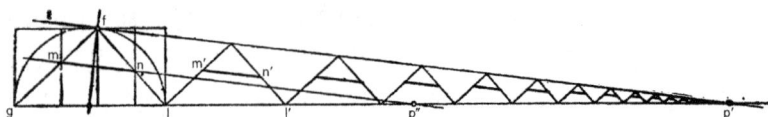

图 2-21

我在思考新产生的斜线上的两个点"m"和"n"。在直角内与圆相切的直线也是一条斜线。这一延长的斜切线，以及 mn 斜线的延长线，它们分别与图形的底线相交，于是在它们之间可以插入递减的一系列与第一个三角形相似的三角形，形成一个递减黄金分割及斐波那契数列?

以读者的耐心猜测，这最终将接近于一个比例，所以一个对既有结论的摘要还是有用的。

1. 方格产生了三个尺寸：113、70、43（厘米），它们是黄金比例关系及斐波那契数列：43+70=113 或 113-70=43。它们相加会得到：113+70=183，113+70+43=226。

2. 这三个尺寸（113-183-226）它们是一个 6 英尺高的人占据空间的特性。

3. 113 的黄金比例产生了 70[①]，从而引出了第一个被命名为红色

---

① 注册的商标直到这一天，可以享有一个有形的改善改进。在这里，站立的人证实了三个"模度"的基本的本质数值，不再是四个，就是：

113 腹腔

182 头部高度（113 的黄金比例），

226 抬起的手臂的指尖的高度。

第二个黄金比例关系，140-86，产生了人体图形的第四个点：放下的支撑的手：86cm。

最终，一个人，抬起左臂，收起右手，他将松开这只手放在 86cm 的高度上。于是产生了人类占据空间时的四个确定点。

而这是在马蒂拉·吉卡写了这一主题的 20 年后（《自然与艺术中的比例美学》，1927年），三个对象的出现：腹腔，头部，举起手臂站立的人；及两个对象的出现：腹腔，伸直的手指。对于在"模度"红色数列的三个对象与在蓝色数列的两个对象，是无限延伸的两个结果。

……动物及昆虫的身体，在它们众多的黄金比例中，在马的前腿，同样在人的食指上，都出现了这一递减的三个黄金比例数列，这三个对象十分重要，因为其中最大的数值等于另外两个数之和，它再现了对偶性，及按理来说矛盾的、系统的黄金比例分割。在建筑上，这将有它的意义与影响。

数列的数列 4-6-10-16-27-43-7
0-113-183-296……

226（2×113）（两倍），产
生黄金比例 140-86，引出了
以蓝色数列命名的第二个数列
13-20.3-33-53-86-140-226-36
6-592……

4.在这些数值或这些尺寸
中，我们都可以在其中描绘以人
类身材的特性。

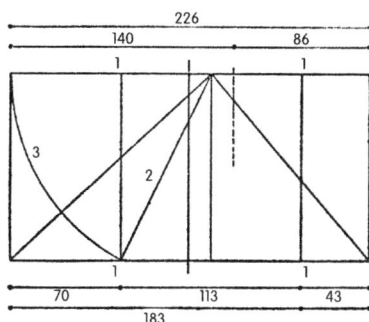

图 2-22

我们也可以将其描绘成：

5.而最终所考虑的，是那些允许无限组合数值循环的递推——
从象征意义上来说，是该随笔致力于"模度"应用的第二部分的一
些图版所展示的。

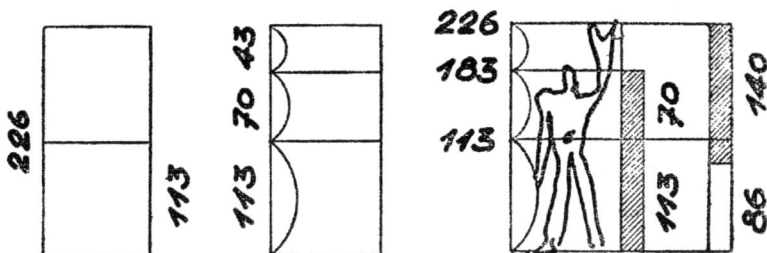

图 2-23

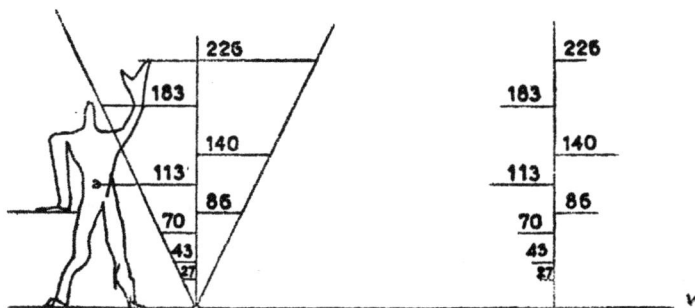

图 2-24

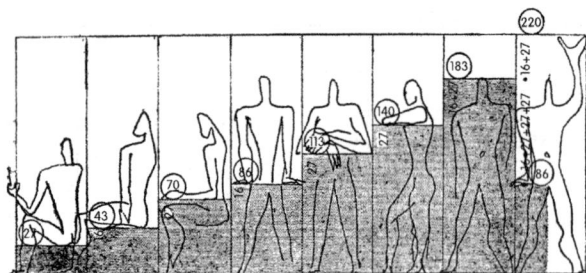

图 2-25

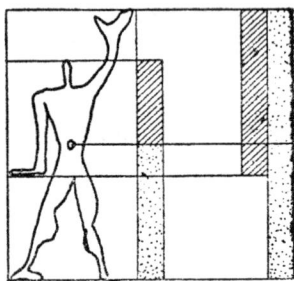

图 2-26

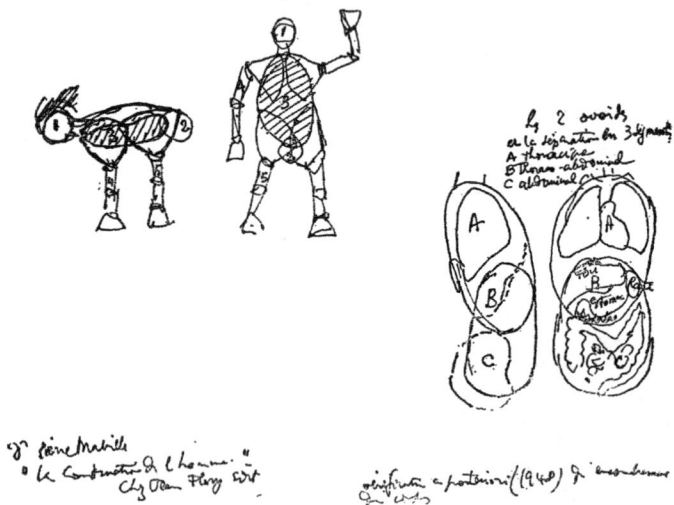

图 2-27

随后（1948 年）人类身体尺寸的检验（皮埃尔·马比勒医生《人类构造》）

第三章

数　学

穿过那些奇迹之门……

　　数学是人类来认识世界的一个出色的想象结构。在那里我们将遇到绝对与无限，可把握的与不可把握的。在其中竖起了一道道墙，在这些墙面前我们可以没有结论地通过再通过。偶尔会碰到一扇门，我们打开它，走进去，我们到了另外一处场所，那里存在着奇迹。穿过那些门中的一扇，不再是人类来进行的，是这里随便哪个点触及的世界。在这一点面前无限展开，铺开那些奇妙的组合。他置身于一个数字的国度。他也许是一个谦虚的人，而也许他还是走了进去。在激情四射的光线面前就让他继续心醉神迷。

**＊
＊＊**

　　这一认识的冲击很难被接受。年轻人显示着他们狂妄与无意识的依据，是他们人生该阶段的活力，也是缺点。如果我们不辩护，他们变化不定的懵懂会困住我们。在我们所从事的这件事中，应该延续坚定并应该知道我们所要寻找的：我们寻找一个明确精密的工具，为我们选择尺度来服务。一旦手中拿了圆规，就唤醒了数字，这些道路与行迹丰富、分支、冲向各个方向，出现、充分发展着……引领我们远去，目标分散所追求的是：数字在*它们中间*发挥作用。那些著名的文艺复兴的理论家们追随着这些魔鬼之路。我总是拒绝来了解这样一种方式的成果——这一时代的建筑及紧随其后的——首先我*觉得*我不能接受，长时间以来我不能够说明理由。人们在纸上构筑建筑，借助于圆规画成凸多边形，几何人文主义导致了正二十面体及星形十二面体。至于建筑艺术，强加精神以一个的哲学解释，远离数据甚至是问题：眼睛的视觉。他们的体系存在于视觉感受传达之外，并且今天对作品审视的人不能够与那些人们试图占据的主观意向有所交流，缺少视觉的传达。因为闭上眼睛斟酌所有可能性时，人在专心思索。如果去建造，这是借助于张开的双眼，

— 42 —

以双眼来观察。双眼（是两个，不是十个、百个、千个）位于大脑前边，在*自己的*脸上，观察着前方，既不能看到侧面，也不能看到后面，所以不能觉察衡量包围着的周围，四周因来自哲学的多面组合而炫目。建筑被注视着它的眼睛，转动的大脑和运动的双腿所评断。建筑不是一个同时发生的现象，而是连续性的，形成一些与另外一些互为补充的、在空间与时间中互相联系的现象，就像在音乐中一样。这非常重要，同样关键：伟大的文艺复兴的那些星形图案产生了一个折中主义、理智化的建筑，产生了一个只通过意向片断呈现的景象，这与每次星形轴线上重复的片断是一样的。人类的眼睛不是苍蝇的眼睛，苍蝇的眼睛位于一个多面体的中心，人的眼睛位于人的身体上，在鼻子的两边，在一个距地面平均 1.60 米的高度上。如此的美丽和恰当，是我们来感受建筑的工具。视锥体位于前部，集中在实际有形限定的范围，仍然还是要通过这一有形器官后的精神来限定，这一精神只来解释、评价、衡量那些它有空去领会的。

在文艺复兴人文主义两个世纪后，费内罗生活在一个真正可以说是建筑学大冒险时刻——古典主义的巨大诱惑及颓废派的爆发——他说："请抵制几何恶魔的诱惑与符咒吧。"

对于音乐来说，当人们通过记谱法来寻找一个足够的传达方式的时候，问题就已经出现。人们注意观察人类耳朵所能察觉到的声音间隔及那些数学引起的频率。"因此提出来的问题是下面这个：如何在一个八度音程的 300 种可辨别的声音中选择一个可以利用的音节？在这里，我们是想让读者知道这一问题的严重性，可以说几千年来这一问题制约着音乐，不然将永无终了。"[①]

……"音乐是一个秘密的算术练习，但忽视了它所运用的数字。"（莱布尼茨）

……"羽管钢琴的实践忽略了它对对数的运用。"（亨利·马丁）

"音乐并不是数学的一部分，而相反，那些学问是音乐的一部分，因为它们是建立在所有声音主体的比例与共鸣之上。"

最后这一傲慢的陈述是拉莫的，他的阐述启发了我们的研究：音乐来控制，支配。实事求是地讲是平衡，是支配着所有事物的平衡，

---

① 亨利·马丁，《数学与音乐》，Cahier du sud，1948 年。

组织着我们生活周围的所有事物。这一平衡是赋予活力的，是人类自发的、深刻的、坚持不懈的渴望：神授的任务——在大地上建造实现一个天堂乐园。在西方文明中，天堂乐园就意味着*花园*，在阳光下的园林，如同在它的光影里，是那些光彩夺目的美丽鲜花，丰富多彩的绿色大自然。人类只能思考体现"人"（他自身身体所带来的尺度），只能融入世界里（一个或多个节奏它们完成了世界的呼吸）。

在这样一个（人类）和另一个（世界）命运的二重奏、对立、理解、斗争、差别与无差别中，我们理解力所能观察到的那些尺度，一会儿属于这一个，一会儿属于另外一个。在国家广播工作室里，时钟钟面上，红色的秒针疯狂地奔跑着，没有停顿的意思，没有为我们带来一个"*时间*"，而是一个"*信号*"。相反，分针标记下了，相对照这一奇妙的"信号"的时间与空间漩涡。一个小时是这样，24 小时的、黑白交替的一整天也是一样。启示录福音书著者写道：

"在天空中大约有半个小时的寂静……"这一关于时间的孤立人类判断，它在切断您呼吸的那一刻突然地令人心碎。

秒针坚持不懈地嘀嗒，时间流淌、消逝。人们不能以任何行为来支配这一切（我说的是我们中另外一些人，在我们偶尔科学或机械的繁重劳动之外，在那里，在那科学或机械的繁重劳动中，我们被限制在那些不容改变的精度桎梏中，我们去建立一个令人满意的生活场所，因为这便于我们避开无处不在、四处活跃的地狱苦海）。

我所做的这些判别并不是那么的荒唐！为了很好的组织，只需要非常少的元素，而这些，它们应该每个都建立个性——十分明显的个性。26 个字母，这足够来书写 50 种，以千来计数的语言。[①]世界（我们目前认识水平下的）由 92 种天然元素组成。所有的算术运算都通过 10 个数字来完成。音乐通过 7 个音符。一年有四季，12 个月，每天有 24 个小时。借助于这些小时、月、年，我们制定我们的工作计划。这一切是宇宙秩序与人类联合的结果。同样，秩序也是生命的钥匙。

---

① 乔治·萨杜尔。

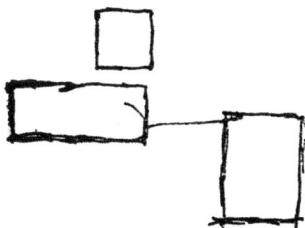 

图 3-1   图 3-2

　　回到我们的主题，解释如何产生一个尺度的工具。如果它表现为一个图表，在基准线下，我们展示那一被采纳的规则，已经被应用到它的客体，它确保了作品的几何化：画布以它的形式表现出来，它的尺度（高度、宽度及四个角）——在画布的尺度上。

　　单元在这时位于对象内部。

　　对于建造住宅，规则将是在一定尺度的内容范围内，这一内容就是人类。这一过程，眼睛是主导，而精神是主人。

　　在建造住宅的作品里，作为转达真实尺度过程的主导，它做了什么呢？它能做什么，应该做什么？它将记录那些能够转达（向精神这个主人）各种视觉飨宴的特殊视觉元素。

　　1. 这是一个建筑立面的构图分析，眼睛面对它时，就像刚刚以那些角度，通过它形式的尺度、长度与高度来感受图形一样。这里所实行的，严格来讲，是*客体性*的。

　　2. 这像是风景中的大型建筑一样，一个建筑的、城市化的组成。规范只是次要的，在绝对正面上，眼睛什么也看不到。那些建筑，一些在另外一些后面层层叠起，大地在远处下沉、消逝。然而，规范将强加它的那些主观次序效应、那感觉，更准确说是理智化。

　　3. 在这第三种情况里（三个集中的标准元素建造的无限生长博物馆：标准的柱子、标准的梁及标准照明顶棚——白天与夜间，所有这些元素都通过黄金比例来安排布置），尺度系统的展开将产生一个有机单元的感觉。

　　4. 最终，第四个，它叫人想起了马赛公寓的内部，"模度"平衡尺度系统的使用，创造了一个统一*聚合*的情况。我们可以将其定义

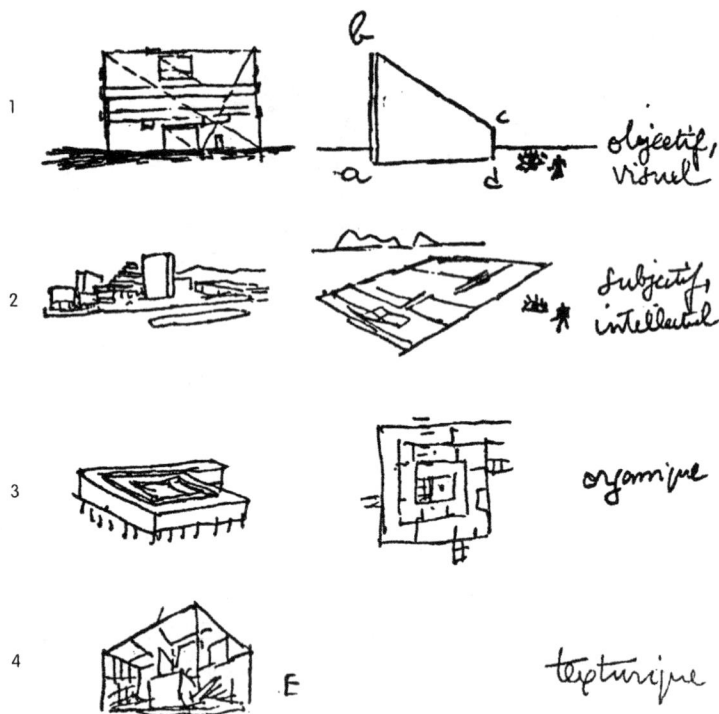

图 3-3

为结构构造。事实上，这一面就像内部的另一面，内部空间的线条、地面与顶棚的面积、墙面面积、建筑本身各个部位的剖面影响如此关键。通过一些尺度及那些外形的一致，它们被紧密掌控。因此所有的感觉感受到了其自身的平衡。我们感觉到，实现并如此接近一些自然的作品，在三维尺度里从内到外展开了所有那些多样性、所有那些意向，变成它们之间完美无瑕的平衡（协调的）。

另外一个系列的图片，可以进一步明确自然、眼睛与精神之间的一些关系特性——行为客体与精神主体：

在思考"模度"及考虑法国标准化协会运算数列的时候，我喜欢图表化的推理：

A）展示了一个人的眼睛，那些全等的元素在深度及厚度上，在这一眼睛上展开——肯定这不是一个真相。

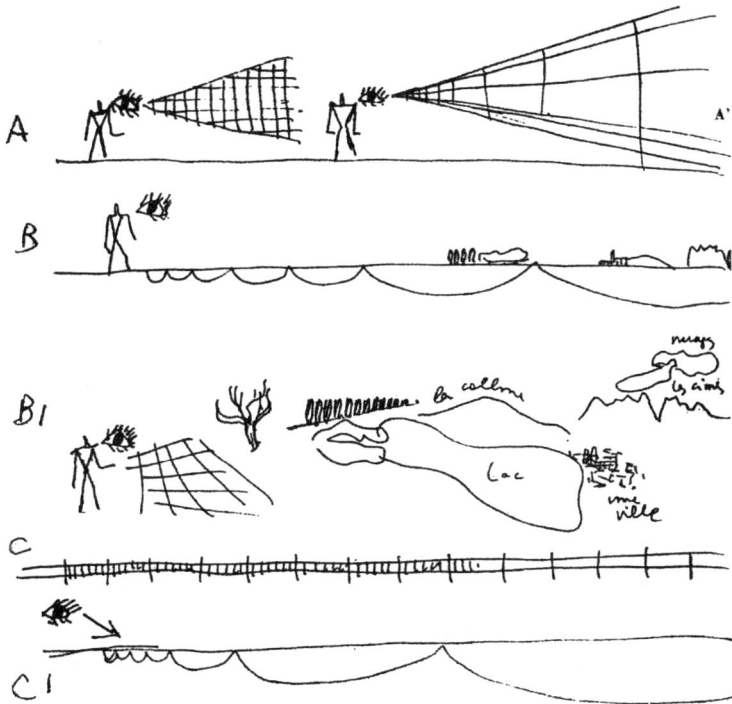

图 3-4

A'）展示了一个更合理的视锥。

B）展示了那些透视性，可能的、和谐易变的比例。

B'）插入这一提案：一个铺砌地面，一棵树，一片森林，一泓湖水，一座城市，一片丘陵，水平向的群峰，云彩……

C）证明这一透视的能力并不能与一个简单的（加法）运算比例相符。

C'）这是一个易感受的和谐比例，它使铺砌地面、树木、城市或水平向的山峰及云彩化为一个共通的感知。

· ·

所有这些努力（比例、尺度）是一个无偿、公正的热情效应，一个练习，一个规则，一种忧虑，一种工作，一种必要性及责任，一个不断地对比，一个论证的研究，一个保证其运转的能力，一个感受诚实与忠诚的责任，是一个确保清洁和货真价实的食品商……

那些逝去的日子，一种生活专注于其中，5 年、10 年、15 年、20 年、30 年的练习，关于从图表到建筑设计、城市规划转换的主题的练习。归属于一个逻辑、一种诗意——甚至一种标志、一个易表达的完美音乐、不间断的反复演奏，为了不间断的练习，改善它的比分（自我的），像一个运动员、一个杂技演员。在一天所有的时间里，晚上和清晨，以责任（完全自然而然的）来进一步面对自我。"如果你们具有一项伟大的技术，别犹豫再以两苏的价钱买下来……"（安格尔对他的学生说）。科学，那些方法——创造事物的艺术——从来没有束缚住天才、限制住灵感。相反，就是这么纯净简单的一个表达。艺术是一种方式、方法。

**

但是这种止步在奇迹之门前的想法，并没有被我们同时代的人所重视，他们只欣赏、发现及接受艺术是一个轻拂，因为微风使树叶发出的沙沙响声变得诗意……品质甚至是艺术作品品质内的严谨、认真、思想有力的追求——希腊人或埃及人，哥特人或印度人——刺激了那些能说会道的人。于是预言歌颂赞美速写画家，这位被职业指定经常描写艺术的人，将喋喋不休说道：

"……对于概率确立的计算加强了黄金分割保险柜密码强度，挡住了所有的盗窃行为及数学评定。它简单地粉饰，没有筋疲力尽、暴虐地去转变适宜场所才有的东西。"[1]

结论：数值与数值规则

无限的数值：

来自唯一的来源，113 厘米这个尺寸，一个 6 英尺高的人腹腔的高度，服从于那些本质的变量：

加倍，

---

[1] 加斯东·普兰，1945 年 5 月。

米制体系的数值				英寸体系的数值	
红色系列		蓝色系列		红色系列	蓝色系列
厘米	米	厘米	米	英寸	英寸
95.280,7	952,80				
58.886,7	588,86	117.773,5	1.177,73		
36.394,0	363,94	72.788,0	727,88		
22.492,7	224,92	44.985,5	449,85		
13.901,3	139,01	27.802,5	278,02		
8.591,4	85,91	17.182,9	171,83		
5.309,8	53,10	10.619,6	106,19		
3.281,6	32,81	6 563,3	65,63		
2.028,2	20,28	4.056,3	40,56		
1.253,5	12,53	2.506,9	25,07	304" 962 (305")	609" 931 (610")
774,7	7,74	1.549,4	15,49	188" 479 (188" 1/2)	376" 966 (377")
478,8	4,79	957,6	9,57	116" 491 (116" 1/2)	232" 984 (233")
295,9	2,96	591,8	5,92	72" 000 (72")	143" 994 (144")
182,9	1,83	365,8	3,66	44" 497 (44" 1/2)	88" 993 (89")
113,0	1,13	226,0	2,26	27" 499 (27" 1/2)	55" 000 (55")
69.8	0,70	139,7	1,40	16" 996 (17")	33" 992 (34")
43,2	0,43	86,3	0,86	10" 503 (10" 1/2)	21" 007 (21")
26,7	0,26	53,4	0,53	6" 495 (6" 1/2)	12" 983 (13")
16,5	0,16	33,0	0,33	4" 011 (4")	8" 023 (8")
10,2	0,10	20,4	0,20		
6,3	0,06	12,6	0,12		
3,9	0,04	7,8	0,08	英寸·············· 2 %₁₀ 539	
2,4	0,02	4,8	0,04	英尺·············· 30 %₁₀ 48	
1,5	0,01	3,0	0,03		
0,9		1,8	0,01		
0,6		1,1			
etc...		etc...			

递增的黄金分割，

递减的黄金分割。

那就是我们 1948 年解读的情形，7 年之后的理论研究与实践应用的结果。一个小学的小孩能够在 5 分钟内构建起模度，这比"勾股定理"的论证要容易得多！

每一个数值构成一个"模度"的梯级：

这些梯级不只是模度所提供的可能数值规则标杆。事实上，位于两个梯级间的整个区间能够支持一个与整体相似的分隔，并产生了无限的组合。例如位于 13.901 和 8.591 之间的区间是 5.309，能够容纳所有的细分部分：3.281—2.028—1.253—774 等。这是一个不缺乏各种尺度网格的织物——从最大的到最微小的——无法改变的均质结构构造。

红色和蓝色数列的线性数值，每一个都可以自己产生不同的图形面积。从方形初始，变成越来越长的长方形，直到汇合到右边的线。图 3-6 展示了红色网格，而图 3-7 展示了蓝色网格。

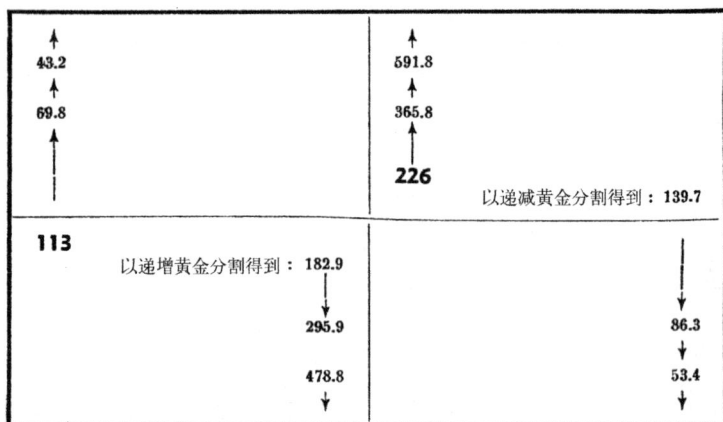

图 3-5

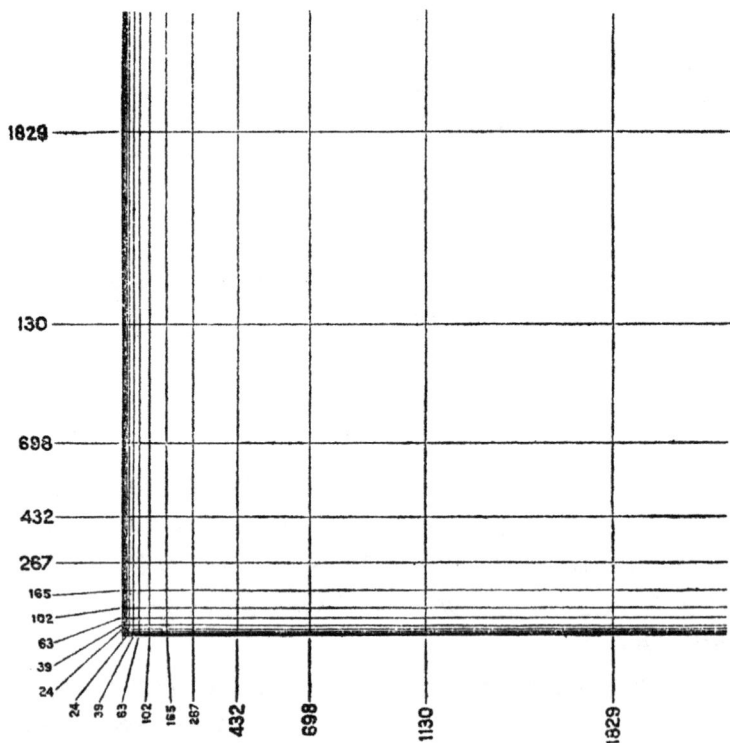

图 3-6

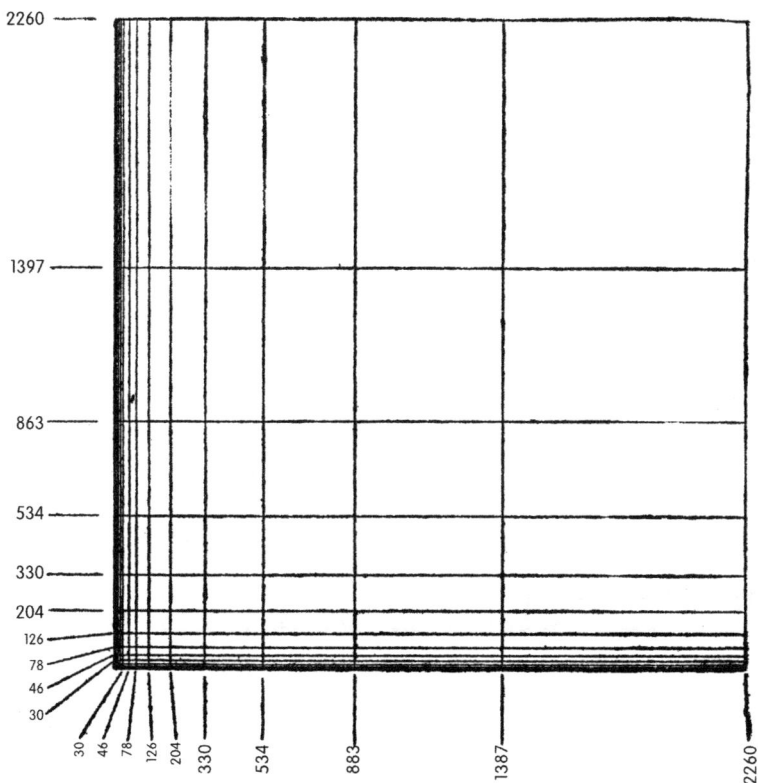

图 3-7

　　图 3-8 是蓝色与红色网格的重叠，图 3-9，那些交叉的点，在那里我们可以看到黄金比例分割的新数据，就是：

　　a）初始数值（单元）；

　　b）它的分解；

　　c）它的黄金分割。

　　之前的这些图，体现为由一些数值产生的长度、面积或体积，这些数值直接源于人类的身体。红色数列始于 0，止于 1.828 米（72英寸）；蓝色数列始于 0，止于 2.26 米（89 英寸）。它们获得了一个体量单元（边长 2.26 米的立方体），这一体量单元，似乎应该在建造住宅这样的领域里，很好地去考量它。

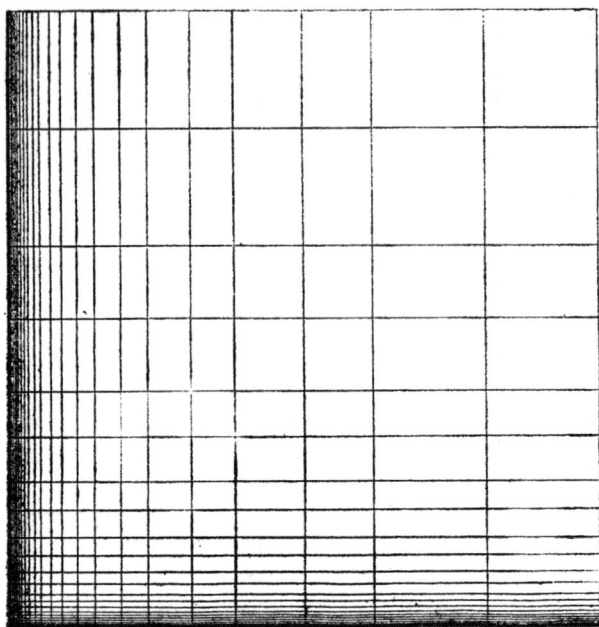

图 3-8

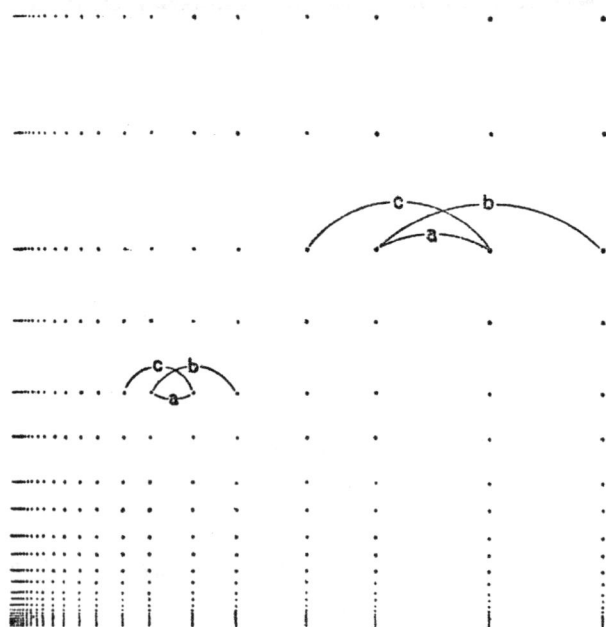

图 3-9

图 3-10

226 的方形位于图 3-10 右边角上，以小比例复制了图 36 所展示的现象。图 3-10 的每一个图形在其四周包含一系列同源的平衡分解。

同样在图 3-10 上，我们注意到，通过那些均匀的灰色，创造出了不同面积图形元素的多样性，比例与量值同样多的多样性。可以形成一个结论性的经验：

例如我们切取图 3-10 所形成的图形面积的一半（对角线上的）。将这些得到的图形元素标以数字，以便我们很容易找出它们来。①多种方式重组这些元素（图 3-11）：那些组合是丰富漂亮的。最初产生的及随后来的都一样，将是极其漂亮的。因为它们都是以平衡元素组合实现的。

那精细巧妙与欣赏品位随心所欲地施行，以实现所有感觉、所有幻想、所有原始纯净的需求都满意的组合。

---

① 为了能够简单地完成实现，我们尽量避免那些面积过于窄小的图形，不给他们标以序号。

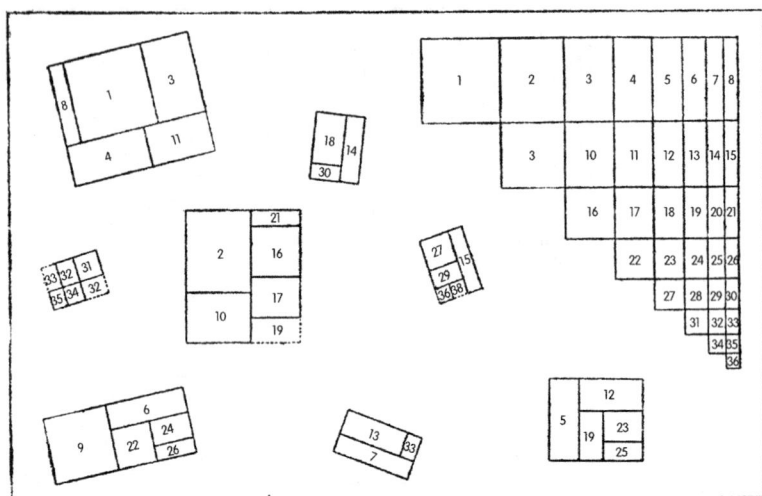

图 3-11

*
**

"模度"的摘要示范已经完成。"模度"掌控那些长度、面积、体量。它四处维持一个人性的尺度，适合于一个无限的组合，确保了多样性中的统一，不可估量的成果、数字的奇迹。

规则

图 3-12 上述组合"图板游戏"
例如，我们取一个方形，我们自娱自乐，根据"模度"的尺度来划分它。这是一个没有终结的游戏。

我们还可以自娱自乐去审视哪一些组合是最令人满意的，看上去是最漂亮的。

图 3-13 我们仍然进行"图板游戏"
a）是一个方形，我们以"模度"的尺度，用 5 种不同的方式来分隔它。我们看到了第一套 16 种组合。

b）是一个方形，我们以"模度"的尺度，用 4 种不同的方式来分隔它。我们看到了第一套 16 种组合。

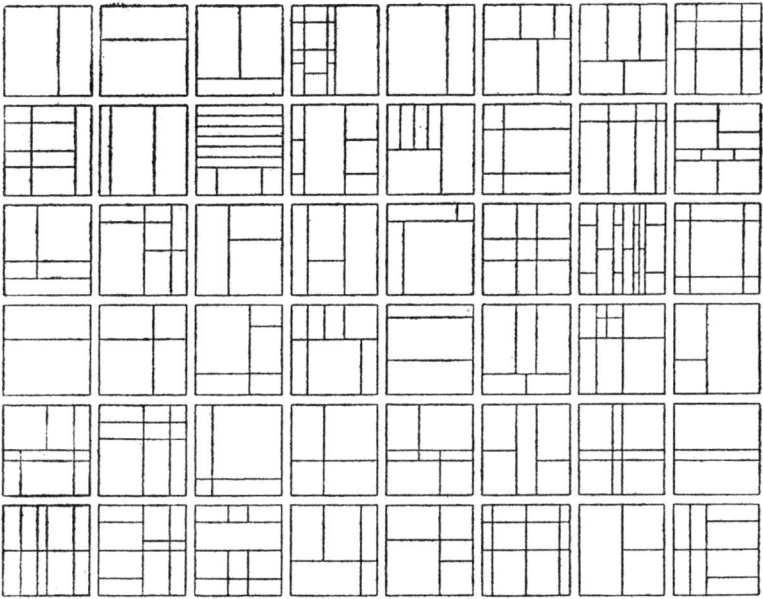

图 3-12

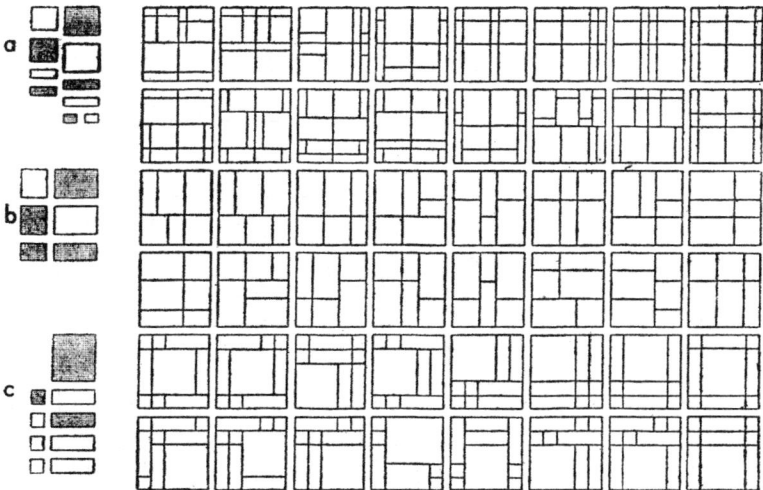

图 3-13

c）是一个方形，我们以 3 种"模度"尺度来分隔它，我们得到了第一套 16 种组合。

图 3-14 游戏继续，而我们将改变初始的 2.26 米的方形（89 英寸）。这样：

a）2.26 米的方形及它的一半 1.13 米（44"1/2）（各种组合画在了下面）

b）2.26 米的方形（89"）及它的黄金分割 1.397 米（55"）

c）基数值：1.828 米（72"）

d）2.26 米（89"）基数值的黄金分割：1.397 米（55"）

e）1.13 米（44"1/2）基数值的黄金分割：0.698 米（27"1/2）

f）2.26 米（89"）基数值及它的一半：1.130 米（44"1/2）

g）1.828 米（72"）基数值与 1.397 米（55"）

h）1.13 米（44"1/2）基数值：1.13 米（44"1/2）

i）0.698 米（27"1/2）2 倍的黄金分割：0.698 米（27"1/2）

异常丰富的平衡组合在展开，那是无限的。

这不再只是一个选择的问题、需要的问题、实现方法的问题，

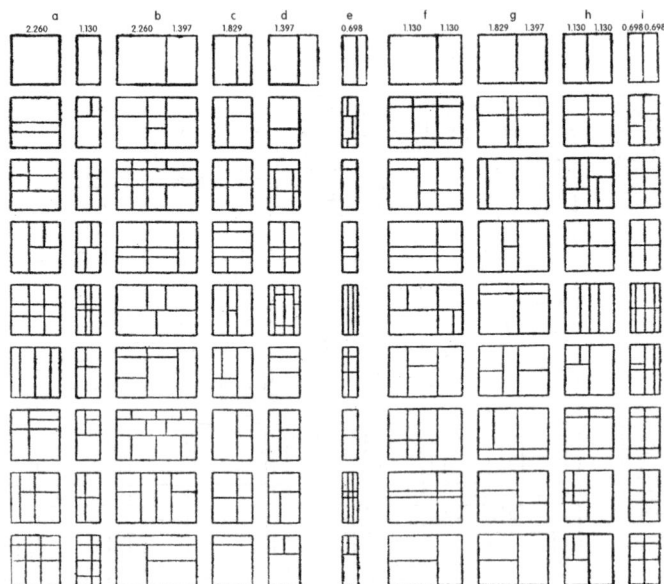

图 3-14

不再是一句话能说清的问题。

＊
＊＊

"图板游戏"是在完美几何内部展示的一个令人欢欣的结果，而我们能够相信它的不可改变性，个性置于整个自由之中。哈宁的图板游戏有一个特殊的现象。同时，1944 年 7 月 18 日，德·洛泽 (de Looze) 得出的一些结果具有另外一个特性。[①] 1946 年，普雷韦洛 (Préveral) 的结论仍然是不同的。资料是建立一个个人造型感知的图解方法，是每一个游戏参与者的生理、心理的反应。哈宁、德·洛泽、普雷韦洛是塞弗尔街工作室的绘图员，致力于同样的工作，他们得到了不同的结果。

我们看一下涉及德·洛泽图板游戏的一些备注：

最初，我们专心于图 3-15 (A)，一个在建筑上，用来建造那些玻璃幕墙或者木工板的、可行的五个图形面积的延伸系列。利用 (B)

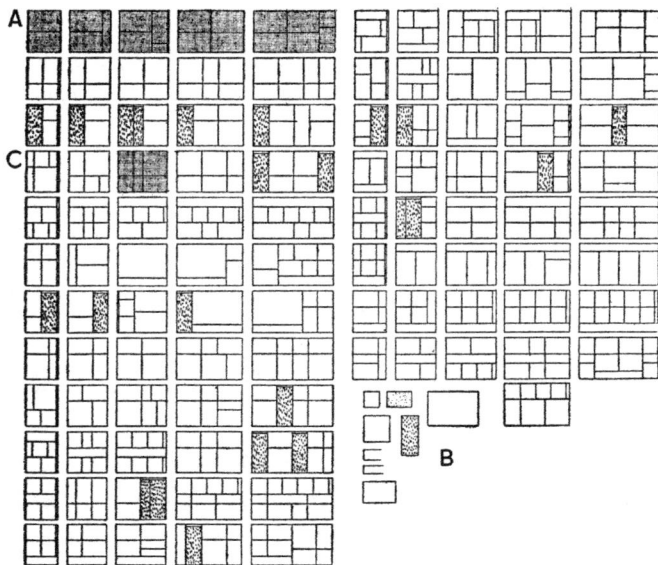

图 3-15

---

① 而巴黎解放之路的炮声打响了（哈宁的图板在文件里不见了）。

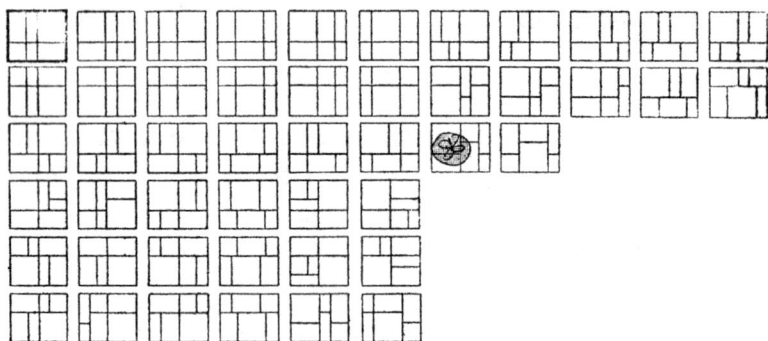

图 3-16

的 5 个图板 p1、p2、p3、p4、p5 及两个宽带 b1 和 b2 时，出现了
101 个组合。

（备注：可能是为了与发光灯箱可行的衔接，那些标识的图板表
现了一些 205 厘米的门。）（"模度"形成了一些体量——2.26 米为基
础的体量——直到新见解的到来，20 年来我坚持在我们的施工中使
用的门标号是：190～205 厘米，一个好通道。在这里，这是一个细
微的差别，一个个人意见，一个对"模度"及那些束缚与自由的个
人解释。）

因此，在这里，我们借助于 101 种组合，这一数字只是转达了
一页纸的容量界限，不是一个想象得来的数字。

"余下"的那些，通过建筑师或被建筑师证明有时是可用的。我
们展示了比较高的，它们如何依次附着于比较低的数值中又是如何
融到一块的。

我们继续游戏，在这一奇妙大门之外，诗意象征使我赋予这一
统领者以数字的奇妙光辉。

图 3-15，在这 101 个元素中，我们随意指定某一个。我们重新
开始以前那 5 个图板与 2 个标带的游戏：在这里有 48 种组合（图
3-16），都是平衡和谐的、能被接受的、能够被建筑师所用的。

101 个图板中（图 3-15），他们中的每一个又生成了 48 个图板
（图 3-16），在这 4848 种组合里，我们可以根据审美品位、项目计划、
形势要求等去选择合适的……

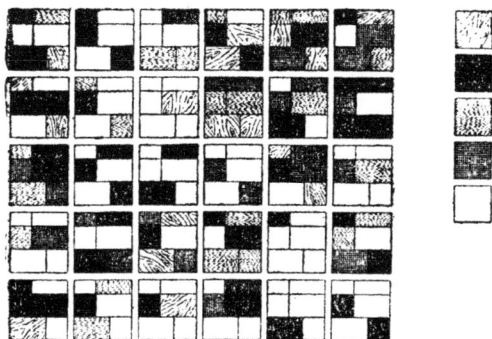

图 3-17

依然是一个游戏：

图 3-16 中灰色片标记的组合。在构成中我们指定了 5 种材质。一个 30 种组合的新系列（图 3-17），铺满了纸页……

**

我在这里停止游戏。因为如果您愿意"玩耍模度"，那些美妙的时间就流逝掉了，况且是许多星期、许多年。穆若先生，我已经讲过他，1946 年在他朴素的市中心办公室里，我 24 小时和他倾吐模度这件事。纽约炎热的一天，他进行这一游戏："我从早上 9 点打开您的材料，我去计算、描绘。最终，晚上 6 点我才感觉到时间狡黠地溜掉了……"

第二篇

现　状

第四章

模度的现状

我们没有失去方向，追求的目标是：

平衡、调和大量世界性生产，在人类历史上，这是正在进行的一件大事。

冒着一个专制武断的危机，标准化以一个经济生产方式的极度自由为交换。

更进一步：*避免*一些没有尽力的标准化、一些相互妥协的标准化所隐藏的错误。

确定的承诺是永远的平衡和谐、多样、优雅，而不是寻常的、单调及粗俗的。

还有，缩减米制与英寸制间尺度的不可调和所带来的障碍。

*
**

简言之，我们给读者三份包含了问题实质的资料：

1.1944 年 6 月 21 日，巴黎，建造者建筑革新联合会，第三组 B：标准化与施工：在这一小组成员面前，为其工作颁奖前，作为书的摘要的主题报告。

2.1946 年 1 月，纽约，与凯泽先生的会晤。

3.1946 年 2 月 14 日，巴黎，勒·柯布西耶建造者工作室订单。

*
**

I
（建造者建筑革新联合会，第三组B：标准化与施工）

主题报告

规范

标准化：达到标准化的状况，明确能为规范服务的原则。

采纳原则及包含事物秩序的那些尺度，它干预选择，这一选择也许被作为一种专断的决定来考虑。它也许是专断的，确实，如果在众多（应用者）面前，它不是精神的、理性的条例，也不是物质材料的精神表达与结论。

根据在所提出对象中来实现的那些方法，施工体现了一些材质，这些材质接受它们每个内部条例的优势与压力。

建造者建筑革新联合会第三组的工作，被定下来是研究规范。

一个在专断之上有资格的决定，将是建造者建筑革新联合会的决定。准确地说这将是一个仲裁的决定——至少没有人那样重视。建造者建筑革新联合会，在这如此含混的时期①，可以被考虑作为仲裁，不是真正"仲裁"，但是仲裁性的。观点见解将能够被那些很需要的人接受，通过他们将获得一个从特殊到一般、从规范到建造者建筑革新联合会延伸的观点。而这，足够了！

对象：

民用建筑设施，"*住宅科学*"官方机构推动的对象。

1. 住宅，一个文明的基石。

2. 机械文明的住所：

—项目：a）单身；

　　　　b）一对；

　　　　c）复合家庭；

---

① 直到这一天，自由还没有到来。建筑学还是在民间情感、手艺人的梦想中、仇恨新的方法……"他们已经干了那么多坏事！"

        d）流浪者（小旅馆）。

—功能。

—家具与用具。

—构成元素：a）平面；

             b）剖面；

             c）隔墙的展开。

3. 住宅的延伸。

— 内部施工：

  —"公众服务"，家庭生活用具（妇女负担的减轻：补给供应，
    家庭服务，菜肴的准备）；

— 外部施工：

  — 人行与车行的分流；

  — 住宅近地面的运动；

— 补充单元（健康室、幼儿园、托儿所、年轻人活动室）；

— 阳光，空间，大自然（神经平衡的控制）。

方法：工业化

工业化的准备布置：

1. 场所规定（通风、暖气加热、降温）；

2. 市政规章：土地性质；

3. 可自由利用的技术（玻璃墙面及遮阳板、基桩）；

4. 预制：系列房屋，系列部件。

文明

只有建筑师擅长在人与其环境间建立一种和谐（人＝心理生理；
环境＝天地：自然与宇宙）。

物质世界本身是被技术反映、反射出来的。人类拒绝在大自然
及不容改变的不同宇宙秩序中的失败角色，这些技术是人类对精妙
技巧的征服。选择出现在这样两者之间，一个是牧人在他族群间的
植物性生命（生命可以是巨大的），一个是对机械文明的参与。通过
行动、干劲、勇敢、规则、参与，这一文明负责实现一种单纯简单
与平衡。这些好的事物是容易理解的，它们将是实际并众多的。生

产的世界对我们是开放的。

工业化现实预示：丰富、守时与效率。

人类的工作、机器的使用、良好的组织安排，转动了（生产世纪）车轮，提供了精神与物质的养料。

通过自己的感知与理性，以及那些工程师的手与工具（机器），文明将实现。

标准化减少了那些障碍，在规范条例的王权面前将它们清除。

住宅艺术

在历史上这件永恒的事情将再一次产生：*住宅的创作*，人类文明的产品："大工业控制着建筑物"！人与机器相互协调，感性与数学，那些数字形成了一些奇妙关系的一个成果：一些比例的方格网。

这一住宅的艺术将通过热忱的人努力实现。但是它将会被那些利益、迟缓、虚荣来争论与斗争。城市规划的集中思考与建筑领域的大师将长久考虑它。以规范条例、市政法令足够抑制改良，激发改良，驾驭改良……

我们能够在这个领域，开始着手一个确定的数字……

并且继续着！

. . . .

以上就是，1944年6月，给建造者建筑革新联合会第三组B的工作颁奖时书的摘要：*标准化与施工*。

II
1946年1月，纽约

与凯泽先生的会晤，洛克菲勒中心

—凯泽先生，您给美国配备了一个运输船队，在那一刻，涌现了一个机构与学科：自由轮。您今天打算每天建造一万幢住宅，以面对使国家难以维系的巨大亏空。或许进一步是为了填满您欧洲方向荒芜地区的自由轮。

您将进行预制生产。

标准化是一条完善的道路。

与学院派相反，今天我们以一个武器作为威胁：人性尺度，在建筑领域再一次掉入项目计划的专断及规范条例的操控之前。

这一观念，有一天还将实现一个整个大建筑时代的公式，*统一性*，在 1928 年我们的提案中所陈述的这一统一性：

"*一幢住宅—— 一座宫殿。*

一座宫殿—— 一幢住宅。"

我们想说，履行了所有义务的房子，可以超越使用功能的严厉限度，以及达到宫殿的庄重：伟大、崇高是在意境里而不是在尺度里。反之，比起一个房子，为了能同样接近那些必要性，宫殿具有最庄重的端庄；典雅庄重，它也应该谦逊地工作。

这一公式包含一个关键：比例，保持着事物的满意度。

那在所经之处毁灭一切的战争，去年结束。1914 ～ 1918 年的第一次战争已经以废墟覆盖了那些国家。我们既无规范亦无规章地进行了重建。在两次战争之间，准确地说是在那些荒芜的年代，1918 ～ 1939 年，面对那些不好的建设成果，找寻到有用的技术与人性的建造艺术复苏了。1920 ～ 1945 年，抨击不断地更新，而没有人提出"*大工业控制建筑物*"。在城市规划与社会生活中，强大有效的事物在建造领域打开了新世纪。以崇高的名义，以艺术与美的名义，还有以祖国的名义，这些先驱的提案，在"旧世界"及在美国，造成了巨大的争论。

而观念追逐奔跑。战争证明了批量生产的全部能力（1914 ～ 1918年的战争已经证明）。其必要性表现为*批量建造住宅或者那些批量系列部件*。现实提出了一些建筑与城市规划的基本主要问题。

房屋可以*不再*是一个（在雨与太阳下的）季节性工业的客体对象，而是一个通过那些现代劳动机构的大规范所控制的活动。住宅或许能被*预制生产*。

所说的*预制、自动化*是：*尺度化*。我们这是在主体内部，凯泽先生。您如何尺度化您的自由轮？在人类尺度上，因此……！它存在于两个主要尺度体系之上："英寸"与米制。在实践中，它们几乎不可和解地分隔开世界，导致了一个不幸的障碍。盎格鲁－撒克逊人的社会使用与十进制不相干的英寸。当进行那些精细的工业生产时，对于计算，这引起一个出奇的困难。米制支配着世界的另一部分。对于米（地球子午线的1/40000000），我是抱有野心的，在人类尺度之外（如此不幸，如此危险），接受它同样的非实质性，且要它能够完美实现。米与英寸是竞争者。生产的产品，漂流穿过大西洋。米制与英寸相遇共处，这将充满风险。大家给我汇报了一段言论，那是在1940年3月14日，充满争论的法国参议院秘密委员会上的发言："我很遗憾，我没达到您为英法两国军队单一军需品与设备物资的容纳所作的努力，丧失了两方军需品的互相供给。*造成我们最终的困难原因是英国没有采纳十进制体系……*"这些障碍在和平年代的劳动生产中所产生的困难不亚于战争年代。生产，预制生产需要一个全世界公共的尺度，而这一尺度或许会作为平衡和谐的秩序。

凯泽先生，作为由法国外交部任命的，驻美国的法国建筑与城市规划代表团主席，这就是我从法国到纽约，所要跟您说的。

· · · · · · · · · · · · · · · · · ·

III
1946年2月14日：勒·柯布西耶建造者工作室订单

1. 运用人类尺度的黄金规范（模度），来为那些居住的典型平面作准备。（尺寸一致的公寓）
2. 建筑：a）长度；
　　　　 b）地面、壁板、隔墙与顶棚；
　　　　 c）层高；
　　　　 d）体量。
3. 建筑：公寓或盒子，别墅单元。
4. 建筑：基本单元或盒子。

5. 基本单元或盒子（组合）。

6. 建筑：壁板：a）隔墙；

b）顶棚；

c）地面。

7. 建筑与城市规划。

8. 建筑与工程技术（构架）。

这些给工程师的单据，阐释了全部场所阐释的单元。那些确定了作品（一个大的公寓可以供 1500～2500 人居住）及平衡尺度确立的结果良好的场所。

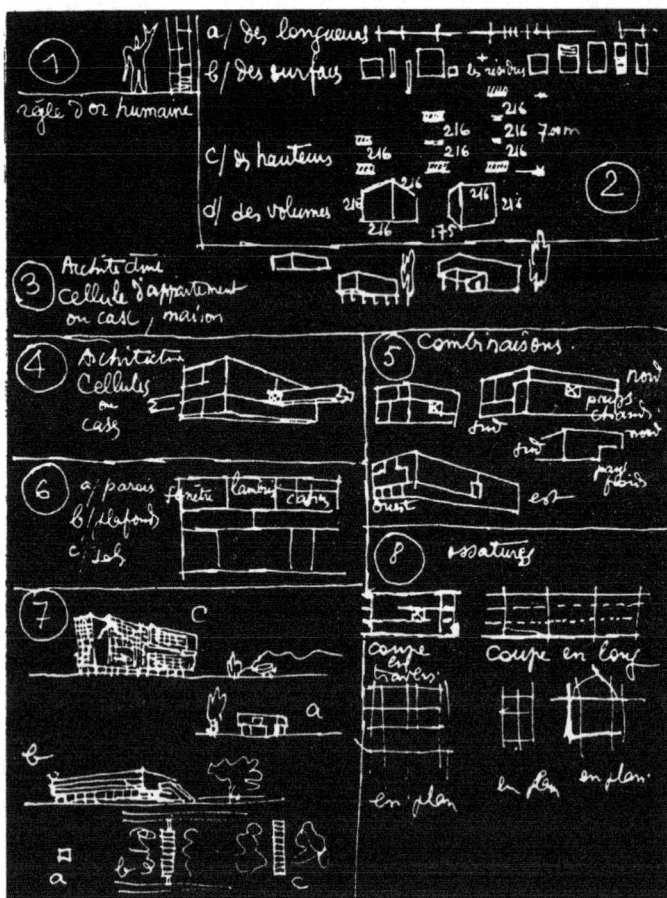

图 4-1

25 年的准备（1922 年），这些年中 10 次重新置于工地，这一研究应该应用于在马赛正在进行的施工，在马赛，最先进的建筑技术方式被应用。在这里，我提前声明，这一巨大、无比复杂精细的施工，所有的一切，只通过 15 个尺寸来控制。那是一些"模度"所包括的尺寸……

IV
时代问题：配发

从这里开始，尤其重要的一个推论：那些包装，英语叫做"Containes"。英语词的使用，是因为它的定性：战争期间美国士兵的午饭，那些战后美国食物的包裹、食物产品的那些包装货物箱，以及那些板条箱。在这一主题上，问题位于一个特定阶段：法国国家铁路公司领导，通过一个重要的公告，邀请法国的使用者（耕种者、殖民地移民等）、阿尔及利亚及突尼斯、摩洛哥的使用者，来咨询"为科学确定运输包装性能特别配置的法国国家铁路公司包装总研究室"事宜。在小亚细亚的伊兹密尔（这几天我刚从那里回来），那些货轮正在装载无花果干果及葡萄干货物箱。十分有趣的问题：发货盛装货物的货物箱、那些打字机，以及那些不可胜数的人类工业产品：书籍、织物、机器。还有：不同形式的箱子、小箱子以及旅客的行李。随后一个新的盛装（集装箱）系列：卡车、车皮、不同货轮货舱、不同"飞机货轮"（将来的）的货舱等。对于建筑师、工程师、仓库区、大型货轮的货场尺寸、船坞等，系列继续，无限。

我们在一个*彼此休戚相关的*时代，不再哀叹，一个内心感性的时代，然而是一个粗暴经济技术方法的时代。那就是问题的所在。举个例子：在众多城市中的中心商场是城市规划的隐患、消费者的灾难，以及无效交通吓人的浪费。自 1922 年，我提出了以"尺寸一致的公寓"的创建来消除那些中心商场；在不间断的提案、在校正更正以及众多城市设计中主要原则的介入后的 20 年后，想法变成具体化：一个这样的公寓，今天正在马赛施工，那是世界上唯一的一处，在那里一个这样规模的经验，以前从来没有被尝试过。供销合作社将能为 1600 人服务；供应品将直接源于产品产地。在 20 年间，上面的想法只是一个不现实的计划。1940 ~ 1946 年，生活在德国人的占领中，如果不是自发的组织家庭直接供给，巴黎将面临死亡的饥饿——宅送包裹：黄油、灌肠、猪膘、水果，来自特别食品储藏室的蔬菜及土豆，不经过雇佣之手到每个住宅。通过市场，这一循环直接显示了它的实用性。这一段旁白式的插曲，只是想让读者在这一集的展示讲解中稍作休息。当马赛的实验被提呈时，被受害人、共产主义者、小业主、有产者及大家族联合的义愤所可怕否决的圣迪埃、拉罗歇、及圣高当设计，一切都汇集到一个激烈的对立中，将重占上风……所有这些只是空想吗？读一读"海外法国"满满一页的公告"……为科学确定运输包装性能特别配置的法国国家铁路公司包装总研究室……"

图 4-2

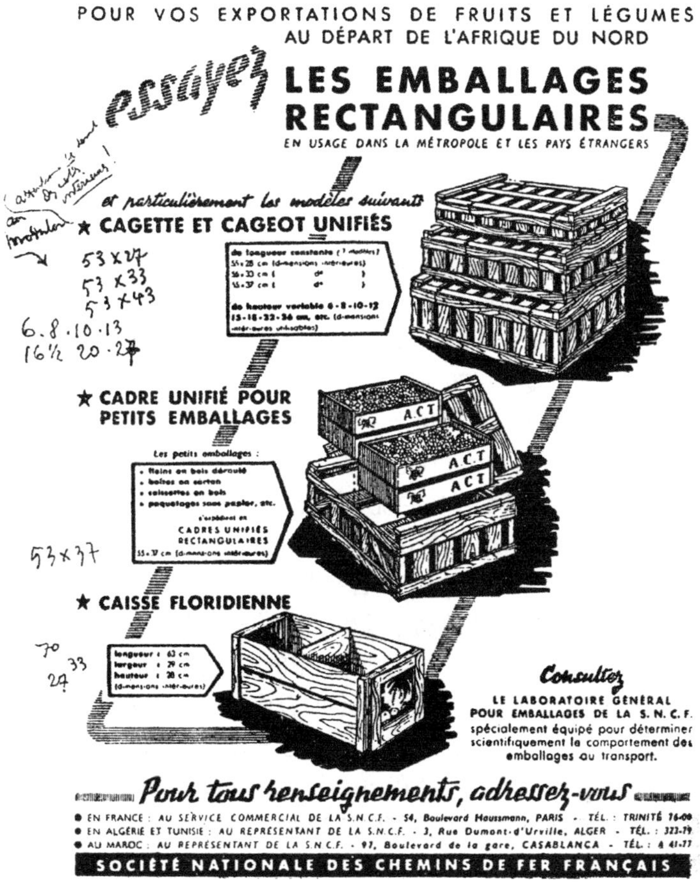

图 4-3

我们比较一下一些数字：

法国国家铁路公司提出了板条箱及柳条箱一致的尺寸（内部尺寸）；模度提出了一些十分接近的尺寸（比起内部的，这些更多是外部尺寸，以便实现一个各向均匀的吊装舱）：

法国国家铁路公司	模度
55 厘米 ×28 厘米	53 厘米 ×27 厘米
55 厘米 ×33 厘米	53 厘米 ×33 厘米
55 厘米 ×37 厘米	53 厘米 ×43 厘米

以及高度：

6 厘米，8 厘米，10 厘米，	6 厘米，8 厘米，10 厘米，
12 厘米，15 厘米，18 厘米，	13 厘米，$16\frac{1}{2}$ 厘米，20 厘米，
22 厘米，26 厘米……	27 厘米

统一的范围：

55 厘米 × 37 厘米（内部）　　53 厘米 × 37 厘米

佛罗里达的货物箱：

长度……63 厘米	70 厘米
宽度……29 厘米	29 厘米
高度……28 厘米	28 厘米

"模度"，外部尺寸，因此使那些没有任何缝隙的装舱成为可能。上面的数字，展示了那现实的统一情况。

注解——现实化一些想法不是没有意义，表现为如此确定地远离偶然性。三天以来，FARGE 法令成为法国现行法令：死亡的痛苦惩罚了食品黑市的违法活动：马贩子、屠夫、代理人、食品杂货店主，他们处于危险时刻，会看到他们中的一些会被吊死（1948 年 10 月中）。通过安置在每一个公寓中心的合作社，保证了服务供给，一举歼灭了那些粮食囤积者的投机。而过多的利益，没有考虑那些不可抑制的慵懒的降临。已经在地中海天空下耸起的马赛公寓，除了那些供给服务以外，提供了更多的 20 种公共服务，用来消除房子为主导的受支配状态。而同样，在这个机械变革徒劳期的黑暗中，也带来了对愉快生活的确信，以及在附近建立家庭与教育孩子的可能。这有利于我们去认识，幻想从来只是明天才不同的现实，而今天的现实即是昨日的幻想。

这样自 1945 年解放及城市规划部建立以来，马赛公寓航行于这些年社会均衡悲怆研究的波涛汹涌中，它历经了重建与城市规划部（M.R.U.——Ministère de la reconstruction et de l'urbanisme，法国重建与城市规划部。——译者注）的各个执政期，每一期都获得新运行部的支持，或右派，或中间派，或左派，或极左派。解决时间决定性问题之一的这一稳定性，在整个世界提出了"了解居住"，与匆匆不稳定的陌生税收相比，等于一个国家宣言语录般的关注。

相反，国家是庄严而稳固的，唯一偶然的情况也是短暂的。下面就是重建与城市规划部的 7 任部长，他们不间断地抵御一些有时很危险的狂风，一直支持马赛的公司：拉乌尔·多特里，弗朗索瓦·比尤，迈耶，夏尔·狄戎，勒图尔诺，科蒂和克洛迪乌斯·佩蒂。

*
**

另外一个"集装箱"，一个人类的容器：脚手架。

"模度"既定转化了问题的一部分：内部的脚手架，同时提出了一个 2.26 米高的场所高度，可以在众多场所加倍（226+33+226=485）；从那时开始，建筑内部的施工可以在没有脚手架的情况下实现，这是重要的问题。

V
世界主义与和平

· ·

"在一个人类之间最好的理解、人们之间的和解方向下，所有的想法、所有的努力，对完成促进世界统一出现的所有活动，是一个宝贵的补充……"

这一公正的思想，出现在一个名为"停战 II 号"（STOPWAR）的宣言里，1948 年 6 月。

为了宣布一些和平的想法，8 月份召开了弗罗茨瓦夫大会。我没有去参加，因为我在忙于一些日常的活动，需要我全身心地投入：创立，成为一个以行动著称的人。我已表明了：我将继续致力于我的工地、我的工作室、我的写作，于是我得到了一个行动家的称号和声望。继续致力于我的艺术、生态、自然与宇宙法则、技术性与世界物理法则的现实构建时，我继续固执地摆脱政治热情。于是，从 1942 年开始，建造者建筑革新委员会编纂了"三个人类机构"。[①]

---

① 小组的书：工作与休闲。

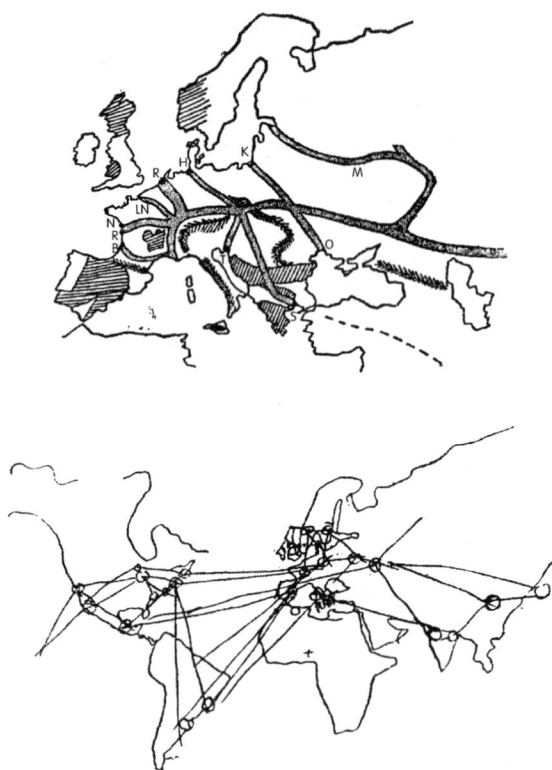

图 4-4

伴随这一指导与出版路线，从 1943 年开始（但事实上解放后才实现），
在当代成果的现代论据之上，建立了一个欧洲版图。这一版图，它
再一次重新找到那些注定的道路，这一道路是人类在还没有被政治
内部界限窒息的时候，地理与地形中史前学的道路。通过一些地区
的组织机构，敞开了和平的道路，以自然法支配劳动的条件。事情，
有一天应该被仔细考虑，被唯一的公设照亮。在这一公设之上，将
能建立机械文明的第二个时期：*生活的愉悦。*①

　　农业发展的统一、工业机构、以无线电通信交流的城市，给研
究者提供了一个机会，在建造领域中引入一些有效的尺度。

———————

① 这一版图打破了法国或其他新闻界的沉寂：它并没有表达某一个目前正在斗争的政治
　计划活动项目。

英寸体现了那历经人类史诗的美。

米向法国革命揭示了自由解放，带来了十进制体系方法。

在电报、无线电与飞机这些文明中心，在民族之外，一切相互联系的运行、相通，出现了人类的三个机构：供给、配备、分发。它们运转并相通；确定地消除了敌对的延续性。

那些秩序的尺度是在当前时代的时间秩序里（这些文字写于1948 年 10 月 17 日）。

第五章

第一个应用实例

我的工作——建筑学与绘画，30多年来以数学知识来培养。因为于我，音乐一直存在（我声明我在数学学校不是个好学生，那只让我觉得烦躁与厌恶）。"模度"的介绍（第一次时被命名为"比例格栅"），在我的大量印刷品里，没有任何革命性的步态；它只是表明了一个令人惊奇的恒定——纯朴的人——在无限排列的启发面前，从没有被学院派所阻碍。一天天过去，这个纯朴的人，他估量到他的艺术是被一个规则所驾驭。他重新认识规则，带着尊重与愉悦和规则打着招呼，20个绘图员的手与大脑作为媒介，被迫来转达他的思想。比起以前穿过那扇奇迹的门，他的意识更加明显，在开满数字花朵的花园里，他的好运引领着他。1945～1946年，他开始着手马赛公寓的设计；在一个工作室，与其并行，那些工程师、建筑师被聚集到一起。他们中的一些人，精明能干得如同技术丛林里的狐狸；另外一些，如同真正的战士，献身、醉心于我们的文明。

比例格栅已经开始被试用，因此这是在一个试验中进行。1946年与1947年，我定好了逗留在美国。在那里也一样，在东河联合国总部设计部门里，注定了"模度"一个奇妙的历险：在平衡中调整那一辉煌的几何学，那是混凝土的、铁的、石头的、玻璃的巨大透明的棱镜。神奇的、毋庸置疑、不可胜数的器官内部的复杂，那些被任命、综合同步及复合的器官。在这18个月中，巴黎的工作室有着突飞猛进的进展。我们这位先生从美国提出的问题是："模度能实现什么？"巴黎的回答每次都是："奇迹。"

这么巨大的距离，同样多的乐观主义给我留下了如圣托马斯一样的怀疑。1947年，回到巴黎，自到达后的第一天，我以*我的双手抓住*（我喜欢这个隐喻）"模度"的尺度。

那些设计从两手间经过，我谨慎注意地使用"模度"，并检验它的使用。因此我可以谈论这一经验。在绘图桌上，偶尔我会见到一些不好的东西，令人不愉快："这是根据模度做的，先生"——"啊，'模度'，倒霉！""请把这些扔掉吧。你们是不是想象着，对于那些丑陋不用心的设计，'模度'是一剂灵丹妙药？如果'模度'使你们痛苦，那就别管它了！你们的眼睛是你们的鉴赏者，是你们唯一应该去认识的。借助于你们的眼睛鉴赏和定量。现在，你们与我以一个单纯的善意，想接受'模度'这一工作的工具，一个明确的工具；我们说这是一个键盘、一架钢琴、一架调谐的钢琴。钢琴被调谐，是为了让你们更好地演奏，这是你们都见到的。'模度'没有给予一个才能，更不是一个天资。它没有提供那些精微细妙的厚度；它赋予你自如，用于准确地确定尺寸。而在无限组合的模度备用库里，是你们，你们去选择。"

下面是我们第一次使用"模度"的一组经验：

1. 马赛公寓：

a）总平面与剖面；

b）立面与遮阳板；

c）套房（平面与剖面）；

d）一个门窗的例子；

e）1947 年 10 月 14 日仪式上使用的石头；

f）全部尺寸的石柱；

g）"模度"建筑学的赞歌；

h）屋顶；

i）结果：两个托梁支撑一个雕像；

j）其他结果：1925 ～ 1948 年（巴黎装饰艺术国际博览会新精神馆）：卧室设备预制生产的格子。

2. 一个小办公室，塞弗尔街 35 号。

3. 1948 年美国八个大博物馆流动展的准备。

4. 排版。

5. 在圣 - 迪埃的手工作坊。

6. 一个新的木质幕墙。

7. 数学的崇高：东河上的联合国。

8. 城市规划："1937 年巴黎方案"。

I
米舍莱大街的马赛公寓
（1600 居民，包括 26 种公共服务的大楼）

a）总平面与剖面

大楼长 140 米，宽 24 米，高 56 米。（1）是一个标准层平面，包括 58 套住房；（2）是细节，展示了施工的实质，套房的尺寸 L=366 厘米（"模度"蓝色数列）。[①]

M=419 厘米 =L.366 厘米 S.b.+F.53 厘米 S.b.。

K=296 厘米——Sr

I=113 厘米——Sr

E=43 厘米——Sr   遮阳板阳台

A=6.5 厘米——Sr

H=86 厘米——S.b. 楼梯。

（3）是大楼的剖面，套房的层高 J=226 厘米 S.b.；（4）是剖面的细部 J=226 厘米 S.b.。

D=33 厘米——S.b.（楼板的厚度）。

F=53 厘米——S.b.（防火楼板的厚度）。

确定下来的遮阳板系列：

G=70 厘米——Sr。

E=43 厘米——Sr。

I=113 厘米——Sr。

B=16.5 厘米——Sr。

b）立面与遮阳板

在后面的图 5-2 中，（5）是立面的一部分，带着那些桩基、平滑墙面上的设备以及顶饰。（6）明确了那些限定遮阳板比例的尺度：

---

① 每个字母代表一个尺寸：L，B 或 F……采取米制体系计数，加入分类标志。Sr= 红色数列，Sb= 蓝色数列。请查询第三章的数字图表。

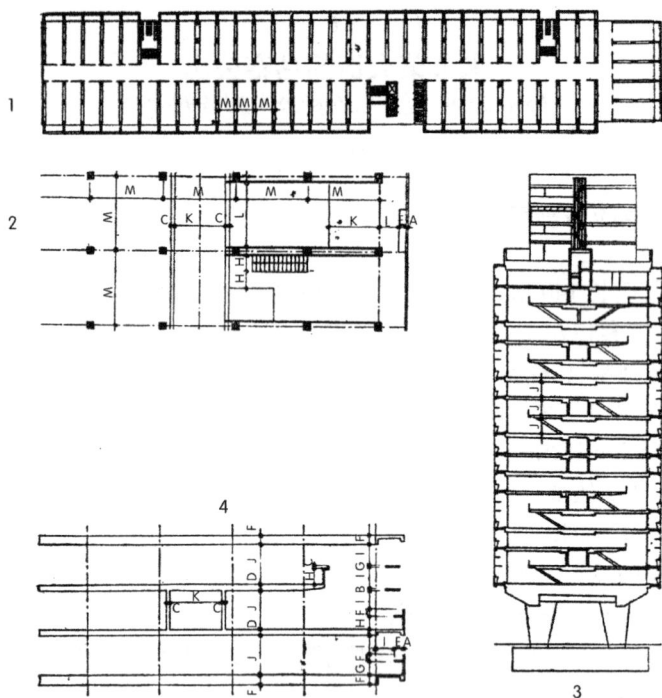

图 5-1

已经给出了 D、G、E、I、B、I、B、I、C，除了 C=20.5 厘米——S.b.。在图的底部，E 给出了遮阳板中垂直元素的长度；M 重复着套房开间的距离：419 厘米（L+F）。

c）一个套间：平面（1）与剖面（2）。见图5-3

（1）平面（卧室楼层）：

366 厘米 = 套间的长度。

183 厘米 = 带有 53 厘米和 43 厘米两个细部栏杆。

86 厘米 × 226 厘米 = 楼梯间。

113 厘米 = 橱柜。

113 厘米 +113 厘米 +113 厘米 = 通道内的两个橱柜与一个隔板。

```
          系列
        红   蓝
A  655
B  165⁵
C            205
D            33
E  43
F            53
G  70
H            86
I  113
J            226
K  296
L            366
M  419  =  L + F
```

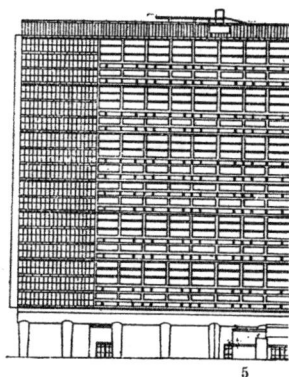

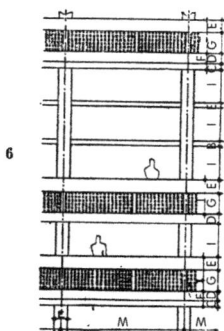

图 5–2

（2）剖面：

遮阳板：70 厘米—Sr+43 厘米—Sr+366 厘米—Sb。

幕墙：70 厘米—Sr +70 厘米 +33 厘米—Sb+226 厘米—Sb。

楼层：顶棚下高度 226 厘米—Sb；厚度 33 厘米—Sb；顶棚下高度 226 厘米—Sb。

墙板：86 厘米—Sb +113 厘米—Sr 书架 +26 厘米—Sr 过梁 +113 厘米—Sr 板 +140 厘米—Sb 板。

家具：70 厘米—Sr×182 厘米—Sr 餐桌 +33 厘米—Sb+53 厘米 ×53 厘米—Sb 壁龛。

备注——对于墙壁的外贴板，1948 年 2 月 8 日这一天交货的板，长度为 1.20 米，为了不浪费材料，我们接受了这一尺寸。

厨房：加工面板，86 厘米—Sb 与 70 厘米—Sr。

浴室：橱柜，140 厘米—Sb×113 厘米—Sr；厕所橱柜 53 厘米—

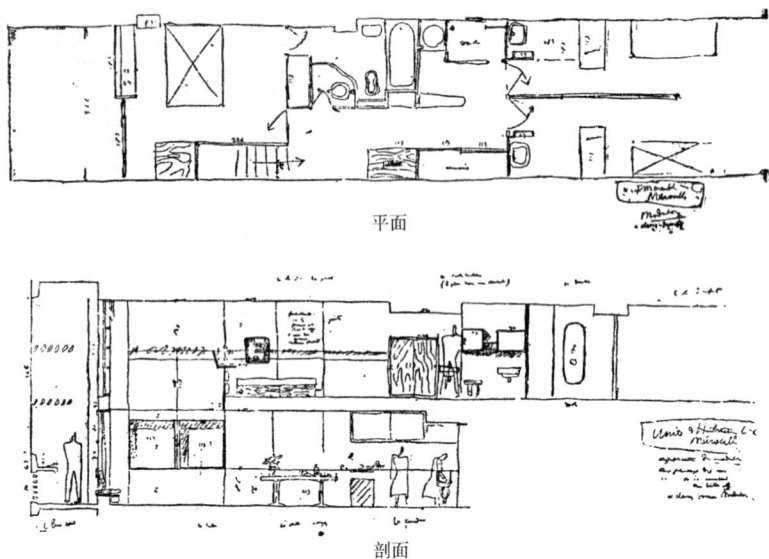

平面

剖面

图 5-3

Sb×53 厘米 +33 厘米—Sb×33 厘米 +70 厘米—Sr；淋浴入口 140 厘米—Sb×53 厘米—Sb。

我们可以明确看出，这样一个数学与平衡的严谨，直到现在，从来没有这样应用到住宅这一日常生活的简单设备中过。

d) 一个门窗的例子。见图5-4

A—6.3—R   F—69.8—R

B—10.2—B   G—86—B

C—16.5—R   H—113—R

D—26.7—R   I—140—B

E—53.4—B

e) 1947年10月14日仪式上使用的石头。见图5-5

1947 年 10 月 14 日，在大量的令人心碎的取舍选择后，马赛工

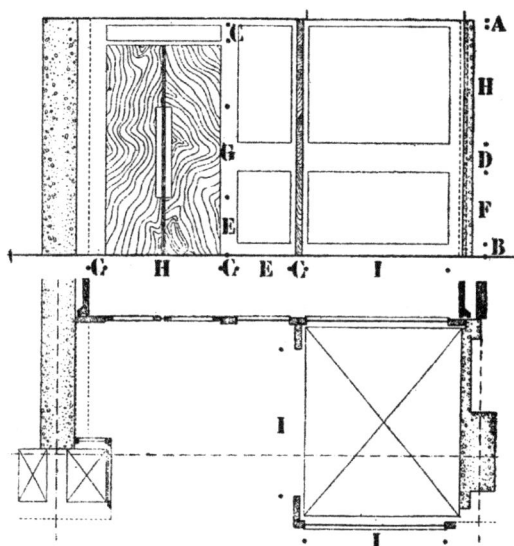

图 5-4

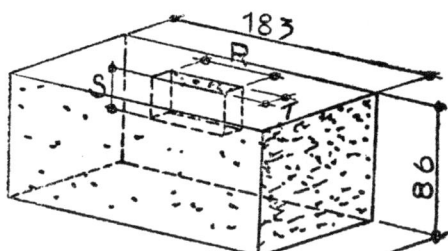

R　53
S　27
T　165

图 5-5

地一个开工典礼仪式将隆重举行。安置了大楼的第一块石头。只是简单的致辞吗？不！一个明显的脉络将延续下去。稍晚，在某处，这块石头将会找到它的位置。在戛纳啤酒街上法航的窗口前，我准备坐"Marignagne"旅行大客车回巴黎。沃根斯基对我问道："那块石头的尺寸是多少？"我从口袋里拿出"模度"，2.26米的那一个尺子，即兴表演般看着我两手间的尺寸。

宽度……86—Sb。

高度……86—Sb。

长度……183—Sb。

对于上面那个将以官方纸张密封起来的壁龛：

长度……53Sb。

宽度……16.5Sr。

深度……27Sr。

在仪式后的第 8 天，这块大石头拥有了它自己的庄严与优雅。

它将会是以"模度"之荣耀，实现一个建筑学作品的契机。

f）尺寸石柱。见图5-6

马赛周刊《V》，它的封面与大多数页面，都是被用来称颂那些妇人（尤其是"小妇人"）。在 1947 年 11 月 2 日那一期上，发表了一篇机智的文章，是关于那一被特别提起的仪式的文章："一块修整过的石头，庄严地立于工地中央，在它前面，每个人都在想，这千真万确是大楼的第一块石头。这是没有很好地理解勒·柯布西耶的理论。事实上，这个混凝土大师并不使用石头。立在那儿的那块修整过的岩石，只是想再现那些比例尺度，在未来的房屋计算中我们会见到的那些比例尺度。每一个高度、每一个长度、每一个宽度、每一个体量都与这一石头基准一致。这石头将被移到首层大厅，放在一个荣光的地方，因为所有的施工都是象征性地建立在它的基础之上的……"

这一论述表达了一个正确的思想：但这过于突出我个人了。另外，它震撼了我们的精神。我向创建明细表的绘图工作室提出，把马赛公寓施工中*所使用的尺寸*汇总给我。*15 个尺寸就足够了。15 个！*我想：我们以这一数字的功绩自豪。我在想象一个涂以红色与蓝色的石柱，通过镶嵌的青铜数字，这一石柱将突显这些东西。我们将把它们立在底层架空层，大厅的门边上，它将会有四个面露在外面。三个青铜镶边的人：一个举起手臂，另外两个重叠的人显示了一个尺子。因为是在马赛，所以石柱放在了四条青铜沙丁鱼上面，也使游客能够正确理解，这些尺寸是从地面起始的，从 ±0 算起。而因为有挖槽和沙丁鱼，在槽里将会有水，最终，四个小喷泉从石柱的高处跌落下来："尺度之泉"。

这实现了"模度"的第一次提升，接近于那些敏锐精妙的地带。见图 5-7。

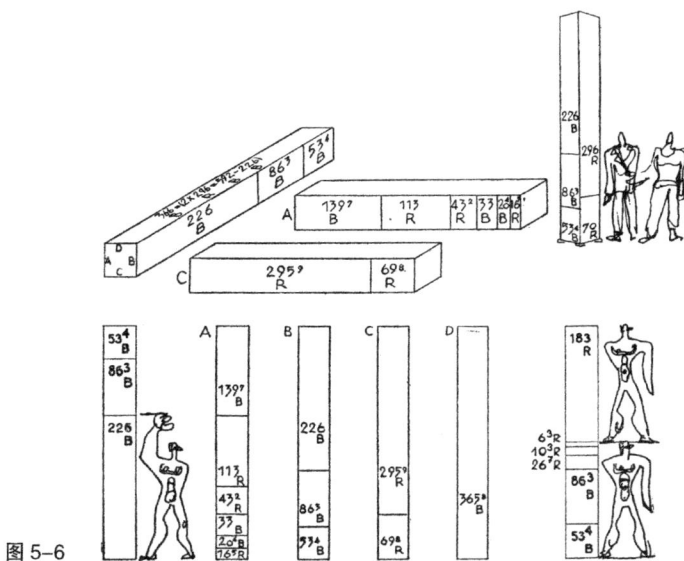

图 5-6

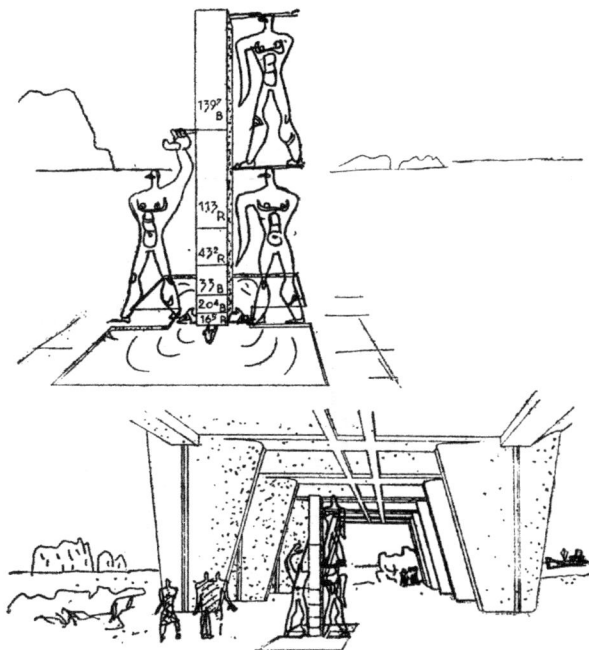

图 5-7

几个月以后，这一契机使一些事物更向前迈进了一步。

g）墙

混凝土电梯间的实施方案，它强加给我们一面很宽的预制水泥实墙，在底层架空层的右边，主要大厅的前面，预示着那样一种危险，在这么主要、重要的场所，立起了一面忧郁的墙。我们要找办法解决！这一片混凝土大幕墙将会是一个对"模度"致敬的契机。在前面，将会放置之前我们说过的那块石头，尺度的石柱将会与它对话，而不是呆在架空层的影子里。在这面巨大的预制混凝土墙上，将以深槽绘以不同体量的图板来划分，这些图板都与"模度"表现的图形是一致的。这一模度标志将以 2.26 米的一个自然高度，像石栏一样以穿孔的石头完成。以红色或蓝色玻璃填充的空洞，将揭示人类中心论的三段式与简约加倍的黄金比例的兴盛。从地面到头顶的高度（182.9 厘米—Sr）将被确定为公寓的中心点，通过水平与垂直交

	红色系列	蓝色系列		红色系列	蓝色系列
A	63		G	267	
B		78	H		33
C	10^2		I	43^2	
D		12^6	J		53^4
E	16^5		K	69^8	
F		204	L		86^3

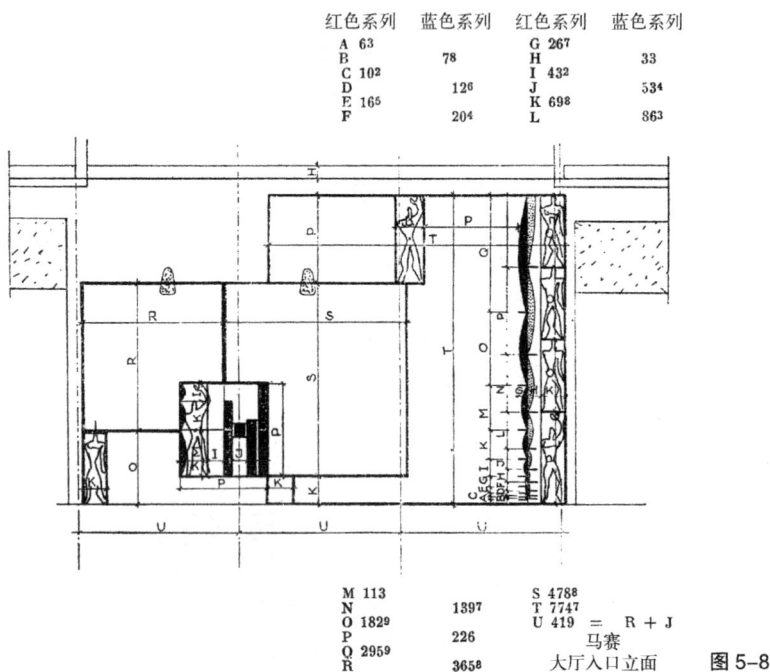

M	113		S	478^8
N		1397	T	7747
O	182^9		U	419 = R + J
P		226		马赛
Q	295^9			大厅入口立面　　图 5-8
R		365^8		

叉的"模度"标志轴线来完成。(J. 定量了一个 53.4 厘米—Sb 的方形)不再只是表明一个以大尺寸或小尺寸确定的点，同样它记录了电梯组的轴线，这一大楼中心的关键见图 5-8。

我将这一奇景描绘成草图，再现架空的底层（140 米长）、大厅（点线的）、大厅中的电梯塔。上面精细的描述取代了字母 B 的描绘：一块 1947 年 10 月 14 日仪式上的石头，右侧，是关于那些尺度的石柱。深处，预制的混凝土板，划分的线条停在那里，就在那里，准确地说那是建筑的灵魂。灵魂这个词，也是弦乐器的一个主题（法语里，âme 指灵魂；同时也是弦乐器上的音柱的意思。——译者注）。我们知道小提琴的音柱是一个，在乐器表面与背部固定住的木质档杆，总之，去寻找，那能明确作为共振的点：音柱。

在 8 米 ×13 米的钢筋混凝土模板里，安置了 6 个木雕人像，起模时将形成凹进去的形象，产生精彩的光影。而这一对象再一次表明，这一地方所有的想象与施工，都是建立在人类的尺度上（见图 5-9、图 5-10）。

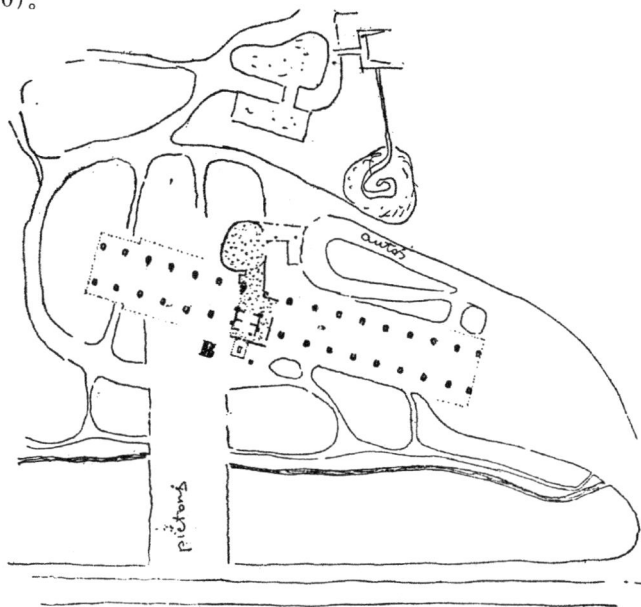

图 5-9

图 5-10

h) 屋顶

它也许只能作为那些猫与麻雀的舞台。我们实现了一个这样的屋顶：

——一个 300 米长的跑道；

——一个体育文化厅（室内与室外）；

——一个俱乐部；

——那些装置、屋顶花园的、幼儿园的（浴疗，日光疗，各种游戏……）；

——母亲亭；

——社交活动：太阳浴、茴香酒。

在距地面 56 米的高度，画面很宏大震撼：大海与群岛、圣塞尔山脉、皮日顶、拉圣波姆、圣维多利亚山、马赛城、守卫圣母院、埃斯塔克。

这一令人满意的公寓单元，我们将专注于比例。这一屋顶将成为马赛景观的一部分。这是一个细腻丰富的对话。它的轮廓应该是具有表现力的。实现了一个大的草稿。

A=33—Sb，板的厚度。

B=43—Sr，带有防渗条屋顶的厚度。

C=86—Sb，鼓风机基座。

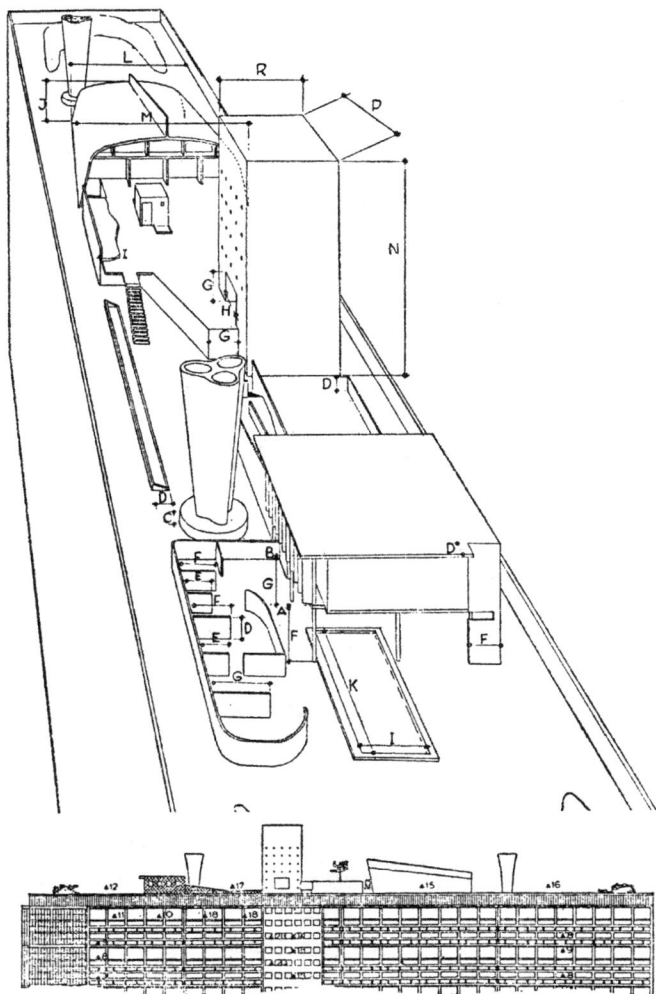

图 5-11

D=113—Sr，分隔沙子游戏与健身器材院子的墙的高度。

E=140—Sb，矮墙。

F=183—Sr，各种墙。

G=226—Sb，母亲沙龙的高度。

H=296—Sr，酒吧。

I=366—Sb，儿童浴场的长度。

J=479—Sr，体育文化厅的高度。

K=775—Sr，浴场的长度。

L=1253—Sr，体育文化厅北边宽度。

M=1549—Sb，体育文化厅南边宽度。

N=1549—Sb+226—Sb=1775，蓄水塔与电梯井的高度。

P=775—Sr+53—Sb=828，蓄水塔与电梯井的宽度。

R=592—Sr+53—Sb=645，蓄水塔与电梯井的深度。

这些数值只是一小部分，一个简单的示范。"模度"确实对所有利用的尺度都起了作用。

i) 结果。见图5-12

54米高的大山墙由头两个桩基支撑。

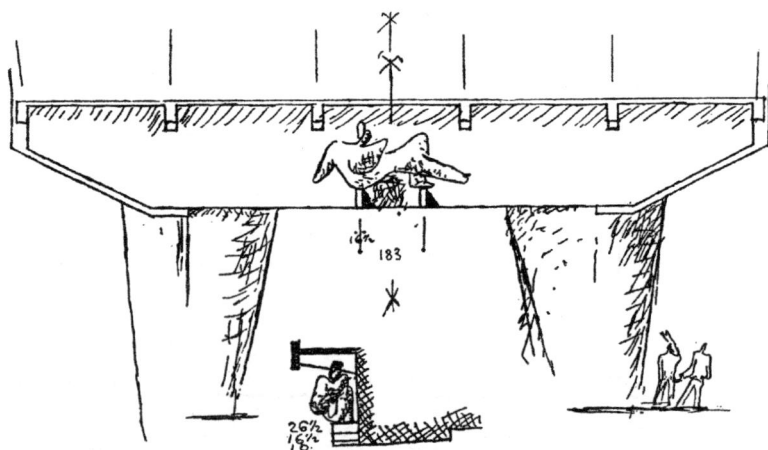

图 5-12

在我离开工地的时候，1948 年 9 月 13 日，我们已经把它们准确地浇筑出来。在上面 50 米的高度，在木模板前，我还在设计安排那些遮阳板。想象着，这总让我觉得有什么东西应能够使这些坚固的、单纯起支撑作用的桩基变得更庄重。不管怎么样，应该，每一分钟，在浇筑混凝土前，保留一个可能，去融合两个"撑架"，就是说两个支架支撑某个雕塑。大家伙喜欢说，我们厌恶那些造型、雕塑与绘画艺术，这是一个巨大的痛苦，因为 30 年来我每天都在画。事实上是，我有点讨厌因循守旧，如果我梦想一个真正造型艺术的综合，我讨厌那些诠释者与艺术家，他们总是经常地向我们提出这样的戏谑：一个画在餐厅窗间墙上的水果高脚杯。当汽车已经熟睡时，人们给我送来那一底层架空混凝土桩基的方案，我很快就去描绘定量，木匠们将很快在模板里削凿这些：

两个托架：

高度……53—Sb。

宽度……16.5—Sr。

突出部分……86—Sb。

间距……183—Sr。

而因为所有的混凝土脱模后都是粗糙的，就是在每块模板的交接处，我提出：你们去做三个宽度和谐的小板：

26.5—Sb。

16.5—Sr。

10—Sr。

这是"模度"在*工地上*使用的一个明显的小证明。

j）其他结果

在 3.66S.b. 这个数字尺寸范围内，那些小部件自由安置，所有的部分都是为人手所设计的，足以适应那些使用情况。见图 5-13。

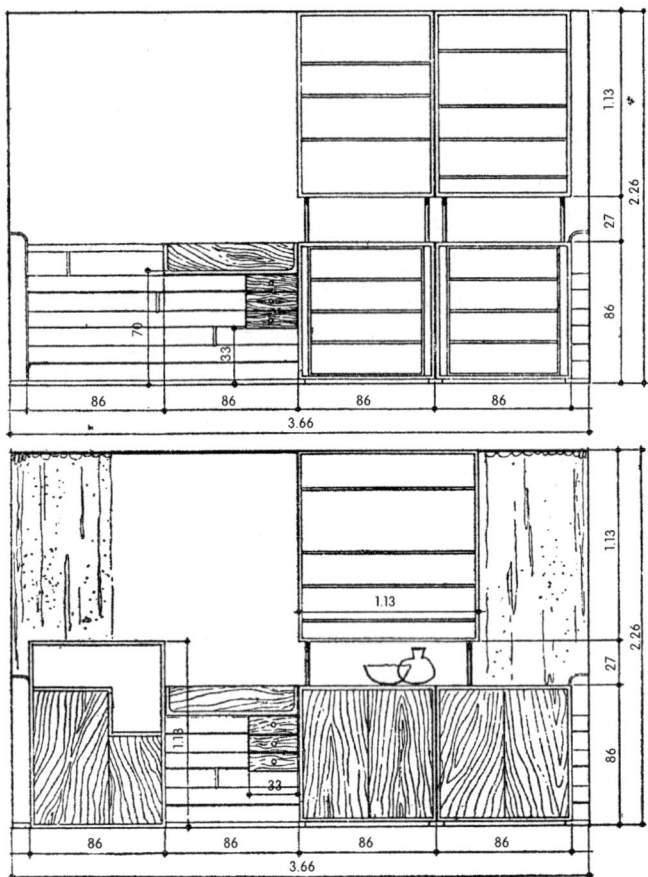

图 5-13

II
一个小办公室。见图5-14

我们在塞弗尔街 35 号的建筑师工作室，它有 50 米长，绘图员们几乎占满了所有地方。那些行政办公区被退到一些不太好的空间内。我个人接受了一间没有窗户的办公室，配有空调。我在其中就像在一个隐蔽所，而我的访客的感觉是：这让他们觉得简洁、简明。

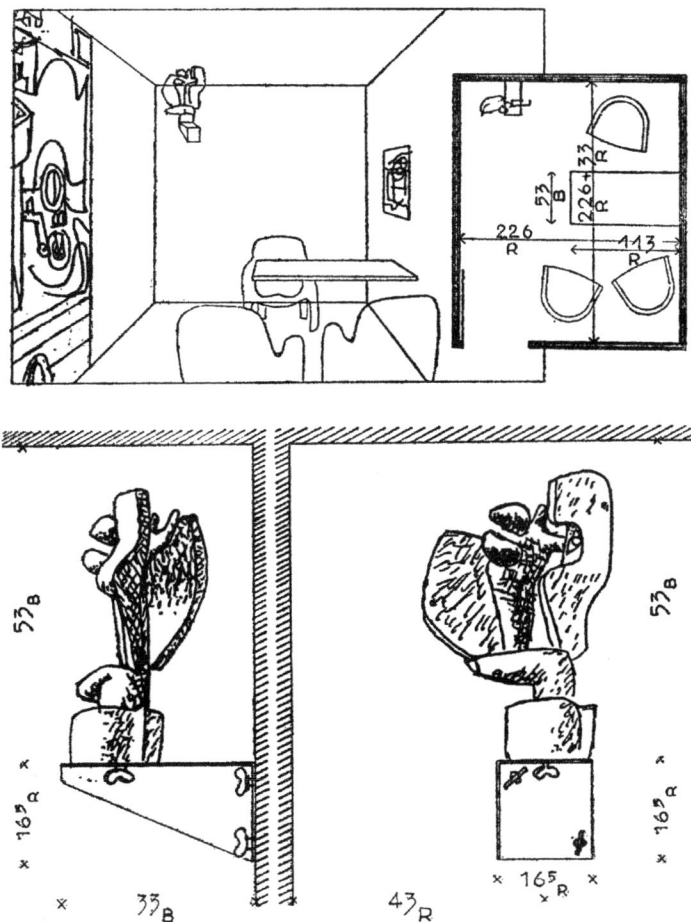

图 5-14

在里面，我一次只能接待 4 个人。能容纳我们 5 个人的办公室，它的尺寸为：

宽度……226—Sb。

深度……226—Sb+33—Sb。

高度……226—Sb。

一个"模度"的基准体量：$226 \times 226 \times 226$。

尺度的协调一致，允许了一个有效的家具与装修提案：

桌子：53—Sb×113—Sr。

墙上画（左边）（单色摄影）：

116（113+53）。

226—Sb。

剩下86—Sb的板与（3×2）的三根板条。

一个铁皮折叠的台基上的多色木雕像：

台基：突出部分 33—Sb。

　　　宽度 16.5—Sr。

　　　高度 16.5—Sr。

与房间角度相比，它的位置：

左边距离：43—Sr。

到顶棚距离：53—Sb。

Ⅲ

流动展的准备

美国六个博物馆赞助支持

　　建筑设计、城市规划与绘画艺术展。包含《勒·柯布西耶全集》的打印副本文件（Erlenbach，苏黎世出版社），是意大利横开本的形式29×23，根据实际图板，这些文件以各种比例影印放大，展厅的数量没有被限定，一个博物馆到另外一个博物馆的扩展。另外，我们可以在每个厅准备一面展墙，上面集中了各种不同尺寸的文件。而在中央，是一个节点（或屏风）装置，其两面都贴上了影印放大的作品。

a）展墙：（1）图 5–15

　　C=26.5—Sr，打印的页面与小的文件的空间。

　　E=86—Sb，隔墙高度，文件系列的平均高度。

　　F=113—Sr，打印文件的轴线。

　　G=140—Sb，大的文件高度。

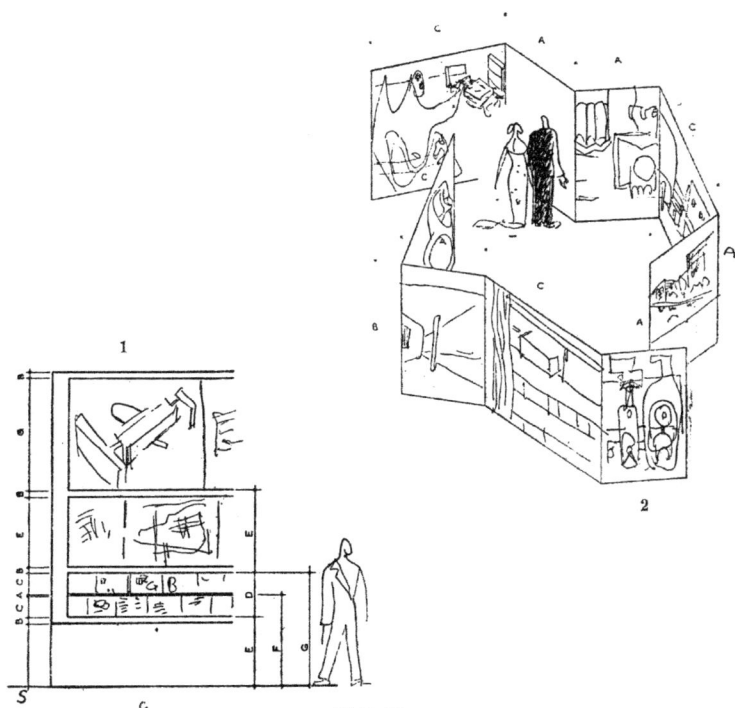

图 5-15

　　另外,在集结那些尺寸的时候,我们进一步确认了"三段式"及"模度"系列"对偶性"。

　　E+D+E (86+53.5+86) =226 (一个举起手臂的人)。

　　G+E+E (140+86+140) =366 (两个直立人的高度)。

　　这一最后的论证,并不是去美化对所有事物都坚持人性尺度的审美。

b) 节点或屏风 : (2)

　　B=206 是一个对空间并没有构成屏障的不固定尺度。我们毫不犹豫地选择了"模度"以外的尺寸。这援引自一个经验,它告诉我们 : 226 的高度在空中划了一条分界横线。

　　C=226—Sr。

　　A=140—Sb。

IV
印刷版式

涉及 1948 年[①]春天，为《今日建筑》特刊准备的 200 份印刷版的排版。

杂志的形式为：310×240 毫米。

问题在于要明确印刷版版式的一个确定数量，以及对每一个形式的尺度规则（图 5-16）。

"模度"为它们提供了所有平衡和谐的元素。

以这些尺度，我们分割了那些纸板。排版因此快速、准确、自如地实现了。

第一个尺度将是杂志的尺寸。"模度"（递增的尺子）在页面上行走，我们发现了一个实用的尺度，位于 298 与 32.8 之间的，就是说 300 毫米左右。

对于第二个尺度，是尺子在标准纸张长向上的游走，例如，后面的数值：位于 24 和 267 区间的，这得到了 243—Sr，差不

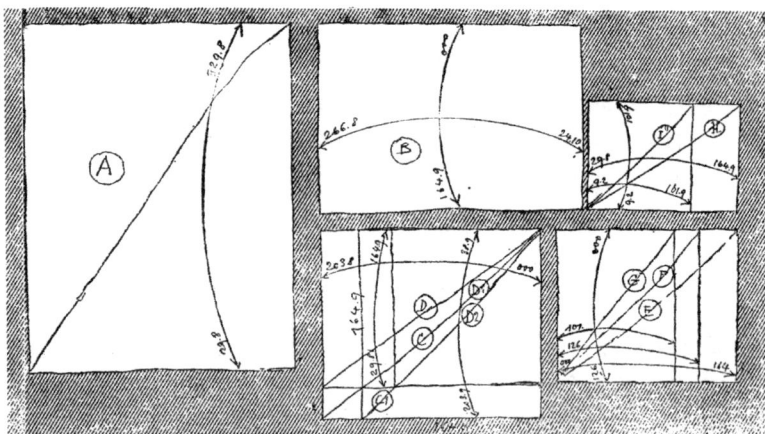

图 5-16

---

① 布洛尼—塞纳。《今日建筑》。特刊号。勒·柯布西耶。

多如（B）。

243 这一区间数加出总共后面这些"模度"的值：

位于 24 与   39   之间
+ —— 39   —   63
+ —— 63   —   101.9
+ —— 101.9   —   164.9
+ —— 164.9   —   266.8

对于第三个尺寸，理论上我们采纳边缘值，比如我们选择包括在 000 与 203.18 间的区间值 203 毫米，差不多如（C）。

对于第四个，我们采取 000 与 164 间的 164（E）。

对于第五个，位于 29.8 与 164.4 之间的 134.6（H）。

我们由此得到了五个印刷版尺度。在一个延长的长方形上，我们寻找正方形的多变形式。

借助于（C），我们展开"模度"尺子，并选择了 38.9 与 203.8 间的区间值 164.9，从而对角线定性了版式（C）。借着 164.9 这个长度，我获得（C1）一个方形。这一方形与 C 的对角线的交点，获得了一个位于 29.8 与 164.9 之间的尺度 135。而它的对角线定性了版式（D）（长方形），于是（D1）与（D2）的对角线形成了一些方形的版式，一个是 164.9，而另一个是 135。

以同样的方法，通过 164 这个尺度形成了（E）这个版式。我们得到了 126 的方形（F）及长方形（G）101×126。

同样通过版式（H）134.6×101，我们得到了方形（I）101×101。

这一版式形式与尺度的经验，是与位于红色数列数值与蓝色数列数值间的区间值有关的，*它们所形成的数字并没有在"模度"的数字图表里，因为这些是通过次要的方法获得的。*

应该注意的是，这种设计方式是一种特别的视觉秩序。"模度"作为手里的一个刻度递增的尺子，允许了设计者观察它的尺寸，这是极其重要的。目前的不幸是那些尺度四处陷入任意与抽象，它们或许应该是*肉体所需要的*，也就是我们世界一个悸动的表达，对于*我们*，人类的世界是我们理解力唯一能理解的。

V
在圣迪埃的手工坊

让－雅克·杜瓦尔是一位专心于思想与艺术的青年工业家：多亏他出于整体利害关系，反对并拒绝了圣迪埃城市规划设计方案的想法。

在他的工厂施工的时节（目前正在进行），我们能够进行一个准音乐的精妙游戏：一个对位法以及"模度"制定的赋格曲，见图5-17。

有三个主要部分：

架空底层的桩基柱廊；

工作室的平行六面体；

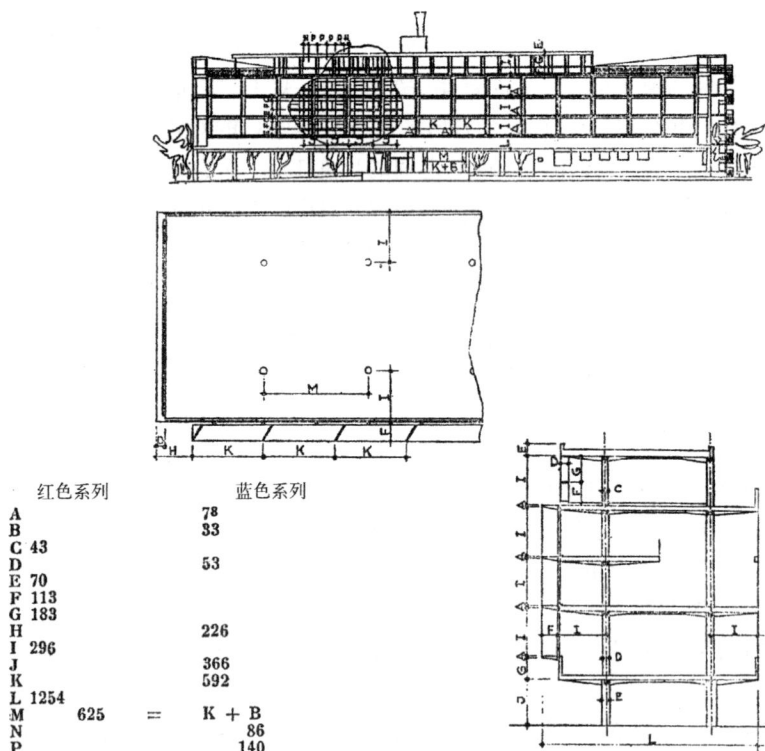

	红色系列	蓝色系列
A		78
B		33
C	43	
D		53
E	70	
F	113	
G	183	
H		226
I	296	
J		366
K		592
L	1254	
M	625　＝　K ＋ B	
N		86
P		140

图 5-17

办公室的顶饰与屋顶花园。

更进一步，有三个不同的节奏、节拍：

a）钢筋混凝土的骨架间距：桩基、柱子、楼板；

b）工作室立面的遮阳板（混凝土）格栅；

c）网眼状幕墙（橡木施工）在遮阳板后面、工作室与办公室的前面展开。

a）框架

从平面与剖面得来：

间距……M＝（K+B）=592—Sb+33—Sb=625

厚度……E=70—S.r.

D=53—S.b.

C=43—S.b.

落地窗　I=296—S.r.

b）遮阳板

从平面与立面得来：

小槽的宽度……K=592—S.b.

高度……　　　I=296 S.r.

厚度……　　　A=7.8—S.b.

深度……　　　F=113 S.r.

c）幕墙

立面形成了：

窗户部件的框架　J=366—S.b.

N=86—S.b.

P=140—S.b.

框架、遮阳板及幕墙的主导尺度规则，它们三个各不相同，彼此独立，不重合（完全不重叠）。

即：

625

592

366

但所有的都是一致的标准音高，属于一个系列。我想这首建筑师演奏的音乐是坚定的、巧妙的、协调的，就像德彪西的音乐一样。

VI
一个新的木质幕墙。见图5-18

　　1948 年，我们采用在 1930 年使用的幕墙，那是以前通过市政规范制定的，以限制这一在钢筋混凝土横梁下门窗洞口的高度 204 厘米，这一意外的高度规定了所有这一门窗洞后面套房的比例。

　　我们没有利用"模度"，"英寸"的尺度 183-53-226—Sb，而这次我们建立了一个特别的、以 165-204 为基础的模度（可以这么说，是立体感很轻的绘画）。这非常有趣，并定性了我们对那些样式的思考：首先感受、察觉、评估验证并决定。在目前的情况下，我们必然已经确定，"模度"在 183-226 之间，失去了应该是建筑学的情感因素：幕墙。我们对这里建筑学感知的主导构件一致同意：幕墙。

　　我们公司来建造：没有人怀疑。和谐在所有的部件中伸展开去。

　　因此，首先是一个从 0 到 267 的特殊尺子。

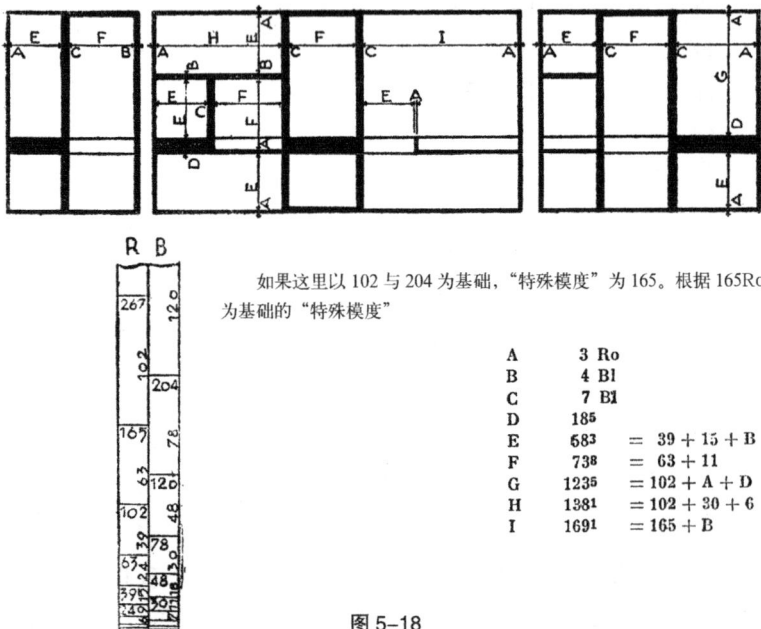

如果这里以 102 与 204 为基础，"特殊模度"为 165。根据 165Ro 为基础的"特殊模度"

A	3 Ro	
B	4 Bl	
C	7 Bl	
D	185	
E	58³	= 39 + 15 + B
F	73⁸	= 63 + 11
G	123⁵	= 102 + A + D
H	138¹	= 102 + 30 + 6
I	169¹	= 165 + B

图 5-18

随后，玻璃窗的尺度参照其度量：

主要的玻璃：$I \times G = 169 \times 123.5$

次要玻璃：$E \times I = 58.3 \times 123.5$

VII
数学量值
模型 23A

1947 年 3 月，纽约。

曼哈顿东河联合国总部的施工。

1947 年，那些平面已经确立，在悲剧性难以接近的纽约中引入了"光辉城市"。

阳光，空间，绿色大自然；这样的一个允诺将被信守。借助这些方面，公司超越了长时间以来的成果。说实话，我们还没有一个机会，以那些数字去实施如此复杂的一个建筑。

在图 5-20 中，我标出一个编号系列：a、b、c、d、e (e1、e2、e3)、f、g、h，它们应该并能够显示出穿越一个空间的那些光芒。那一 50 米长、150 米深、200 米高的空间。

唉！数字的召唤将不能被实现，因为对于仍然是公司东家的这些人，有时在那些操作获得喝彩之后，对于该要求的精神品质、精致、巧妙与好奇，他们都漠不关心，是这些促进了"*跨过那一奇迹之门*"。

不只是那些建筑物的伟大韵律能在曼哈顿岛的天空下发光，是它"玻璃的热情"，还有那些场所的结构、那些照明的窗户、那些实墙、那些遮阳板以及那些混凝土和钢的柱身，四处显现如岩羚羊踝骨一样的一个实体的纤细——可以作为"一"及单元生成元的巨大整体的结构：整体中的纷繁（建筑的伟大韵律），但是是一致的、细部中的统一。这不再只是"光线下的那些形式的集合"，而是内部的组织，如一个美好的水果果肉一样闭合，根据平衡和谐的法则统治所有的事物：肌理。我想起了一些不久前给我留下深刻印象的时刻：我们

图 5-19

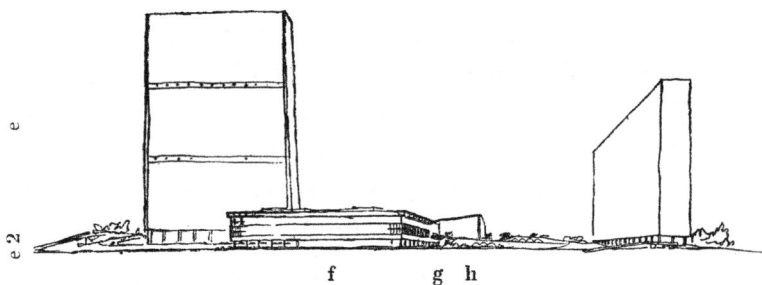

图 5-20

1931 年的苏维埃宫及巴黎—罗马快车车窗对它的验证，1934 年 6 月 4 日，比萨斜塔（图 5-19）。

这一切表明了对于一个建立在人类尺度基础上的建筑分子组织结构的憧憬。

VIII
城市规划

1937 年，巴黎规划。某一天，巴黎中心的实施可以作为建筑领域对数学的出色应用："三维立体城市规划"（在地面上与空间中）。于是一切都可以被和谐、改变、复合，无限地共鸣、复现……它不是——我对其深信——另外一条通往建筑辉煌之路：前奏，合唱与赋格曲，旋律与对位法，结构与韵律（图 5-21）。

这完全有可能叫人想起在孚日山脉的非常现代的圣迪埃城，而不是奇妙的巴黎。这一城市的平面方案（放弃的）是韵律与旋律、几何与自然、人类的比例与山峰和山谷的风景……（1945 年）。见图 5-22

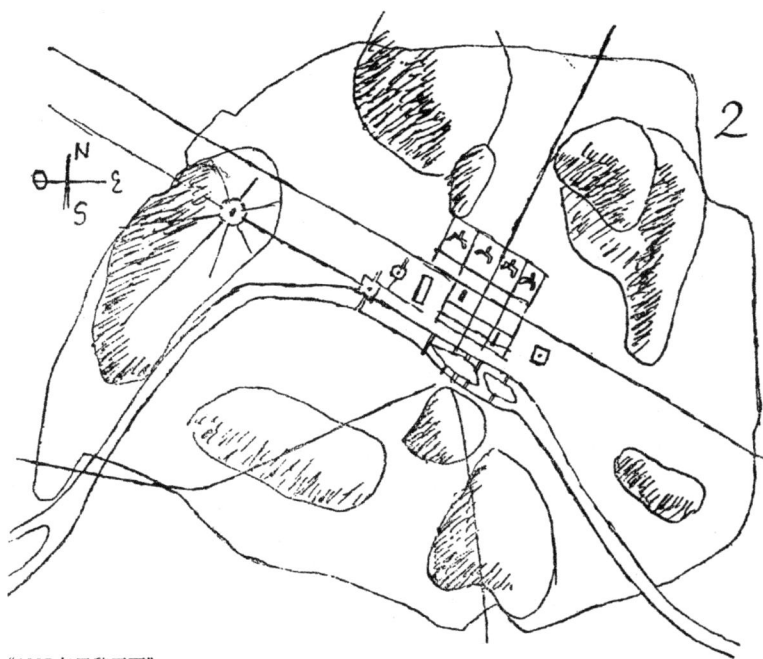

"1937 年巴黎平面"

图 5-21

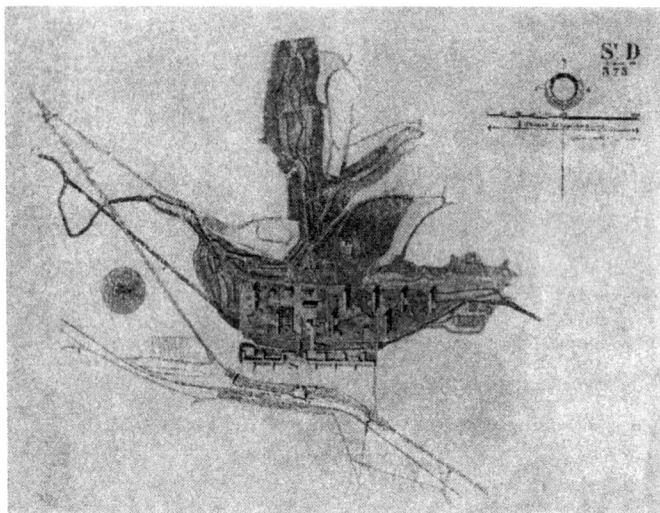

1945 年，圣迪埃平面　　　　　　　　　　　　　　　　　　图 5-22

其他无限的变调，整体并较少细节的：1933 年，安特卫普左岸的城市化（1933 年）。见图 5-23

还有"光辉城市"的一片区域，先于"马赛公寓"10 年，也许将一直保持一个与环境相适宜的形态。巴黎，"有害健康的第 6 号组团，1937 年"。见图 5-24

能够被引入的尺度四处遍布：

那些架空底层的桩基、那些车行道与小路、那些游泳池、那些建筑、从高处到低处与内部的各处、那些自动门……

最终，以建筑设计与现代城市规划可能的形态，来表明位于非洲中心前方阿尔及尔 Bastion 的一个规划。图 5-25

这时候，1939 年准备实施这一重要作品。在里约热内卢国家教育部大楼之后，而在我位于纽约东河的联合国摩天大楼之前，一切都已经度量、协调、组合，经过了数学运算。

在那些黑暗年代里，我们生活在一个精神危机与物质的巨大悲悯中，作为一个长期努力的充分发挥，"模度"突然到来。

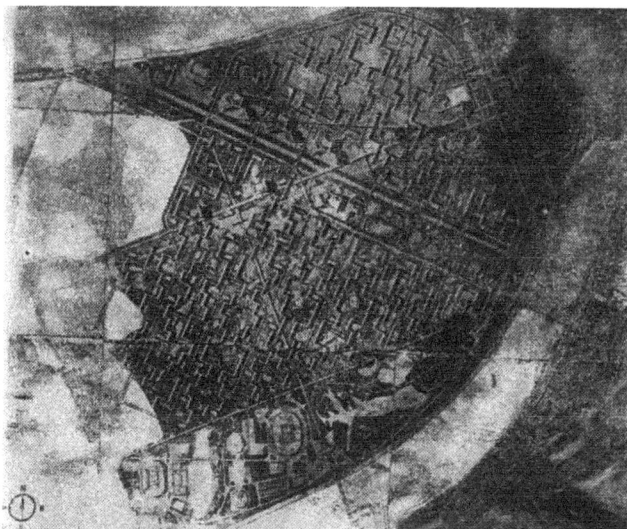

图 5-23　　　　　　　　　　　　　　　　1933 年，安特卫普平面，左岸

图 5-24　　　　　　　　　　　　　　　　1932 年，"光辉城市"的锯齿形

阿尔及尔事务中心   图 5-25

第六章

简单工具

"……很多人担心'全世界通用的平衡尺度'这一思想，事实上，唯一的对比基础将一直依附于'英寸'或传统的米制。因为施工的那些尺度是由将来的那些业主规定，它们或者是以尺计，或者以米计，不是以'模度'来计数……"

这是 1948 年 8 月 6 日，纽约的约翰·达勒给我的意见。这个意见很重要。在这里是属于一种误解。我们可以在困难的绊脚石上培以发育的土壤，问题来得正是时候，使争论能够明确。

（B）"模度"借以一些"估量"的（*主动态*）尺度施行。所有的问题是一个客户向他的建筑师提出的，围绕那些计数的使用：米或英寸等，即数字的表达（*被动态*）[A]。

"模度"作用（*主动*）于 [B] 以回答 [A]。

（A）是一个个人要求或者是客户的本能，在对所有转归专业人员的任务的考虑之外。这些转归专业人员的任务是（B）：

——组成构成的平衡；

——与周围的衔接；

——规格化，标准化，预制化；

——最终多种因素结合形成的和谐平衡（邻居的尊重、环境气氛的创造、谦恭与客气……）这同样也是建筑师的角色。

我对约翰·达勒回答道：

"您对'模度'及米制与英寸对抗的保留意见，确定下来'模度'存在的理由。'模度'是尺度的一个等级范围，英寸或米制是一些数字。这些数字的计数（米、英寸或所有别的应用的），借助于平时使用的方式，在您那里的英寸，在我们这里应用的米制，它们使'模度'的尺度或*价值*得以确定。"

"模度"是一个工作的工具，是*为那些创造者*（包括设计者与绘图者），而不是那些实施者（泥瓦工、木工、技工……）。

　　而我的注意力，被一本英文杂志中出现的装饰图案吸引，是1948年2月的《建筑评论》，在《勒·柯布西耶模度》这篇文章开篇的上面。这一图案是"模度"细腻刻度的部分复制，通过如下一个计数来定性：m15、m17、m19……（红色系列），m16、m18、m20……（蓝色系列）。①

　　我想在这里，一个深渊张开了。不只是"模度"的使用陷入混淆与难以实施中（因为m16或m105……它们是一个纯粹的可怕抽象，同样可以说是生活的元气退缩了），但"模度"那些重要的相关客体对象之一从此被抹去：在"英寸"与"米"之间那总算可能的结合与统一。这一统一非常重要。

　　这就是为什么我觉得"模度"的尺子应该维持对于每一个标度的原始计数：

　　以毫米计……｛164.9，266.8，431.9，等｝

　　以寸计……｛6"492，10"504，16"997，等｝红色系列。

　　而……｛203.8，329.8，533.6，等｝

　　　　　｛8"024，12"984，21"008，等｝蓝色系列。

　　不止是这个：m19、m17、m15……这些限定设想了那些指示性：从来没有被触及的0：它是黄金分割递减系列不可能接近的目标[1]。

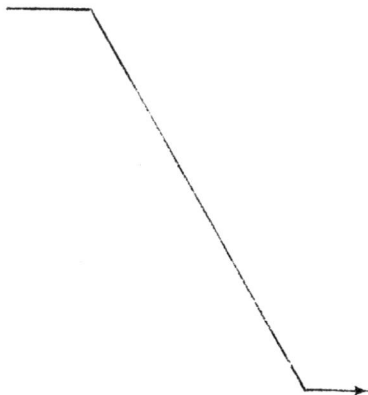

重要!

> （1）我们相信未来的读者……而我们从来都不是一个迟到者！
>
> 1920 年或 1921，那些航空战争的制造工厂已经停产，改为生产汽车。一些荒唐古怪的思想，在那些报纸上刊登出来："为什么我们不生产飞机来运送那些乘客与信件？"
>
> 一愚蠢，我觉得，老百姓将在你们那些飞机里面目全非，没有人乘坐。
>
> 一在 1949 年 4 月 6 日的会议中，我们的公共工程经济顾问与重建联合会，他们了解我解释的关于"居住条例"的要旨，该联合会明白关于一个统一平衡尺度的老生常谈，卡高（Caquot）展开了主题，确认了那个可怕的二元性障碍：*米与英寸*；他补充道："工人来执行，泥瓦工、技工，应该（并擅长）习惯去使用通过一个字母与数字来标明的每个线性数值……"
>
> 我们看到那些创造者孕育着保守派的萌芽(这里我说的是我自己)！
>
> 回到"模度"，回到约翰·达勒先生及我自己，我们能看到：代代延续的那一规则，解决了冲突。下一代将不了解米与英寸的冲突，今天平常的现象将被遗忘、取消。这就是我（冒失的）表明的"抽象"，将是今天平常的数字……

***

我的想法依然一直是与现实紧密相连的。前文已经显示了这一困难。

在那些雄辩的抨击中，亨利·米勒写道："我们回到了炼丹术，回到了亚历山大的假智慧，它形成了我们的傲慢……"[1]借助于对现有研究对象的争论，我不由自主地写道："模度"不应该是一个稀奇的神，而是一个为了穿过那些我们道路周围的水洼，尽快达到目的的简单工具。指定给绘图技术人员的现实目的是*去组合构成、创造、发明、寻找、展示"那我们肚子里所具有的"，以达到比例，达到诗意……*"模度"，工作的工具，扫清了道路；而路上是您在奔跑，不是它！所有问题都在这儿，*路上是您在奔跑*。没有人愿意一直在药品杂货商或者在幻想的零售商那里，去买所谓构成天资或天分的那些玩意！贫乏至极！其本身一无是处，但"模度"做了"清理"，仅此而已，这已经很多了！

---

[1] 《北回归线》。

*
**

在这些章节中，没有科学的方法。这很简单，我不是一个科学家。

一条道路在各个方向上多次穿越与交叉，并逐渐通过那些"事物本能"的、直觉活跃的人们先前没有衔接的路段。如果有一天，一个办法出现了，是否都没有什么办法证实？在这一作品中进行批评改进的那些研究人员，他们是最后能去评判的人。

我们评判的这棵果实累累的树，就是它，不止一次带领我们，引向一个既不粉饰也不自负的方法，那些拥有睁开敏锐双眼的发现者的方法。

这形成了一个关于社会舞台特殊情形的问题：音乐家派别（明显维持年轻活力的音乐），设计的热情，造型的热情，纯粹的、深入的特性，和谐平衡。于是，穿越那些生活给您带来的曲折道路，骤然作为一个指示器，一个间歇的开关。我们停在这儿，在某些确定的地方。在那边，继续赶路的另外一些人，似乎什么都没看见。而某一天，我们发现……

· ·

我既不能感觉到自己，也不能相信自己，更不是自负或傲慢地完成了一个发现。我战战兢兢地急于去了解、去核实。大家将会对我说："是的，偶然地，您拉开了奇迹之门。您在前面经过，然后穿了过去。于是那些学者（他们了解但或许没有感觉到，不是没有振动，也不是通过艺术与诗意的情感，他们没有每一分钟都与生活相通），他们能够解释、复苏、追求、推广，并给人们一个有用的工具。"

每天清晨，每迈出一步，我重新提出问题，我反复咀嚼问题。我对于"模度"的担心，更多源于我的工作本质，迫使我通过介入者来工作——那些具有狂热的崇拜、对新事物的欣赏、混淆以及天真意图的那些年轻人。一件不幸的事却也给我带来了好运：1947年纽约的那些美国人，在那里的18个月，在我设计了联合国总部的基本方案后，就让我回到了巴黎；而随后，他们似乎忘记了召回我。

— 113 —

因此，我从 1947 年 7 月开始，能够在巴黎塞弗尔街的工作室工作，以我自己的双手，以我自己的"模度"武装起来的大脑。那些在小处或大处、短期或长期的实践中的应用，是无尽的反响回应。我握着铅笔并操控那些数字，我自我试验、检验着。我确信：我已经定量了这些东西，在这里它们已经足够清晰，去达到一个毫不夸张的简洁层面。经过黑夜的漫漫长路，我看得更清楚了，于是能够去奢求：实现一个有效的工具模型，校正还需要继续进行，所想的与所能做到的都是值得研究的。

**

我将质疑所有的表格与所有的工具，它们使我有把握获得一小块自由的土地。我想保留这样一个从未被触及的自由。那时，这些黄金比例数字与基准线，同时给我提供了一个完美的正统派方法。我将反驳："这也许是正确的，但这不是美。"一个永不言返的结论："我不感兴趣，以我的洞察力，以我的欣赏品位，以所有那些知觉，我不喜欢这个，我感觉不到它，这些足够使我做出决定：'我不想要这个'。"

这一事实肯定将与数学无关（它是同样地近于神，在那些无尽的障碍中没有被察觉），但是这样一个方法，它所面对的问题将能被"模度"所检验：摆脱嫌疑的数学，我的方法（我的发明）将独自继续被批判。

**

一个简单的工具，被明确地用来确定那些物体的尺寸。

a）内部角色：平衡和谐的作品。

b）外部角色：统一，重新集结，目前不同工作的融合，体现竞争。

我依然可以感知人类的生理—心理方面，我不是只注意了那些眼睛所注视的物体：

开始着手编写这一随笔时，我必须在其细节与年表中重新检查所有的问题，以这个被争论怀疑或被追求的、被接受、被抨击、为别人所能感知的……以便显现那些突出的观点，以便表露原则，使

— 114 —

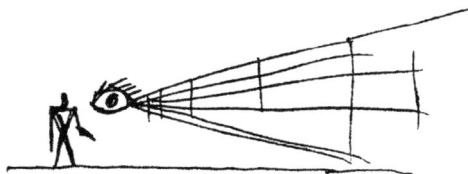

图 6-1

一切变得简洁自然。

*
**

　　在写完这最后几个词的片刻，我说到了亨利·洛日，他实现了这一工作，他是联合国在塞克瑟丝湖总秘书助理及经济与社会部门的领导。他的反应是即时的："试图引入另外一个与米制不同尺度的热情……"

　　"模度"是一个工作的工具、一个梯级范围，借助它来组合构成……为了那些系列产品，并同样为了以统一能够达到的建筑学大交织。

— 115 —

第三篇

附　录

第七章

具体检验与完成

　　猎犬叼起了猎物；发明者，抬起高傲的头，停在他研究的见证人面前；其他人经过那里，停下来并记录着。下面就是这一方法步骤的一些证明。

1

沙丽斯修道院（巴黎附近）

　　1948 年的这个夏天，我面对这些 13 世纪西都会遗址。入口门的漂亮尺度给我留下了深刻印象（我觉得是交通入口）。我买了一张这一遗址的照片影印的邮局明信片。在卡片背面我写下："1948 年 6 月 12 日，周日于阿蒙农维拉，我进入了阿巴耶·德·沙丽斯遗址中。"我从口袋中拿出'模度'，A 正好是 226，我量了 B 的宽度也是 226！C 的尺寸是 226+140=366！我对这一切非常地高兴。我反复思考，并与自己讨论着。离那儿 200 米处我自语道：你忘记量门的宽度了！循着脚步我转回到那儿，我量到的尺寸是 113！(d)。我再次高兴起来(寓

图 7-1

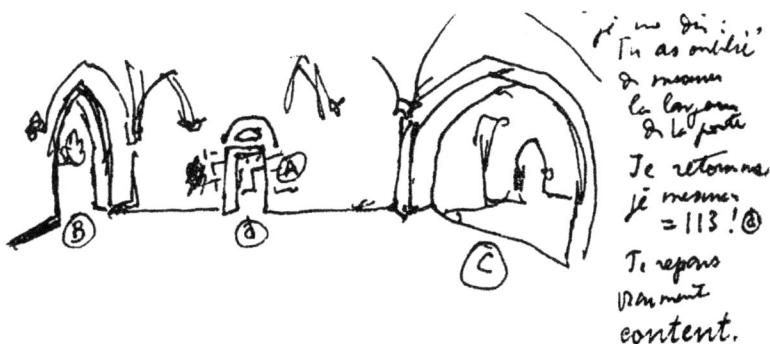

图 7-2

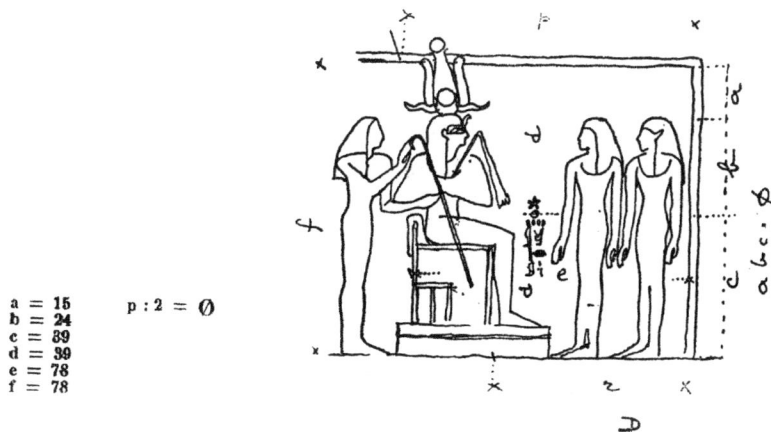

$$a = 15$$
$$b = 24$$
$$c = 39$$
$$d = 39$$
$$e = 78$$
$$f = 78$$

$$p : 2 = \emptyset$$

图 7-3

意：人们应用了黄金比例。参照了 1.82m=6"的人体比例)。

2

埃及

1948 年秋天，我在思考埃及，思考她优雅的、精确的、雄健有

力的皇家艺术，我打开古斯塔夫·勒邦的《原始文明》，第 425 页
是阿比多斯的塞蒂一世庙的浅浮雕照片的仿制。那些尺度似乎进一
步肯定了人类身高的斐波纳契数列。数据的数值在这里以毫米计，
各种尺寸整理到文件中，它们间的关系表明：斐波纳契数列是 a、b
和 c。在一个象形文字铭文的中心，d 的数值与 d 以一个小圆盘描述。
这个小圆盘不断地吸引着我的眼球，引发了一个基准线的实践。另外，
d+d 通过 f 与 e 得到证实。

3

在去年 10 月 3 日，飞机把我运到了伊斯坦布尔。第二天，惠特
莫尔教授使我受到了圣索菲的礼遇。在那里，他的年轻考古学家团
队研究那些多个世纪以来在粉刷浆下消逝的镶嵌画。我们在拱廊里，
一个黑色大理石的大圆盘的特殊地方，其封存于教堂中殿栏杆前的
地下。"这里是朱斯蒂尼安皇帝的地方"。以漂亮的雕刻大理石为支撑，
它使我震惊。"模度"从它的盒子里走出来，得到一个十分明确的标
注尺寸：113 厘米。

图 7-4

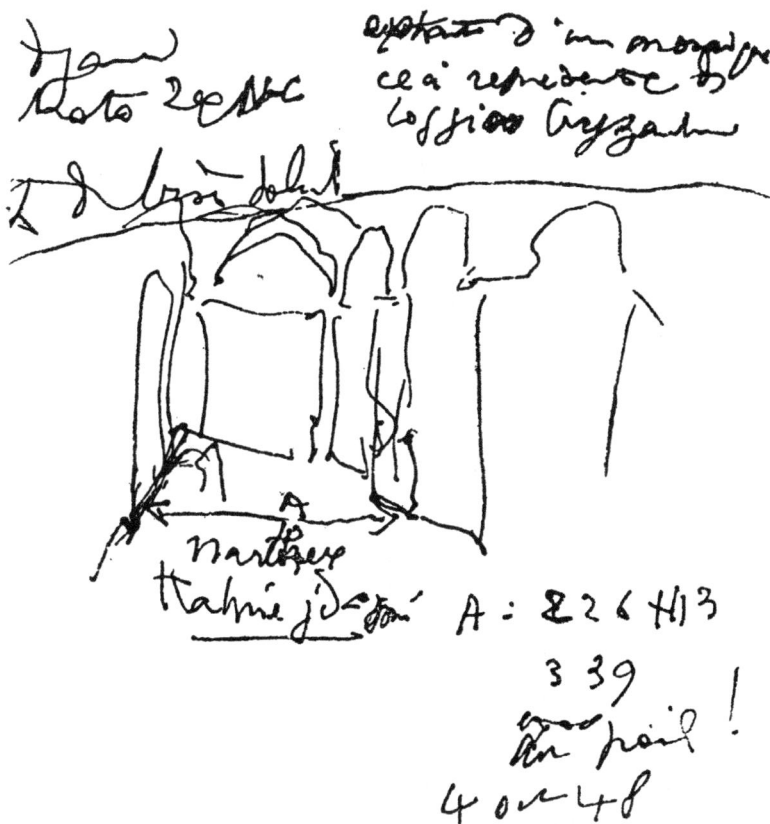

图 7-5

4

一个小时后，我们在旧拜占庭深处，在卡尔耶教堂里。这里以土耳其人一直所尊崇的镶嵌画而闻名。

门廊的宽度让我觉得很漂亮。借助于一个我们刚刚遇到的法国古文书学人的帮助，使用"模度"度量得到：A 的宽度 =226+113=339。

图 7-6

5

随后的周六，返回伊兹密尔时，我又在伊斯坦布尔做中途停顿。这一次是大宫廷的门叫我停了下来（门朝着以前不可越过的高墙开着，墙保护着那些苏丹人及他们的后宫、亭子和那些美丽的植物，以及博斯普鲁斯海峡、马尔马拉河、金角湾河流汇合的梦幻风景）：

这个门的尺寸：226+70=296（三个"模度"的尺寸）；

侧面的壁龛只有 2.23 米。

在欧洲与亚洲的土耳其度过的这些日日夜夜，从工作的角度，我调查了一些土耳其的尺度，那些形成了一个强大而出色的建筑的这些尺寸（伊斯坦布尔、布尔萨……）：

一个建筑的 "*Zira*"=24 "*Parmaks*"（寸）=24×12 "*Hats*"（分）=288×2 "Noktas"（点）=0.75774 米。

注：1Zira=0.758m。

-1Parmak=0.031m。

-1Hat=0.0026。

（模度给出的尺寸是 0.70m）。

$(- -0.03\text{m})$。
$(- -0.0025)$。

大宫廷的门：4 Ziras=4×758=303.8（模度给出的是 296）。

最后：1*kulak*（一个两臂分开的人）=2½ Zira：188（模度给出的是 182）。

6

圣山山脉。公元后的 800 年来几乎一直是爱琴海的一个岛。在其中，拜占庭文明的一部分隐藏在那些修道院中，或者至少是这样。今天则是停留在了修道院的图书馆，或者他们教堂的绘画中。

在土耳其这一简短旅游的初期，对我 1910 年旅途册子的一瞥，使我产生了一个想法。那时我在追问一个学生的意见，那是一个在大西洋的 7 个月背包长途旅行，在这期间我学了好多东西。我的裤子有一个特别的口袋，给近乎 2 米高的大个子用的；在那时候，我已经认识到了*估量那些尺度*的必要性。我的那些旅行草图被尺度所充满。今天重新读到它们的时候，我觉得我并没有表现出什么；稍后，我的那些忧虑担心驾驭了我。我 1910 年的那些尺度，并不能因此考虑为一个信号。

（*Philotéou*）*修道院教堂*。见图 7-7

	"模度" I (1.75 米为基数)	"模度" II (1.82 米为基数)
1.45		1.40
2.20	2.16	2.26
2.10		
3.40	3.50	3.66
3.70		
4.10	4.58	
4.15		
4.20		

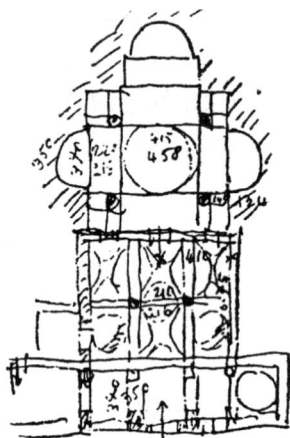

Philothéou

图 7-7

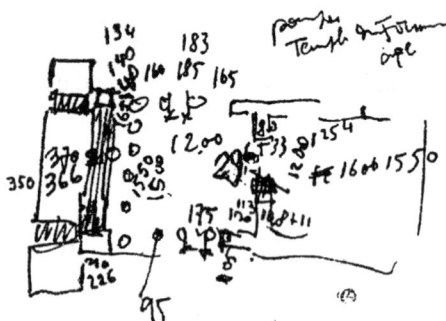

图 7-8

7

庞贝（Pompeï）（1910 年旅途册子）。见图 7-8
坛庙

	"模度" I （1.75 米为基数）	"模度" II （1.82 米为基数）
1.05	108	113
1.20	108+11=119	
1.65	134	140
1.75	175	
1.85	175	183
3.70	350	366
12.00		12.53
15.00		
16.00		15.50

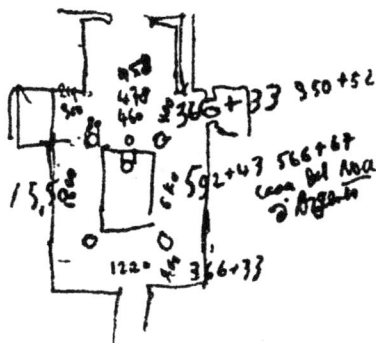

图7-9

银白色胡桃木房子。 见图7-9

	"模度" I	"模度" II
300		296
400	350+50	366+33
460	458	478
640		592+53
12.20		12.54
16.00		15.50

8

庞贝（续）。 见图7-10
阿波罗庙内殿讲坛。

	"模度" I	"模度" II
114		113
146		140
570	556	591
810		775+33
底座		
9		10
15½	15	16.4
28		27
130	134	140
142		142

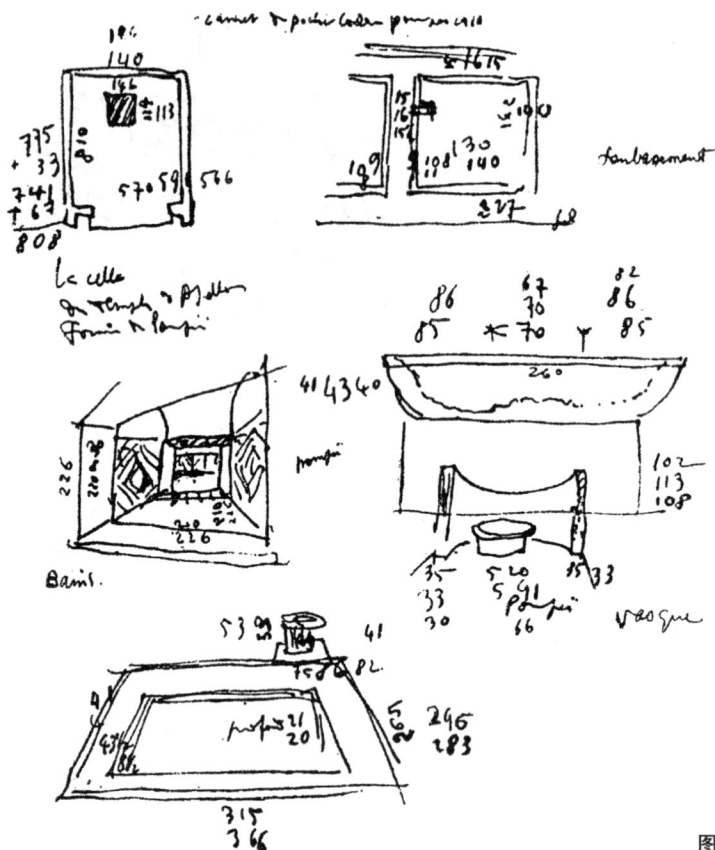

图 7-10

浴室		
210		
210		
220	216	226
浅口盆	"模度" I	"模度" II
35	30	33
40	41	43
70	67	70
85	82	86
102	108	113
260		226+33
520	566	591

水池

21	20	22
43½	41	43
53		53
75		70
265	283	296
315		366

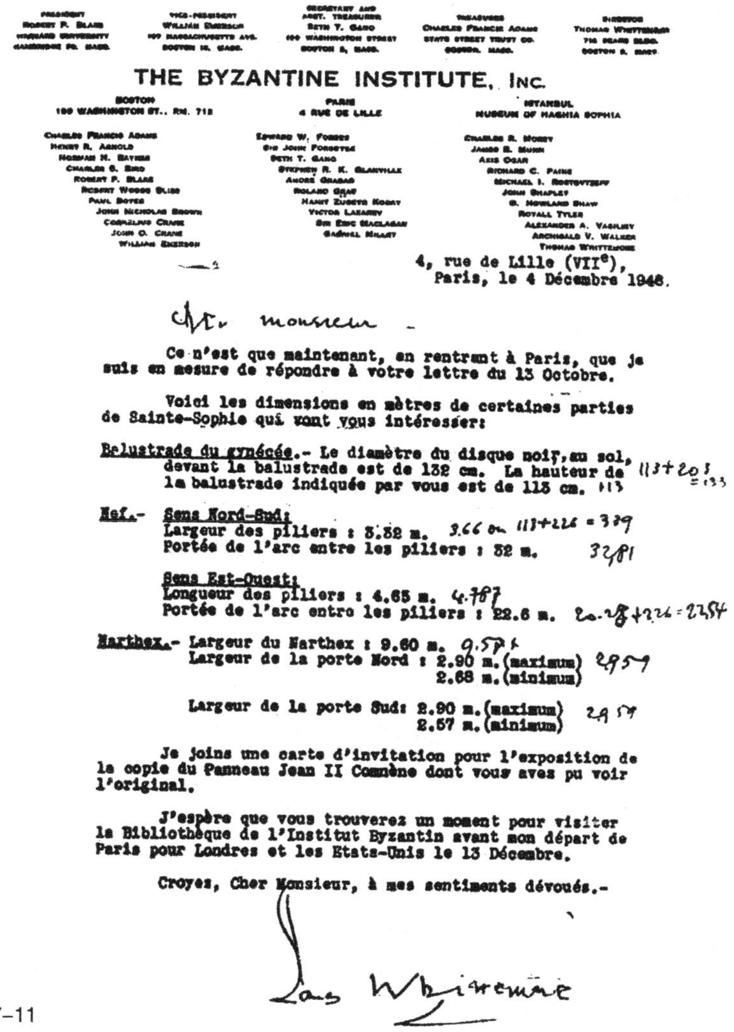

THE BYZANTINE INSTITUTE, Inc.

BOSTON 100 Washington St., Rm. 712 — PARIS 4 Rue de Lille — ISTANBUL Museum of Haghia Sophia

4, rue de Lille (VIIe),
Paris, le 4 Décembre 1948.

Cher Monsieur,

Ce n'est que maintenant, en rentrant à Paris, que je suis en mesure de répondre à votre lettre du 13 Octobre.

Voici les dimensions en mètres de certaines parties de Sainte-Sophie qui vont vous intéresser:

Balustrade du gynécée.- Le diamètre du disque noir, au sol, devant la balustrade est de 132 cm. La hauteur de la balustrade indiquée par vous est de 113 cm.

Nef.- Sens Nord-Sud:
Largeur des piliers : 3.32 m.
Portée de l'arc entre les piliers : 32 m.

Sens Est-Ouest:
Longueur des piliers : 4.65 m.
Portée de l'arc entre les piliers : 22.6 m.

Narthex.- Largeur du Narthex : 9.60 m.
Largeur de la porte Nord : 2.90 m. (maximum)
2.68 m. (minimum)

Largeur de la porte Sud: 2.90 m. (maximum)
2.57 m. (minimum)

Je joins une carte d'invitation pour l'exposition de la copie du Panneau Jean II Comnène dont vous avez pu voir l'original.

J'espère que vous trouverez un moment pour visiter la Bibliothèque de l'Institut Byzantin avant mon départ de Paris pour Londres et les Etats-Unis le 13 Décembre.

Croyez, Cher Monsieur, à mes sentiments dévoués.-

图 7-11

Paris, le 10 Décembre 1948

Monsieur le Professeur WITTEMORE
Institut Byzantin
Haghia Sophia
ISTAMBOUL (Turquie)

Cher Monsieur,

　　　　J'ai bien reçu votre aimable lettre du Décembre et vous en remercie vivement. Je m'efforcerai de venir vous voir avant votre départ pour l'Amérique, mais je suis dans une période extrêmement remplie en ce moment-ci.

　　　　Je vous donne, à titre de curiosité, la réponse du "Modulor" à vos chiffres :

```
1,13  =   1,13
1,32  =   1,13  +  0,203  =  1,33
3,32  =   1,13  +  2,26   =  3,39
32,00 =  32,81
4,65  =   4,787
22,6  =  20,28
9,60  =   9,57
2,90  =   2,959
2,90  =   2,959
```

　　　　Croyez, Cher Monsieur, à mes sentiments les meilleurs.

图 7-12

9

1930 ~ 1932 年，巴黎大学城瑞士馆。见图 7-13

我们细心施工，但要服从于市政府规范的严厉与专断。

1948 年 9 月，由我设计制作的绘画墙面上，我重建了一个非预想性的数学画面，来自于一个简单的直觉预感。

140-226.

366（大概 182 的 2 倍）。

借助于盖缝木条，以便硬质纤维板在铺贴这面曲墙的时候，我们能够采用这些尺寸：140+140+70，剩余物用在墙基、地面绘画底盘及顶棚的脱离上。

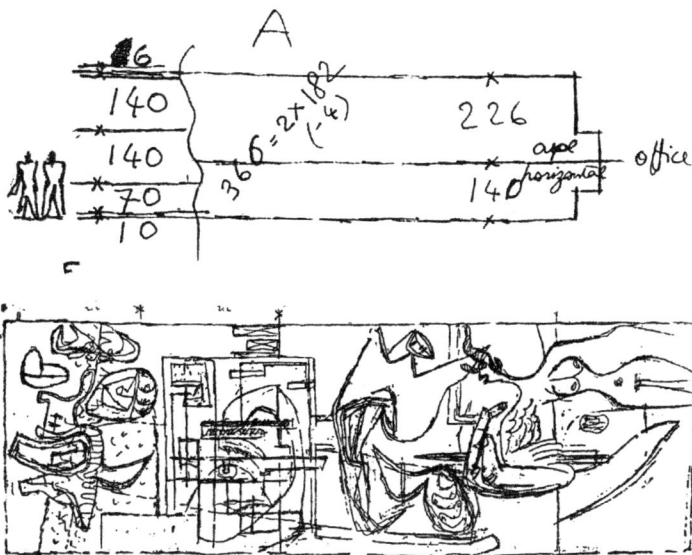

图 7-13

10

在 1948 年 9 月实施的时候，与"模度"数值相关联的墙的草图延期了。模型以 17 1/2 厘米和 55 厘米来定量，墙的实际尺寸为 3.50 米 × 11 米。我们没有打格子来画，而只是以横坐标和纵坐标作了些标记。

存在着这些"模度"所带来的坐标（以一个简单的平衡和谐的规律效应）：33+45+53+70+113+140+182+226，等。

11

货　轮

在伊兹密尔与伊斯坦布尔间的飞机上，我的邻座是一个年轻的土耳其商业海运工程师。

— "我将去哥德堡"，他自语道，"为我的国家验收一艘货轮。"

— "请告诉我，是否因此标准高度确定了甲板之间的自由空间？"

— "2个甲板间的自由标准高度为2.26米。"

— "您能通过图画解释一下吗？"

— "这是我向您展示的同样情况，是那些大型客轮乘客房间的建造。"

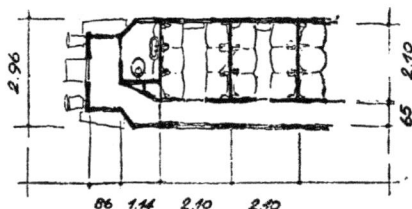

图 7-14

舒适与作品整体经济性的研究，在18世纪那些试图获得限定舒适及满足妇女"小房间"要求的一些建筑师的道路上，引导着那些建造者。见图7-14

12

火车车厢

以人类自身为尺度的人类珠宝匣。

我得出结论。

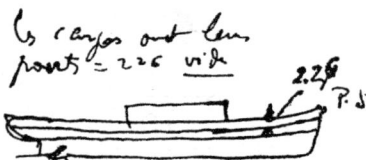

13

帕提农

1948年10月，偶然巧合的一些活动给我带来了一个特殊的文献，是一

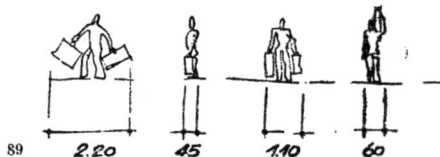

图 7-15

些巴拉诺斯先生在雅典确立的原始平面的复制，带来了帕提农施工的每一块大理石石雕的精确测绘：台阶、柱子、顶饰。

对于这些尺寸的验证能得出一千个结论。我们并没有获得什么毋庸置疑的、过于简化的东西。对于这些数字第一次的解读形成了20多页大纸的资料，这促使我采用"模度"I来证明（以1.75米的身高为基数，108-216）；希腊人肯定比盎格鲁－撒克逊人或者斯堪的纳维亚人矮小。在这些条件下，所提及的一些比较高的数字解读很大程度上属于乐天派的……信念及英寸的均化——或毫米——以信念暗示！！！

可以肯定，帕提农是一个优秀的建筑物，一处包含*所有细腻变化*的场所。这是一个真正的雕塑，而不是施工建造的产物。它丰富了那归功于雅典卫城与雅典智慧的视觉修正。

在那里，伊科松和卡利科拉特，菲迪亚斯我们在那些"指间"滑过，这是一个度量那些柱子的时机，那些数字精确地提供了10.000米这样一个绝对尺寸——对1793年的法国国民公会提前的认可（法国1793年10月10日建立革命政府法令。——译者注）！！！

我重复道：在这里，我们是在伊迈特山、庞特立克、皮雷群岛的壮丽雕塑面前，而不是在一个本质上必须建立在那些数字循环之上的施工面前，例如一个教堂（拱门与拱扶垛），还比如埃菲尔铁塔或者马赛公寓（尺寸组织结构含义）。

14

1948年，秘鲁城市规划

9月13日，若泽·路易·赛特，CIAM[①]世界顾问主席，从纽约给我写信：

"……在为利马工作的时候（一个城市规划方案），我尝试了'模

---

① 国际现代建筑协会，1928年在拉萨拉兹创立（瑞士）。

度'。多么神奇的发明啊！在城市规划及大尺度的方案中，这是一个可贵的帮助。由于你，我们能够确立那些合乎规定的高度，决定那些模板，那些体量界线，以及建立城市立法基础。在这时，还不存在任何类似的研究……"

15

法 老

拉姆西斯二世核准了一些方案。见图 7-16

草图的那些数字以毫米再现了根据商博良（Champollion）画面

图 7-16

图 7-17

的尺寸，摘自古斯塔夫·勒邦《原始文明》一书。读者将能够看到数学关系的存在。

16

1948 年，在巴黎拉玛德莲娜大街建造的一个店铺（BALLY）立面。

这是三个橱窗金属钻孔外包装，构成呈现了一个无可争议的多样性。

a=113—Sr。

b=226—Sb。

c=86.3—Sb。

g=26.6 的一半—Sr=13.3。

d=140—Sb。

e=86—g（13）Sb=73。

h=43—Sr。

i=113—g（13）Sb=100。

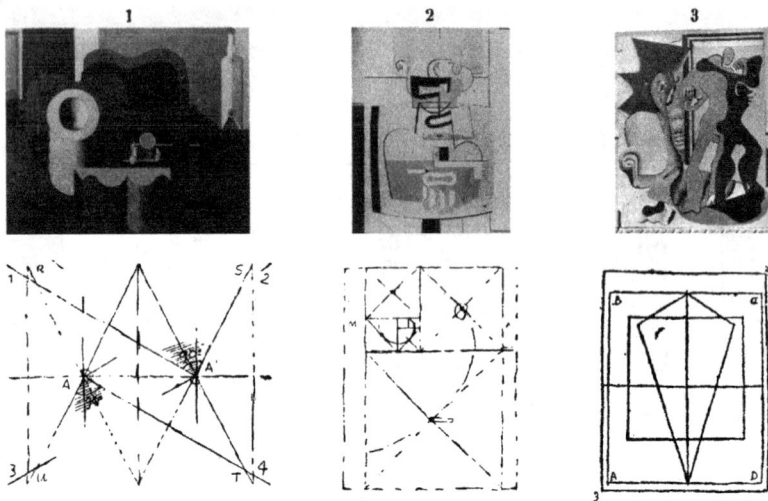

图 7-18

17

基准线完善了绘画的构成

自 1911 年我的建筑设计作品和自 1919 年我的绘画作品，这些构成草图被来证明一个这样的实践。尤其是 1920 年两幅绘画的第一个草图，其中之一为巴黎拉罗歇收集，而另一个为纽约现代艺术博物馆收藏，其中 A 呈现了所谓的"直角轨迹"方法，在 22 年后，1942 年自然而然服务于"模度"研究的鼓动者。

1929 年的草图 2 是对数螺旋的情形。

草图 3 近乎为正方形和五边形。

必须指出一个看法：我们看到那些草图并没有来自画布的四角，它们留有一些空白（尤其是 2 号图），空白 M 和 N 留在两边；在 1、2、3、4 及 ABCD 间，（3 号图）空白围绕四周。在这些作品中，外行的诠释家将会徒劳地了解来自画布四角的草图；他不会成功，或者将陷于专断。尽管 30 多年来对基准线的应用，我只想说一次，那

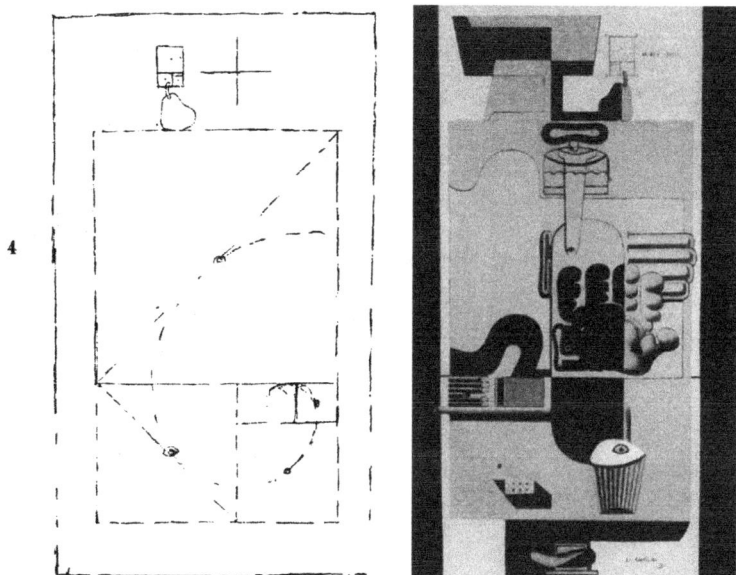

图 7-19

是流逝的年代，衰退的记忆，追溯 10 年或 30 年来的作品，很难发现真正的图形构成，至少在其中引入一些标志的点，就像 2 号图和 3 号图所显示的。

　　3 号图是黄金比例长方形的情形。图形 4 是平衡信念的圭表。

　　其中的一个与另一个留有极大的剩余，可是它们与图形本身相连。

　　在一个绝对几何基础上建立的 4 号图形里，感觉到画家在画布上逐渐缩小再现图形的审美理念，但是他为它附加上了一个……梨，通过它意味什么样的弊害能招致那些艺术家，从头到尾，如果他们没有维持造型艺术家的见解和目光。智者一言足矣。见图 7-19

　　3 号图形揭示了另外一个策略：对于影像照片或者印刷版、摄影师或者照相制版工切纸机的举动，或者整个围绕摄影师玻璃印刷版的胶合纸框。图形形式的完整性不再存在，而评注家再一次陷入专断。

　　绘画研究的作者、摄影师、印刷版工，经常以一些麻烦的切割，堆积了那些不确定或者非精确的因素。这都是日常的应用，而读者被欺骗了。

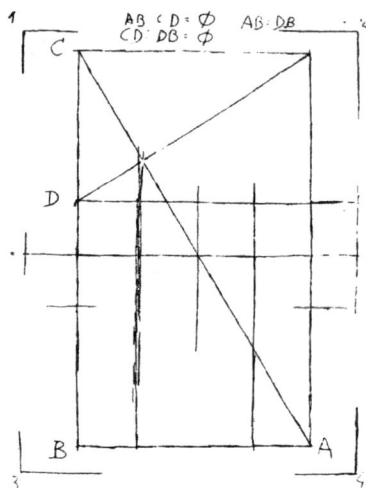

图 7-20

18

从*图画*到*摩天大楼*。见图7-21

　　1938 年我从阿尔及尔回来，在那里我中止了该城市及其地区现代城市化的新争论。我全神贯注于事务中心的未来摩天大楼。打开我绘图工作室的大门，我的注意力被一幅图画的构图所吸引，那是绘在1931 年图画背部的同样画布上的绘画。我的思想顿悟：处于阿尔及尔景观中的那些尺度的框架，自 1930 年我就在思索的摩天楼，亦即8 年来在思考的。8 年中，我在心里默默构建"理性摩天大楼"理论，其区别于纽约或者芝加哥的非理性摩天大楼[①]：内部生物学、结构构造、整体态势……今天，一下子发挥了作用：比例——单一性、多样性、韵律。在这一面（海崖的一面），那些垂直主导元素将被收缩；另一面，面朝大海的一面，那些建筑空间在扩展、加深，占据了横向……

[①] 《当大教堂是白色的时候》，在美国的旅游。1935 年。Plon 出版社，巴黎。

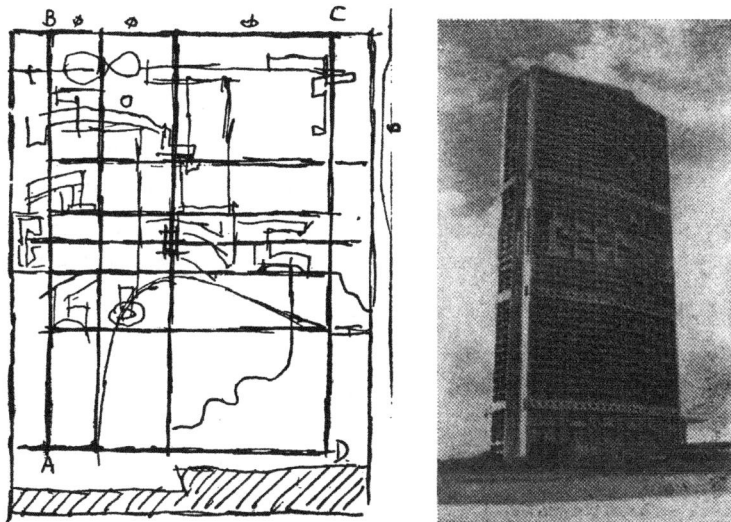

图 7-21

1931 年一幅画背部的图形构图。阿尔及尔摩天大楼。图 7-21。

（注：图 7-18、图 7-19、图 7-20 和图 7-21，这些图形构图是颠倒的，读者很容易想象着把它们左右旋转。）

主题是无穷无尽的。晚上的阅读给我以证明，在那同时我刚写完了这几页。亨利·坎魏勒给我寄来了他宝贵的以胡安·格里斯知名的书①。我十分有幸作为他的一个朋友，*先验性地*在一个具有巨大几何力量的画面上建立了他所有的绘画。在其内部，他能够放置并拆散一些吉他、一些高脚杯、一些玻璃杯、一些瓶子、一些水果、一些脸孔。胡安·格里斯是最严肃专注于绘画艺术的人。（艺术＝实现的方式方法）今天他无可争议地表现出，他是一个最坚定、最可贵的立体派画家。坎魏勒的书（第 350 页）专注于证明一个唯一的绘画现象，尤其是在我们这一时代，通过修拉、塞尚、格里斯突显出来——"一些现象"，一些本质画家。格里斯*先验性地*几何化了："对于格里斯，体现为寻找一个跳板而不是护栏。这一找寻到的跳板——似乎是偶然的——格里斯没有去进行任何计算，没有使用

———————
① 《胡安·格里斯，他的生活，他的作品，他的写作》，Gallimard。

圆规"……

在前一页，坎魏勒写道：

"格里斯的事业没有丝毫空洞卖弄的工作方法，那些方法只是去诱骗了画家的灵魂与双手，使其接受。如此地重视，尤其是 1897 年塞吕西耶在霍亨佐伦的多瑙河高谷所揭示的，那就是'一个新颖的美学，一个新的庄重之美及一个建立在数学基础上的艺术理论，数字，几何，一个伟大兴盛的修道学院所教授的理论，那些比尤农修士的学院……他们从来没有实现一些实用的作品……'这就是经常通过一些不可见的通道及不为人所感兴趣的，比尤农的那些理论在绘画数字上所体现出来的，人们多半可能也不知道 P·迪迪埃（比尤农）所写的那么多作品。我列举一些，尤其是另外一个范畴的立体主义人物：让纳雷及奥赞方，在他们的纯粹主义时期及'抽象艺术'全部稳固阶段。就像比尤农和塞吕西耶，一个四处可计算的'美'，相信通过一些数学的方法可以获得这一'美'……"

上面的让纳雷，就是我自己[①]。因此还与那些见证人对峙着。我听到了比尤农在接近 1922 或 1923 年的话语。我是最叫人讨厌的信徒，说真的，这与一个信徒相反。对于比尤农我没有一点好奇心，我有了一种最大的怀疑冲动。我的生活只是去实现一个个人的评论。我提出了问题——而这一问题将把我们带到这一试验的结论——用于愉悦精神的视觉作品，实现了形式的、面积分格的、凹陷及隆起的使用，简言之：尺度元素的区分与联合（我讲的是建筑与绘画），它有权利来考虑几何及一些数学关系吗？这只是为了精神上的没必要的简朴天真。因为我的问题，在这里没有涉及那些生产、那些工地系列，而是职业术语中我们所说的造型艺术。

回答通常是肯定的，这是在事物的秩序里。

这一愉悦的组成或其绽放的序曲，可能出现在初期、中期或者是末期。

思想是何时产生的呢（职业术语：灵感）？是在艺人拿起或握

---

① 我在 1918～1928 年的首批画的签名是：让纳雷。

住他手里铅笔之前或者之间呢？个人事务、情势、各种条件、工作、精神实质也同样作为一种态度举止。多样性，各种情况的不同，形形色色的精神。坎魏勒表态道："……对于格里斯来说，表现为寻找一个跳板而不是一个护栏。"（我们或许可以没有论战地说是一个栏杆）

　　艺术没有规范：向那些思想想法、感受感动、行为举止的冲突提出办法之后，有成功或失败，同时通过物质传媒代言人，一个艺术作品便是一种难以置信的、不可思议的、难以言说的内心斗争的一种结果。数学是其构成元素之一，一如那些数值、颜色、绘画、空间……一如平衡或失衡、愤怒或泰然……

　　我对艺术提出一个多样性的权利。我从艺术又认识到了创新的、从未尝试的、从未构想的责任。我呼唤艺术的挑战……竞赛，规则，那是一种表露，甚至是精神的。岩羚羊完成了从一个峭壁到另一个峭壁巨人般的跳跃，同时它全身的重量集中压在了2cm踝骨支撑的一个蹄子上，这是个挑战，并且这是个数学的挑战。数学现象是经常不断地从简单算术（日常生活应用的）演变为数字（上帝的武器），众神在墙后面做着数字游戏，我们完全没有必要去召唤糖渍醉人的氛围，同时呼唤那些真理的闪光，这一真理偶尔使我们领会了宗教本真现象道路的交错。当我们领会了一部分宗教现象时，同样是没用的，我们小心翼翼地行走，成了一个笃信宗教的人。格言是这样的：它们明示了。幸运的是这没有涉及全世界所有的东西。相反地，似乎是平衡和谐从所有人那里征得了同意。而"所有人"这个词，在这里只是表明了一部分：那些诚实坦率的人。而对于这一方面，他们是正直的人吗？再次，本质赋予人们一个单一的坚持不懈的多样性。我十分高兴在我们双手所触及的范围内，存在如此多的多样性。

　　这一随笔讲述的是一个工具。"模度"，在绘图桌上与铅笔、角尺、丁字尺为邻。角尺、丁字尺是有损思考、有害结果的凶手吗？不应该去进行论战，也不能使其偏离了思想的争辩。

　　为了结束，我还有两件事情要明确，是两组思索的表达，它们应该能够很有效用：

19

尺子与圆规

援引《马里报告》中的保罗·克洛代尔。

……"我想起是如何惩罚我们中的某一个,让他一直呆在角落里画图。

他同建筑工人一起,整天把他送上脚手架,以便为他们服务,为他们运送石灰槽和石料。

一天结束时,通过尺子和绘图相比,他将更了解两件事:一个人能承受的重量和他自己身体的高度。

而同样,上帝的恩惠增加了他们的善行。

这便于他教授我们他所谓的'圣殿之币',而这一上帝之宅,其中每一个人去实现他们所能实现的。

借助于他作为神秘基石的身体。

这就是拇指和手及肘,我们张开双臂的伸展及围成的圈。

而脚和步。

怎么这一切从来都没有相同的。

您相信诺亚在造方舟时,对于属于他的身体是不在乎的吗?是否他是冷漠的?

从门到祭台的步数,抬眼所及的高度,教堂两侧多少守护的灵魂?

因为多神教的艺术家在外边完成了这一切,而我们将像蜜蜂一样在内部完成一切。

而灵魂使身体:充满生气,一切都是活生生。

一切都是*恩惠的行为*。"

我长时间犹豫于引用这段文字,在这一随笔中想要避开那些乐事与诱惑,那些诗篇的诡计。

但克洛代尔接上了话头:

"*市长*—— 一个能很好表达的人。

工人——像一个饶舌鹊鸟一样听着他头儿的所有话语。

学徒——尊敬的谈论皮埃尔·德·克拉翁。

市长——他真的是兰斯的资产阶级，人们称之为圆规大师。

像以前我们称梅西耶·洛伊斯为尺子大师。"

圆规大师，尺子大师，这是两种人，两种不同的存在。我在思考这些字眼：尺子和圆规，它们不是毫无道理被提出来的。我想在其之上或其背后会有一些含义。我并不了解它们。同样在这一点上，我们再一次享有了和天真一样的无知，我尝试着能思考得更清楚。

在这个夏天，在马恩河岸的露天咖啡馆，付完了我的茴香酒钱，服务生收了我50法郎之后我还在空想着：M·勒韦里耶的版画，（主要）再现了建筑师芒萨尔在其作品前，手里有一个圆规：巴黎天文台。这是纯"美术"风格的版画，我开始思考起"美——艺术——建筑"起来，并且在我的小册子里写道：

"……建筑的创伤，那就是圆规（这不是哥白尼的圆规），是美术的圆规，与尺度、尺寸无关紧要，对待米、百米或千米都一样，在抽象的操作过程中，没有骨骼，没有肌肉，没有血液，没有生命。很简单的附加，均等的排列，整齐地形成了一个毫无味道的精确性。尺度，它是一种衡量、一种判断，是通过思考推理验证或辩论后的接受与采用。人们手里所把握的尺度，它在我们展开的双臂，在我们所审视的眼里，向一切被直接带来的事物转换我们的能力。2.26米的模度，被使用的米或两米，在人们的*思维赏识*之外；人们欣赏！思想高度集中，规则（游戏）自我伸长，明智、强烈的关系自我确立，以一个我们无限的情感之上的行为，比日常的圆规会计学还要恐怖与不可缓和……"

这是绘图者手里的圆规：一下，一下，一下。向右1/4：一下，一下，一下。十字、星形、平面上的轴线、星形平面及得出的那些无精打采的图形。

但有另外一个圆规，这是皮埃尔·德·克拉翁的圆规。几何的圆规，在那些环绕限定的或接近无限放射的尖点，有力地实现、确定、促进；无限有力的愉悦及空想冒险象征性的几何传达，有时是解决办法的挑战者，但同时怂恿了逃避。根据引导着双手的思维，这是一个危险的工具。我试图归类这些结论：

几何思维驾驭着表现形式、建筑实体的表达：竖墙，四面墙间的空间，预示平衡及坚固的直角。我认为是：正方形标志下的思维精神。我的说法通过"阿朗迪卡"的传统称谓得到证实，是古代的、以方形为基础的、附属于地中海的建筑艺术。

抑或，几何思维驾驭了那些才华横溢的绘图，在各个方向引导着笔触，或折成三角形或别的多边形，向空间的开敞，就像向主观或抽象的标志性开放一样。我认为是：位于三角形、突五边形或星形及其他体量标志下的思维精神：二十面体和十二面体，文艺复兴时形成的三角形标志下的建筑："allagermanica"。

这里，在地中海烈日下，强大的客观形式性：阳性的建筑。

在那里，无限的主观性占据了全部的天空：阴性的建筑。

方形的建筑并没有使用圆规，因为他们只是处理了面体或简单的棱柱。其以方形或矩形的造型，很客观并极易衡量地确立那些明显的关系。

三角形的建筑是借助指尖的圆规实现的。宇宙构成、星体……注意，主体本身在招呼我们了：喂！喂！

还有尺子先生，梅西耶·洛伊斯。

我认为一般是内部的规则、规律使人类作品具有活力。我个人喜欢字典里对尺子这个词的定义：引导。准则，法则。纪律，秩序……（拉鲁斯字典）。

我认为可以归结为这样简单的一个推理：一方面，那些人们所见所度量的事物，我想它们是：建筑，或别的东西，在这些无限难以理解的世界中，那些远远向你映射的事物。我觉得这是玄奥和抽象的。两个连续的现象：一个超越了另外一个，而且或许是带有危险的超越。

我是一个建筑师、一个造型师、一个建造者。这是我所感兴趣的方面，去阐释一个工作工具的发明，这一工具是准备给那些施工的人们所用的。这一工具是为了与建筑作品的结构构造相结合，赋予其一个内部正常的坚固。这一所有艺术作品形式内部的复兴，已经是我的家族主要研究和追求的，像坎魏勒在关于立体派革命的结论中说的：是那些画家、建筑师或音乐家，所有 1880

年①左右出生的艺术家，他们思索他们所实践的、所追寻的艺术的真正本质，为这一思索所鼓励。对于这一艺术，有一个不可动摇的基础，因为是确立于其本身实质本体内。所有这些人试图去创作那些带有个性的作品。同样很有可能，以一个巨大神话保证的*统一性*，使那些部分集中到了一起。他们想避开那些源自他们感受的客观事物，是在其统一性中的一个完全的自主。他们想实现*他们*的艺术作品，如此纯净，如此地有可能。他们都一致同意他们创作的*作品*。

没有关于*圆规先生*和*尺子先生*明确的信息，我最近提出一个问题：两位中哪一位处于更高的位置？大家对我说："您应该很了解，是圆规啊！"

噢，不！我一点都不知道！我预感到今天——初期施工阶段，在一个垂死的文明残余之外——尺子是必需的，而圆规是危险的。圆规（不是50法郎印花上的那个），阐释了所有无限的、玄奥的、毕达哥拉斯哲学式的东西……作为一个建造者而不是一个评论家，我认为今天（我再次强调）那些向逃避开启的大门是危险的。这表明，这宣布，我将重新置身于一个简单手法的次要位置。这好极了！谢谢！

1948年11月25日于巴黎

勒·柯布西耶

---

① 刚刚研究完他们的贡献：格里斯、毕加索、布拉克、莱热、勋伯格和萨蒂；这与一些诗人相关联：马克思·雅各布、勒韦迪，揭示了我自己研究的一致："勒·柯布西耶努力在其建筑设计中创造一些新的基础实体，对于一个唯一的比例，如格里斯，其整体就像对于部分，尊重初始联系创造的最初法则，这一联系变成作品客观存在的结果……再者，勒·柯布西耶比起那些空间中形式的创造者，他更表现为一个空间的创造者，他重聚了那些以艺术建造完整意境的伟大巴洛克建筑师……"

第八章

材料及信息汇集。
话语权属于实践者

"如何和为什么"这样的一个困惑仍在周围作响。1948 年 10 月 25 日，我草拟了后面的这些问题，以便索邦的伊利萨·马亚尔小姐及其周围的人能找到一个答案：

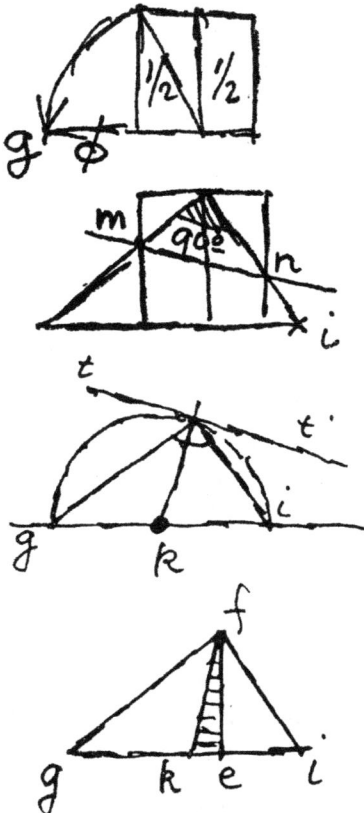

第一幅图，得到 g

直角轨迹；这幅图得到 i 及同样 m 和 n

插入圆的直角得到正切斜线 tt'，k 点在 gi 线的中点上

三角形 kfe 出现了 ef= 初始正方形的中线
kf= 圆半径

图 8-1

问题 1：kf 与 ef 之间是什么关系？

　　　　kf、eg 与 ei 间是什么关系？

问题 2：f 点的切线　　　　它们间是什么关系？

mn 斜线　　　　　　　向何处延长？

　　　　　　　　　　　在哪一处相交？

数学家塔东先生回复道：

先生，

我给您寄去您向我提出问题的答案。结论位于打字的那页纸上，计算在另外一页纸上。

我希望这些答案能使您满意。不管怎样，我十分愿意见到您新的阐述，或者回答您新的问题。

我十分荣幸有这个机会让我认识您，请您接受我最忠心崇高的敬意。

签名：R·塔东

巴黎，1948 年 11 月 5 日

这就是那些结论（图 8-2 和图 8-3）：

1. 对于初始正方形边的度量 gk=ki=1.006（k 是 gi 的中点：经过 g、i 和 f 点的圆的圆心，并形成了 gfi 直角三角形）。

因此 gk 和 ki 基础上建立的正方形，即使视觉上看上去它们是正方形，从数学上来讲，它们是与正方形相近的矩形。

2.kf 与 ef 之间的比例关系是 1.006（因为 kf= 圆的半径）。

kf 与 ei 之间的比例关系是 1.006/0.8944=1.1125。

f 点上的切线和 mn 斜线它们是平行线：它们在水平线上形成了 6°19′ 的角度。它们与 kf 半径垂直。

切线在 e 点右侧 4.44 处与水平线相交叉。

4° 如果我们观察图形中逐渐获得的，递减的那些三角形，p′ 点只存在于 f 点切线三角形上。那些三角形上的直线 mn 它们互相平行；第一条与水平线交叉于 p 点，得到 ep=4.44，其他各条线与水平线的交叉点逐渐接近于 p′ 点。

注意：那些连续三角形逐渐接近于 p′ 点，但永远不会达到这一点。因为我们总是在和初始图形一样的情况中，是差不多的比例重复变换。

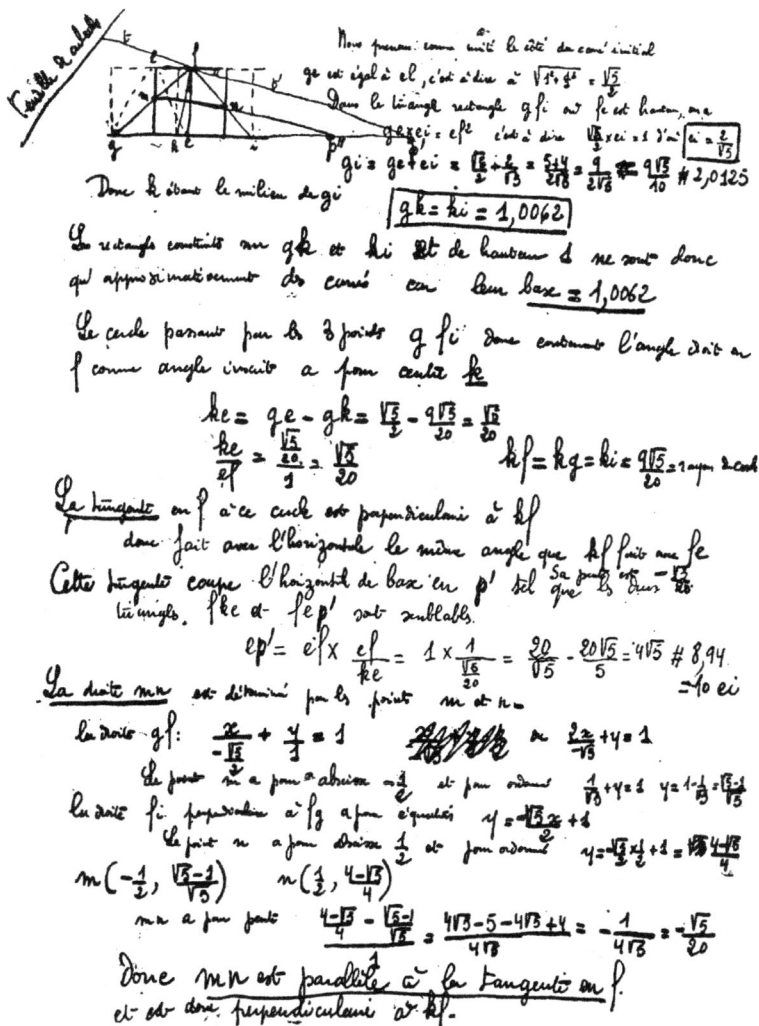

图 8-2

每一个都是其前一个的 4/5。

签名：R·塔东

这是那两页计算的纸：

数学家的这一答复也解释了：最初的（1942 年）设想被证实：

"您取两个相邻全等正方形，且在其内部插入第三个与它们两个全等

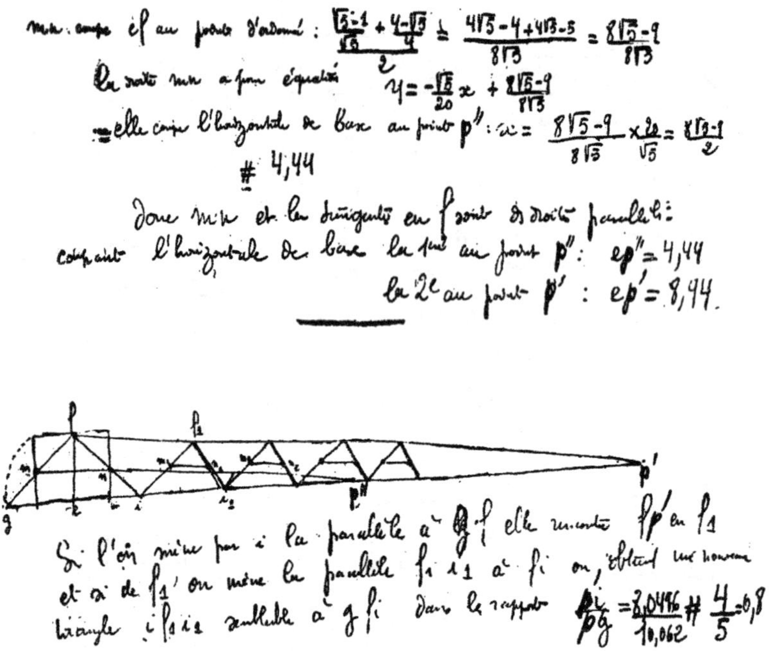

图 8-3

的正方形，取代'插入直角'的说法……"

然而……

数学家补充道：您最初的两个方形并不是正方形，一边比另外一边长了 6 毫米……

在实践中，我们称 6 毫米的数值是可以忽略的，不被考虑计算；我们双眼是不能估量看到的。

但对于哲学（我还没有充分掌握这一朴素科学），我觉察到这 6 毫米的东西，有着一个极其高雅的意义：没有关闭、没有停滞，空气在流动，生命就在那里，一个预言式的等同重复，其绝对不是精确的全等……

……这赋予了变动。

**

1948 年 12 月 4 日，伊利萨·马亚尔小姐这一圆规的答案，还有铅笔的附注：

"3 个正方形，

4 个圆，

……单元的对角线，这些单元一些是正方形的，一些是黄金矩形。

两个小圆周的五角星的对角线，向外延长到圆周以外。"

＊
＊＊

1948 年 12 月 12 日，我完成了这幅彩色马亚尔的*铜版*。在其中我插入了一个站立着举起手臂的人。我为矩形和方形带来了一个圆形解读。

我做了注释：

"通过对最初设想的确认，这一详图结束了关于'模度'的研究。"

还有：

"这里，众神在游戏！我注视着，我留在了快乐园之外！"

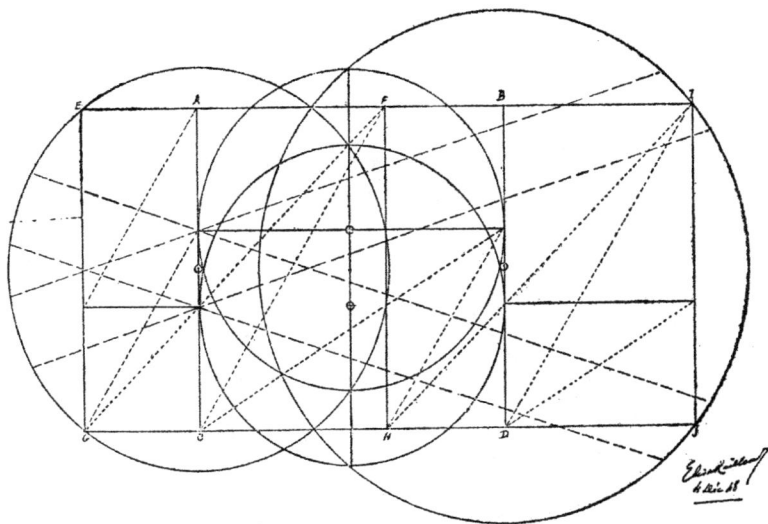

图 8-4

注：借助于"模度"完成了这本书的排版。

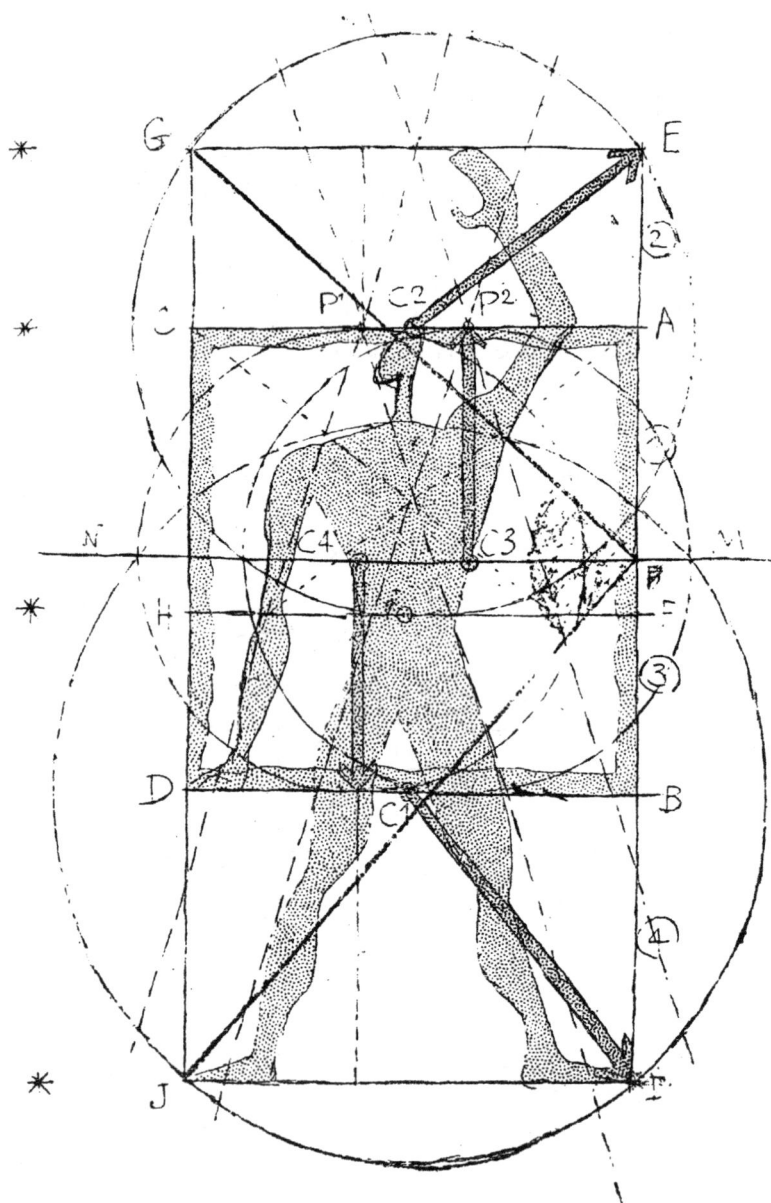

图 8-5

从 1948 年底这本书编写完成到'定稿'的今天，1949 年 9 月23 日，有关模度的讨论不断地酝酿并展开。从欧洲到美国，模度这个概念逐渐渗透到个人及群体中，这些讨论激发人们的好奇、焦虑、疑问和参与。一年多来，这些信息不断地添加到我的模度资料夹中。而这本书就是对这些信息的回复……

. . . .

我们拭目以待吧！我知道那些对这种方法产生认同的人再也不会放弃它。

对话是为这些人准备的，为他们同时也为那些愿意参与评价、争论、改正并提出建议的人们。

自 1946 年，我已经对约翰·达勒说了："我不再管财政专利的事。我握着尺子，'模度'标带这一工作工具，来实现在美国的生产，它将与绘图桌上的圆规重聚。真正该做的事情，就是一个对模度信任的人们的联谊会，推动一个以各种语言编写的公报，外加一种工作语言①，在开发商和使用者之间，围绕那些大一些小一些的改进观点交换意见。这本世界杂志的题材？从最高的数学到最朴实的关于生活的影响，关于它的框子，关于那些消费与使用的东西：从厨房装备到未来的大教堂，世界在寻找她的统一性。"

话语权从此属于实践者。

---

① 其不知道被推迟承认。

Modulor 2

告读者

《*Le Modulor*》的最后几页中说：从 1948 年底这本书编写完成到"定稿"的今天，1949 年 9 月 23 日，有关模度的讨论不断地酝酿并展开。从欧洲到美国，模度这个概念逐渐渗透到个人及群体中，这些讨论激发人们的好奇、焦虑、疑问和参与。一年多来，这些信息不断地添加到我的模度资料夹中。而这本书就是对这些信息的回复……

"我们拭目以待吧！我知道那些对这种方法产生认同的人再也不会放弃它。"

"对话是为这些人准备的，为他们同时也为那些愿意参与评价、争论、改正并提出建议的人们。"

第四篇

话语权属于实践者

第九章

导　言

近几年来与使用者有了对话交流。

对话有三个主要来源：一个是两位年轻建筑师（一位乌拉圭人和一位法国人）在合作中所发现的模度的精确几何放样图；

一位巴黎综合理工大学的校友，退休在巴黎的矿务工程师，提供了一个模度的代数诠释；

一位伟大数学家的声明："同时从几何学与数字中寻求答案，这才是我们生活的真正目标……"

模度在世界各地经过 6 年的实际应用，开展了初期的试验。

6 年中，无论塞弗尔大街 35 号工作室的工程规模大小，模度都让我们在构图方面得到极大的保障，在创造时拥有相当重要的精神自由。我们赢得了坚实的基础，我们获得了确实验证，我们更有自信。然而，模度在某些尺度上，仍嫌太过空白，也许（？）会带来一定程度的贫乏。好几个对话者指出了这点，并建议用附加级数填补这些空白。

有些人表现出使用具体工具的意愿：刻度尺，某些适用于建筑尺度，另外一些适用于规划尺度。还有可以放在口袋里的标尺，标注着从 0 到 2.26 米人体身高的真实尺寸。这些提议涉及模度的"计算法"，是个棘手的问题。

实践导致了有意义并带有促进作用的简化：在半张纸上的一个简陋的数字表格就可以成为建筑师所需要的基本度量工具。红尺，蓝尺。也有较好的情况：有些脑子灵光的人很有数字概念，可以不借助工具就能工作。

横贯一个可能的学说的中心线索，会出现曲折的争论、错综的偶然、对物质现象的质疑、离题或难懂的任意空想。彼此防范或者彼此伤害。这好像生活中发生的事情一样，这就是生活的法则！

这并不表示反对模度。出现了一套不以人的身体为度量基准的系统，它的发明者们还特别给它起了一个和我们的称呼相似的名字。最终，模度似乎需要强调它是以人的身体尺度为基准，而没有考虑到文艺复兴时期的"神圣比例"。其实正相反，以人的身体尺度为基准的模度与大量的传统度量手段有异曲同工之意，特别是古埃及以从肘部到中指端的距离为单位的度量方式，在这一领域中达到了顶峰。

· ·

　　模度是如何让世界各国的人所了解的呢？这源于 1948 年 12 月完成、1949 年出版的《模度》这本书。法语版印了 6000 册，很快就销售一空。1951 年发行第 2 版，之后出现了英、日、德、西班牙语等译本。这在某些人群中引起了骚动：渴望掌握一个解放思维的工具的年轻人，或认为此工具可为缺乏天分的人赋予才华和想象力的人！还有最后一种，抱着好奇态度的人。

　　重要的专业杂志刊登了大量的研究文章，学术会议也对此作了讨论。这股风潮在带来一团迷雾之外，也产生了一些有建设性的想法。

· ·

　　对我们来说，初次发现模度的神秘感已经消失。我体会到很难用神秘去解释来自于直觉的发明，它是对事物比例长期关注的成果。因此，我并不认为奇迹归因于人，而是归因于神的事务范畴的"数字"。从一开始，我就声明："在墙的后面，是众神在游戏；是数字构成了宇宙。"我微微地打开那扇门，看到众神在游戏；我作了"假设"，并幸运地碰到有利数字。我领会到游戏与人性尺度相一致的益处。为何采取了这样的方法？为何有这样的决定？追求和谐匀称从来是我醉心研究的原因。一生中 50 年来，在所有的场所，在任何的场合，我都在作大量的观测。

　　丰富的个人经验，延伸到同类工作中：在城市规划、建筑设计、雕塑、绘画、印刷版面式样等工作中，来来回回地走过相同的历程，提出同样的问题，给出相同的解决方式。这种在所有界面发散钻研的探索，事实上要求这个人具有发散性的敏感思维。50 年的热情积累着生活中每一分钟的积极观测，因此这个人能看清事实并发现规则。

这时，引起了强烈的反响和密切的关注，各界的来信表达了一种让人感动的赞同和支持。因此有了与别人交流的勇气，也似乎被允许这样做，而不会被指责为自负或疯狂。研究的某些成果来自于职业的其中一部分，一个具有想象力并充满活力的人，同时从事造型艺术：这是超出专业范围和特长的事情。为何不能从艺术领域跨到科学领域呢？正是这些跨领域的对话者提出了这个问题，并且提供了某些建议。我一直坚持的是一种简单的工作工具，并不希望在此之外陷入可能的真理之争，沉溺在常见的自命不凡中空想，成为形而上学者……

*
* *

模度在面前打开了门。

为了使我们的研究保持在谦逊的态度之下，在此引用勒·利奥奈兹（Le Lionnais）的信，他是学识渊博的数学家：

"……如您所知，我指责某些作者——我急切地要说您并不属于那一部分——认为黄金分割比的使用意味着并支持一种与神秘学或多或少有关联的观点。我觉得有必要在每次谈论黄金分割比时，明确对这点的个人态度。但我的强调并无用处，因为在这一点上，我们的立场是一致的。

在技术层面上，我认为黄金分割比并不意味着一种特别例外或优先的概念；但它能形成一种有用的模式，在某些情况下，对这种模式的任意运用可以表现出大的进展，如果忠于程式的话，因为它已成为选择和秩序的原则。字母顺序，不建立在任何自然基础上，非常简单合适，对它的批判是不合理的。当然，刚才我故意放纵我作为数学工作者的怪习惯，向您列举了极端的例子，以便您能够明白我的想法。显然，即使模度的独特性不足以让人信服到把它指定为造型艺术中专用的方法，至少它所具有的一些自然特性，与其他数字一起，值得艺术家和技师的注意。"

1951 年 2 月 12 号于巴黎

以上是来自这位数学家的提醒和警告。

以下是我作为建筑师、规划师、画家等身份所作的更正：数学家研究数字，他是神的"信使"。从定义上讲，人不是神。我用诗

— 164 —

人的脑袋去想象：为了和天地万物取得联系，人利用离地约 1.60 米的眼睛注视。眼睛向前看。为了看左看右，他需要转头。因此他的生命只是由一系列的坚持、一系列的更迭以及一堆印象的积累而组成。人有"物质躯体"；他因四肢的运动而占据空间。人的空间与鸟的空间不同，也不是鱼的空间。我知道在飞机上，人能获得鸟的视界，但在这里只涉及他的思想；他的躯体功能依然有其局限。黄金分割对于当今的数学家来说，有可能是累人的陈词滥调。通过计算器，他们创造了惊人的组合（对他们来说是，但我们其他人无能力理解）。而黄金分割支配着构成外部景象的一部分事物——例如叶脉的分枝、一棵大树或者一株小灌木的结构、长颈鹿或人的骨架——上亿年来特殊或平常的事物。就是这些事物组成了我们的社会环境（而它并不是由高等数学组成的）。

出自于这个人文环境的创造者们忙于建造、维护和改善这个社会环境，我们一点也不会为黄金分割的平凡性伤心，但作为手工业者（建造、雕刻、绘画、组织空间等职业），我们赞叹黄金分割比带来的丰富组合，在这里，黄金分割比被当作材料应用到作品中……

**

正是这一次新的模度几何放样草图证实了 1942 年的假设："您把举起手臂达 2.2 米高的人放到两个叠放的 1.1 米的正方形中；试着把第三个正方形嵌在前两个之间，应该能找到一个解决方法。直角轨迹应该能够帮助放置第三个正方形。通过对放置在内的人划分直线所形成的网格，您将得到一系列与人的身体及与数学相应的尺度……"（《模度》，1948 年，19 页）

这张图样是 1951 年在塞弗尔大街工作室被乌拉圭人朱斯坦·塞拉尔塔（Justin Serralta）和法国人迈索尼耶（Maisonnier）所发现的。它在智慧和艺术方面都让人极为满意。它在 1951 年米兰的三年展"神圣比例"中，占据着不错的位置，与维特鲁威、维拉尔·德·奥内库尔（Villard de Honnecourt，13 世纪的法国营造师，他因给后世留下一本含有大量建筑草图的本子而著名。——译者注）、皮耶罗·德拉·弗兰切斯卡 [Piero della Francesca（1420？～1492），意大利文艺复兴时期最伟大的画家之一，以绘画宗教作品著名，对几何和数学也有研究。——译者注]、丢勒、达·芬奇等人的手稿或首版作品摆在一起。巴塞尔大学的数学家安第尔·斯贝（Andréas Speiser）的工作专注于造型艺术和音乐中的数学，他赞叹道："多美的图样啊！"

**

以下是外界的声音。

法国电气国家贸易开发部部长、工程师加布里埃尔·德叙（Gabriel Dessus）先生在 1950 年 4 月 29 日写道：

"我刚读了《模度》这本书。我和您同样相信，一套'系列'是必要的，否则眼睛会沉溺在随意尺度的海洋中；这套系列应该是几何系列，因为眼睛欣赏*比例关系*。

几个世纪的实践证明'黄金分割比'是最令人愉悦的；此外，双倍关系也是有必要的，并不只是应用于双扇门和双扇窗……

您所提出的模度的*比例关系*在我看来有最坚实的基础。

另外，既然建筑是为了给人提供栖息之所，那么与人同时被看到的建造构件的尺度，应当与人有'恰当'的美学关系——因此选择的系列包含了'平常'人的主要尺寸。是否还需要有您没有提到的更高或更矮的人的尺寸系列？是否可以把一种建筑形式变换成另一种？我想这并不会引起差异很大的美学效果：为了预制构件的合理化，限制为 1～2 个系列可能也是最简单的方式。

我就是以这种方式为自己重构了您的智慧的推理方法的'必要性'，因此我相信您的创举会成功，感谢您给了我一本值得放在书架上的书。"

··

巴黎国家博物馆馆长日耳曼·巴赞先生在 1950 年 12 月 3 日写道：

"人类发现了十进制和英尺——英寸间共通的度量标准，是为了一个唯一的理由，也就是一般概念中的：正确的理由。"

··

巴黎物理化学生物学研究院院长皮埃尔·吉拉尔先生在皮埃

尔—居里街写道：

"这本书里，所有这些汇集在一起的词句所表达的内容都非常触动我；因为人类的作品，无论是建筑、写作或绘画，都是由实质物质组成，并用词句命名以作表述……"

学识渊博的吉拉尔先生对我太好了，他如此盛赞以至于我无法将其复述。此外，写作这本书的过程中，我已经删除了陆续收到的那些称颂的话。我的一位对话者在他的信末写道：

"……读完《模度》这本书后，我认为您的名字会和那些最伟大的艺术首创者一样流芳百世。"

这样的称赞，我受之有愧；但可以确定的是未来的世界会以另外一种方式继续。而一个大生物学家的肯定是十分重要的。

**

我将进一步引用巴黎建筑师盖塔尔先生的来信：《证据》。信寄出后，他来拜访我。我看他是一个满脑子数字、好学的人；如果在中世纪，他可能会是狂热的毕达哥拉斯学派修道士。从德鲁伊、毕达哥拉斯、柏拉图到犹太教神秘哲学……他似乎和所有暗藏在当代社会中的这一类事物都有接触。

他写道："您的模度是好的，因为它从外在抓住了关键数字。113是关键数字……"

他称赞时，我在心里思量：我的113对我来说是厘米，不是其他单位，被翻译后，在英语国家中，与英尺没有两样，除了引起混乱，没有带来其他好事，不再是神圣的事物了。

重新降回到地面，我在这里恶

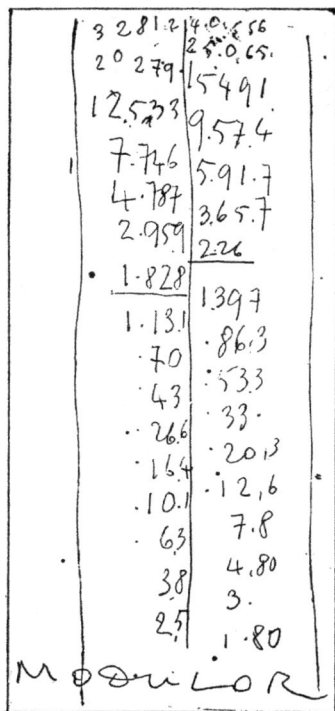

图 9-1

图 9-2

作剧般地附上我个人的模度图表，它被钉在我的工作室书架的一角，被反复取下来再钉上去，因此上面还带有图钉留下的小洞。我很高兴看到这张纸片：它使我消除疑虑！

*
**

这是它的双胞胎兄弟：机器打印出来的同样的图表（这一次塞弗尔大街工作室的每个制图员的书架上都钉着这个图表）。

*
**

这里还有英国建筑系学生的学会刊物《方案》（PLAN）的封面内页。这些年轻人是真诚、可爱又热情的朋友。他们尊重模度。专心实践

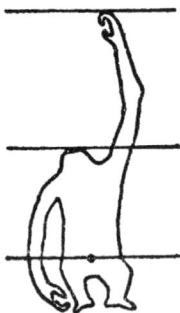

图 9-3

之外又饱含机智、幽默，他们用委员会成员的名义不失风趣地发布了一幅非常规的模度图像，像刚出水的鸭子抖动羽毛，饶有趣味。

除了将要发表的盖塔尔先生的文字外，更远的，还有耶路撒冷的阿尔弗雷德·诺伊曼以及内豪曼先生的文章。后面这两位先生指出了模度的某些等级间的空白。

中间层次等级的缺少影响到邻近 113 以上或以下的区域。这些建议来自于不同的意图。我对它们抱有极大的欢迎态度。我明白：我终究是个艺术家、诗人，而不是数学家。

因此，比所有人都更强烈地致力于对"完美"与纯粹的狂热追求，满脑子都是关于比例、对和谐匀称的向往，这使得我专心于空间、体量、比例关系，所有这些不可避免地牵涉数学的事情。闪烁、光泽、光亮，这些词是为了描述的精确，它们引向神圣而非奇幻的自然中难以描述的空间。在奇幻中，魔鬼有权出色甚至优雅地

— 168 —

混淆捣乱，但在神圣的事物中，他没有立足点。

1945 年，我发表了《难以描述的空间》的第一稿：

"占据空间是有生命之物，人类、动物、植物和云彩的基本行为，平衡而持久的根本表现。存在的首要证据是对空间的占据。

花、草、树木、山川，它们站立着，生机勃勃地存在于一方风土之内。如果有一天，它们以一个至上和谐的态势引起了注意，那就是它们自身所表现出来的并引起周围的和谐。我们停下来，感受着如此多的自然联系；我们观察，激动于如此多的空间搭配的谐调；于是我们去定量那些我们看到的。

建筑、雕塑及绘画它们尤其依赖于空间，依附于空间处理的必要性，每一种艺术以适合它们自己的方式。这是在这里主要要说明的，那就是美学感受的关键是一个空间的官能。

周围作品的作用（建筑、雕像、绘画）：波形装饰，喧哗或嘈杂（雅典娜的帕提农神庙），像辐射放射出来的、炸弹爆炸涌出的线条；近处或远处的风景被震动、影响、控制或轻拂。环境的反应：房间的墙，它们的尺度，带有不同分量立面的广场，广阔的或起伏的风景一直到平原消逝的地平线，或者以山川为底景，用整体氛围来衡量这一场所，并成为那里的一件艺术品，烙上人类的愿望，强加其深度或伸展度，坚硬度或蓬松度，粗犷或柔美。协调一致的现象出现了，如数学一样地精确——造型声学的真正的出现；它将被允许求助于最精妙的那些现象秩序之一，喜悦（音乐）或抑郁（噪声）的承载者。

丝毫不是自大，我来做一个有关空间'出现'的陈述，是在接近 1910 年，我家族的艺术家们在立体主义创造者们惊人地活跃时所从事的活动。他们讨论第四维尺度，不管是带有或多或少的直觉预感及第六感似的远见。一个致力于平衡、和谐的研究，借助于三个艺术的实践：建筑，雕塑及绘画，轮到我并使我能够来观察现象。

第四维尺度，似乎是一个由特别地恰当的和谐所引发的无限流失的时刻，这一和谐由造型艺术手段引发并实现。

这不是选题的效应，而是一个所有事物比例上的胜利——作品实体性，同样也像一些被控制或没被控制的、可领会或不可领会、然而存在并得益于直觉的一些意图的效应，这一后天的、被同化的、甚至被遗忘的智慧催化的奇迹。因为在一个获得成功的作品中，被那些成堆的意图埋没，一个真实的世界，展示给率直的人。

于是一个无界的深度开启，拆掉那些墙，去掉那些偶然的出现，完成那难以描述空间的奇迹……"①

在多年后，我审慎地重引这段话，所有注意力都专注在空间的表现。我是空间里的人，不仅是精神上的，而且是身体上的：我喜欢飞机、船。比起高山，我更热爱大海、沙滩和平原。在阿尔卑斯山脚和阿尔卑斯山里，我显得非常渺小。再高一点，从最高的山顶牧场一直到顶峰，空间被重新塑造，但构成山体的岩石、土等却表现出野蛮狂暴，以及地质结构的突然断裂。大海潮汐，那么不可抗拒的规律下每天极其微妙变化的奇妙规律，让我多么感动啊！

---

①　这些话缘于一次经验。我家里的门厅有 2 米长。一面墙对着朝北开向屋顶花园的落地大玻璃窗。因此，理论上这面墙总处在光线下。在我的套房东西朝向的情况下，这是唯一的采光。

我习惯在画画过程中，无论画幅大小，都把它们挂在这面墙上看一下效果。

一天（在某一个确切的时刻），我眼前出现了难以描述的空间：墙和它上面的画，无限地伸展。

朋友和访客作了证实。画挂在墙上，我把它突然拿掉，空间就不再存在了，只剩下一片 2 米长、小得可怜的墙。

这使我思考。

第十章
论　证

15. 28 mai
. cher ami
grand merci du
Modulor. (Mais je
commence à peine
à l'apprendre - ga-
gné pourtant, dès
le premier chapitre,
à une construction
dont chaque élément
a été par vous re-
pensé, reformé.

(Il était donc possi-
ble d'échapper aux
Facultés, à l'ensei-
gnement. Quelle
leçon! Merci et très
amicalement
Jean Paulhan

第一节　证明

希腊建筑师斯塔莫·帕拉达基战前一直在纽约工作，约翰·达勒（见《模度》第一章，35～37 页）曾任命他在美国准备模度标带的制作。为了将风险降到最低，这件事情早在被拒绝投入工业生产前便已遭到搁浅。事实上，斯塔莫·帕拉达基是模度制作的第一个先锋人物。从 1946 年起，他就致力于这项创作发明的研究分析以及材料应用的可能性。

在此，我重申"模度"下的副标题："A scale of harmonious measurements of space"法语为："用于空间和谐度量的标尺（或者等级）"［Une échelle (ou une gamme) pour le mesurage harmonique de l'espace］。

＊
＊＊

耶路撒冷人阿尔弗雷德·诺伊曼，把他的研究（将在后面提到）命名为："空间的人性化"。

＊
＊＊

一位摄影师向我们呈现他的一张摄影作品：勒·柯布西耶在昌迪加尔国会大厦的工地上，面对着喜马拉雅山，时间：1951 年（见雅内·德普的《建筑师年鉴 5》，第 65 页）。照片中，他一只手拿着一张刚打印出来的新城规划图，另一只手则拿着一个由规划局一位建筑师做的木制比例人（回想起来，这些建筑师当年只能住在他们所搭起的帐篷里；而今天，他们都能住在已建成的新城房子里）。

图 10-1

　　这张照片证明了，昌迪加尔这座拥有 50 万人口的旁遮普邦的新首府（第一期建设为 15 万人口）是通过模度建造出来的。这是一个关于从方案到实施的重要历史事件。

*
**

　　接下来的图片资料是第一个模度标带的诞生（见《模度》第一章，26 ~ 27 页），它于 1950 年在巴黎圣日耳曼大街的韦加书店开张之日展出。该书店大多出版一些奥秘或者玄学一类的书籍。《模度》一书

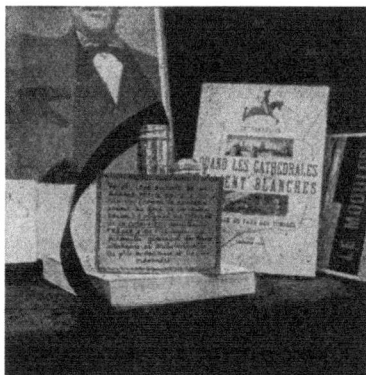

图 10-2

的出版得到了出版社社长鲁耶先生的大力支持，他给予我无穷无尽的热情帮助，让我产生从未曾有过的信心与能力，建立与那些永恒事物的联系，而之前我从未有机会将其实现。如此含混不清，却并非令人厌倦；这些模棱两可证实了"事物相遇或者重逢"，是一种穿越时间和空间的重逢，同时也证实了人性的关注的唯一性，从各个方面丰富着人类的思想。

从 1946 年以来，这个模度标带一直都在我口袋里，用一个小的柯达胶卷盒装着。它遇到一次意外事件，这次意外是如此美丽，以至于可以把它命题为："一个传奇的诞生"：

"1951 年 3 月 28 日黄昏的时候，巴尔马、弗里、皮埃尔·让纳雷和我驾着吉普车在昌迪加尔这片仍旧空旷的土地上行驶。从来没有哪个春天是那么美丽，暴雨后的空气是那么纯净，地平线是如此清晰，路边的芒果树是如此茁壮。那是我们第一阶段的任务接近结束的时候，我们设计出了一个新城（规划阶段）。

我后来意识到我从未丢失过这个装有模度标带的盒子。而这个模度标带是现今仅存的，是由索尔坦于 1945 年制作的。在这 6 年来，这个模度标带从来就没有离开过我的口袋（除了 1950 年给韦加 Vega 书店第一次出版《模度》一书时作展览用的 15 天外）。长期的使用使得模度标带变得很脏并且松脆，终于在最后一次旅行中它从吉普车上掉落在加尔新城的路上，车子把它给辗碎了。它现在全身心地融入大地里。我相信它不久将会在这片土地上开花。而这片土地正是世界上第一座通过使用和谐比例的模度而建立起来的城市。

坐在吉普车里，我的坐姿使得我的膝盖总是要比盆骨高，因此总是有东西从口袋里掉出来。我已经万分小心。但是这一次模度标带终于离我而去。"

（摘录自《旅行录》，印度，1951 年）

*
**

这些就是 1954 年《模度》在国外出版时 5 个不同的封面：巴黎、布宜诺斯艾利斯、东京、伦敦、斯图加特。

| Français | Espagnol (Buenos-Aires) | Japonais | Anglais | Allemand |

图 10-3

                                        **
                                        **

一封来自雅克利娜·蒂里特的信，时间：1952 年 11 月 24 日，信中写道：

"在加拿大的工作仍旧让人觉得兴趣十足，尽管它仍然处在实验阶段。我采用《关于城市规划》这本规划师的必备手册和《模度》一书作为给建筑学五年级学生上课用的课本（我只与五年级的学生有联系）。"

雅克利娜·蒂里特是 1951 年在伦敦霍兹登举行的第八次国际现代建筑协会大会以及 1952 年在新德里举行的《关于热带国家的建筑物、图纸及工程建设的科学及应用准则》专题讨论会的组织人。

                                        **
                                        **

1953 年 3 月 30 日，曾在塞弗尔大街 35 号工作室工作的朱斯坦·塞拉尔塔回到蒙得维的亚（Montevideo，乌拉圭东岸共和国的首都。——译者注）后写了封信，谈到：

"在建筑学院，我是建筑设计课的助教；在我的课堂上，学生们以小组为单位进行工作，并且必须把《模度》及国际建协的章程作为工作的基础。"

                                        **
                                        **

城市规划及重建部部长克洛迪于斯·珀蒂先生，在 1953 年 3 月 23 日给我写了封信：

"那是在'弗尔侬·S·霍德'（Vernon S.-Hood）的货船边，你递给我你其中一张设计图，图中是一个高举手臂的人，周边的曲线从不同的点相互向外展开，一直到无穷无尽。你手里拿着布兰库西 [Constantin Brancusi（1876 ~ 1957），罗马尼亚著名的雕塑家。——译者注] 的小雕塑，心中充满了热情，对我说：'行了，现在一切都很清晰，都可以解释清楚，模度出来了。'

这条硬纸带卷放在小盒子里。它以一种出人意料的方法标注刻度，分别用红色和蓝色强调，同时以毫米、英尺和英寸为刻度单位，代表着多年的工作与心血。从此一种和谐地测量尺寸的新方法诞生了。

正是因为你的坚持与客观，你得出了模度这个测量方法和理论！船上的一切看起来都如此和谐，有着宜人的尺度和令人愉悦的外表。而对于那些惹人讨厌或是难看的尺度也只不过是你的处女作而已。现在，它得到越来越多的肯定，并开始得到人们的称赞和进一步应用。

多么欣喜地看到模度的方法已经在所有的国家被建筑师、城市规划师以及工程师使用，被应用到各种形式的工程项目，各种廉价或昂贵的印刷出版，城市规划或住宅，建筑或家具。"

**

图 10-4

《模度》在日本出版前，日本人曾在报刊上讨论过这个话题。我把下面这份日文资料留给读者慢慢阅读！

1950 年 11 月 17 日塞弗尔大街 35 号的工作室收到一份发送者为"城镇规划委员会"的电报：

"模度法则已在麦德林①产生，一枚用珍贵金属制作的模度徽章将通过另外一封信件邮寄给您。"

一位饱含诚意的英国人，给我捎来了他的圣诞节卡片。这张圣诞卡的制作参考了第一个模度测量方法，也就是按照一个标准法国人 1.75 米的身高为基准（见《模度》，32 页）。

---

① Colombie，哥伦比亚共和国。[麦德林（Medelin 应为 Medellin），哥伦比亚共和国安蒂奥基亚省 Antioquia 的省会，是排在首都波哥大（Bogota）之后的第二大城市。——译者注]

图 10-5

*
**

西蒙娜·普鲁韦小姐，让·普鲁韦先生的女儿，为我编织了一条羊毛围巾作为礼物（等下次咽炎发作的时候，我就可以把它带上）。这条围巾由两部分组成，一半红色，另一半蓝色，总长只有 1.40 米（用来保护喉咙足够了）。上面还有红尺和蓝尺的刻度。

让·普鲁韦先生是一位工程师和运用折叠铝板造房子的工业家，他通常会构思一些特殊的、精巧的、比例匀称的、幽雅的设计：学校、住宅、家具等。他的父亲维克多·普

图 10-6

鲁韦先生与加莱先生同是 1900 年"新艺术运动"（也叫"南锡运动"）的发起人，这是一个具有创新性以及充满活力的艺术运动，只应用在微小的事物上；然而却遭到学院派的轻视、围攻以及对其创作的破坏。现在只留下了少数的一些作品：例如在巴黎装饰艺术博物馆展示的精美玻璃制作；巴黎街头的某些由吉尔马设计的地铁站入口。这些作品之所以保留下来，都是仰仗一位对该艺术运动充满尊敬之情的明智的文物保护管理人。

西蒙娜·普鲁韦小姐对模度理论精神上的友好支持，亦是对其父亲多年来对这个理论系统地应用在其所有的建设中这一事实的肯定。

. . . .

下面是一封英国学生们的来信。信中还附上了 1950 年第 7 期的刊物，刊登了一幅非常规的模度图像，这是猴子的荣光（前面曾经提到）（见 168 页图 9-3。——译者注）：

"《方案》——建筑学会刊物——建筑学校，玛格利特街——伯明翰 3。

1951 年 7 月 17 日。

亲爱的柯布西耶先生，我们将欢喜地等待您的《模度 2》和《模度 3》的问世。毫无疑问，这将在全世界都得到热烈的欢迎，并以此证明它的重要性。

然而不幸的是，我们目前还没有机会去建造，因此我们不能为您的新书作出一些贡献。也许，我们将会在未来几年更加努力，但我们要先请您原谅我们目前没有能力来帮助您。

为了表达我们的歉意，我们将带给您一张标有模度比例尺寸的平面图，也许您在看这封信前已经看到它了（数字 27 下面）。

我们希望您的新作获得巨大的成功。"

*
**

1948 年 6 月 30 日，蒂罗尔（Tyrol）的建筑师瓦尔·卡施鲍默指出了他也在进行类似的研究，他发现他的研究与模度具有相同之处：

"我之所以投入到古代希腊和中世纪的研究，充实我对传统的认识及对近 50 年来文学作品的了解，目的是为了进一步研究比例这个问题。我得出的结论是：20 世纪只是一个沿着历史传统发展的过程，只能说这是一个过时的过程，既不能令人满意，也不适合今天的发展。

于是我找到了一个解决方法：事实上，这个比例系统存在于自然本身（特别是存在于动植物以及人类的生物圈中），我做了一系列的测量及计算工作去进行研究。过去的两年来，我观察到在"黄金分割法"和"几何序列"之间存在着联系，而这种联系决定了形体在自然中的比例性。直到目前，我们也满足于"黄金分割法"本身所仅有的功能。而令我感到惊奇的是，将我的结论与你的"模度"

相比较，我看到两个系统的结果是相似的。没有数值，没有测量可以在实践上给予一个可使用的方法（德国的学者恐怕对此也会感到迷惑）。因此，我调整一种几何程式去核实和更正我的研究计划。看来比例关系的价值或许只需通过一个简单的几何作图便能体现出来。

终于这项工作能够通过实践完成。一个简单的几何程式，无需计算，无需换算，使得'黄金分割法'与'几何序列'结合出来的结果与你的模度有着相似性。"

$$**$$

在洛桑，有一个名叫"人类学"的教学机构发布了关于黄金分割法的课程通知。课程共分 12 节课，地点在人类学馆的合作中心。这门课当中的第 7 节课将讲述模度。

人类学

新课程：黄金分割法
Th·克利克先生，工程师

A—初级课程：12 课时，时间：1952 年 10 月 27 日 ~ 12 月 22 日以及 1953 年 1 月 12 ~ 26 日，每周一

第一课：关于建筑学象征主义辩释；

第二课：数学黄金分割法的奠定；

第三课：黄金比例，生命的比例。斐波那契数列；

第四课：线性和谐化，韵律原理；

第五课：二元韵律。三元韵律的优势；

第六课：三元韵律和多元韵律；

第七课：模度；

第八课：二次方和谐化。黄金法放样图。Rect.1：2；

第九课：黄金法放样图和黄金多边形；

第十课：框架方形。25 个黄金节点；

第十一课：和谐化图片法：汉比奇法（Méth.de Hambridge）；

第十二课：汉比奇。相似和谐。

B—高级课程：*12 课时（时间待定）。*

这两门课程构成一个整体基础课程，适于对数学感兴趣的朋友。

**

一位来自于瑞士沃州（Vaud，1928 年国际现代建筑协会在此成立）拉萨拉兹镇的工程师指出"柯布西耶模线"在数理上并不是正确的（《模度》，22 页）。

好的，那么我们将会重新讨论这个问题。

. . . .

热纳尔·汉宁于 1950 年 10 月写信谈到：

"对于模度的应用，我得对你说，我很遗憾看到这个和谐尺度系统被限制在'米'的范围内；依我看来，这个系统存在于模度本身。即模度存在于所有综合知识中有关人性及技术层面范畴中。同样，这个范畴也包括以造型艺术感觉为基础的领域——一种通过装配件工业制造的方法来进行现代化建设，特别是用在房屋建设中：正如你在最初跟我指出的那样，这种方法就像是日本'榻榻米'式系统，适用于所有正在建设的工程。

我说得可能有点太雄心勃勃，不过我们可以看到已经现存的瓦克斯曼预制板［康拉德·瓦克斯曼（Konrad Wachsmann，1901 ~ 1980)，德国、美国建筑师，他发展了一种工业预制的单体木结构住宅，最著名的作品是为阿尔伯特·爱因斯坦在波茨坦附近建造的夏季住宅。1940 年代与建筑师沃尔特·格罗皮乌斯（1883 ~ 1969）合作，进行了房屋预制板的研究。——译者注］，尤其是现存的 Gunisson 和美国的 Louisville 预制配件，构成了典型建筑平面，我们只需在家里打个电话去订货，有成千上万不同式样的工业预配件供你选择，你只需要简单陈述产品的具体规格。上述的情况已经不再是幻想了。假如说大家有一个约定俗成的规范制度，那么只要是在某个厂家生产出来的预配件基本上都能在世界上的每一个工厂生产出来。

我猜这个时代还没有来临，但是可以确认的是，如果人们想创造一些以美学为准则的东西，对模度大量使用的前景将指日可待。"

《模度》的标题是：＂关于一种在建筑及机械制造领域普遍适用的人性化和谐尺度的研究＂。对此，热纳尔·汉宁上述的这番话得到了更进一步的证实。

＊
＊＊

建筑师让－克洛德·马泽先生指出了一个由于我的忽视而造成的严重错误（不幸的是，这种无知遍及每个领域！）：

＂对《模度》的重新阅读（1950 年的版本）促使我提醒您关注结论，尽管您已经把那些我在您的这本'必读作品'出版没多久就向您提出的意见都作了记录（142 ～ 145 页），我原以为对所有人来说，这类错误都已经一目了然，尤其是您的那些狡猾的对手，他们通常会利用这种低级错误：

＂把巴黎天文台……归功于芒萨尔（Mansard）？

那幅'……纯美术风格'的版画根本不是芒萨尔的肖像，也不是克洛德·贝鲁特的，而是勒威耶的肖像，他是 19 世纪天文学家，也是天文台的台长……

'50 法郎钞票'上的那个圆规只可能属于哥白尼的同僚；您对此的论证似乎是有些轻微谬误的？＂

＊
＊＊

罗贝尔·朗克雷－雅瓦尔先生，法律学博士（见《模度》，25 页），早期的特许权代理人，带给我一个宝贵的指示：

＂这是一个需要定格的历史瞬间。'模度'一词是我发明的，也是我跟你建议的。而你的第一个反应是不赞成的。我回想起来，你曾经跟我说过：'不，这不可能！应该是一个跟装酒瓶有关的名词！'我非常高兴你能在经过思考之后发现我的想法是正确的。＂

第二节　讨论

模度最终的示意图（图 10-7）：

— 181 —

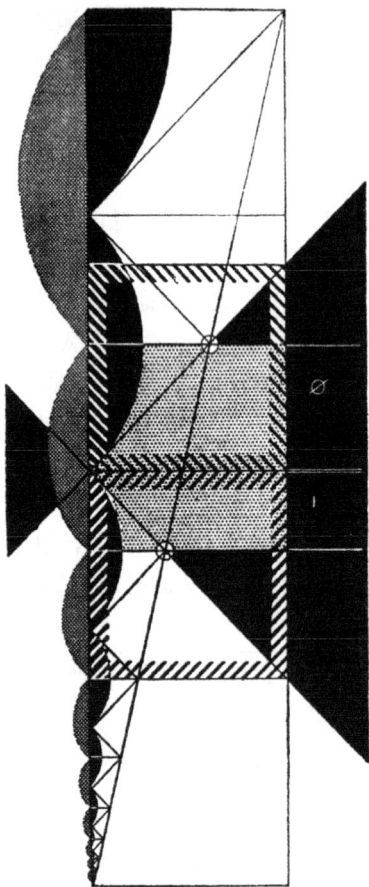

图 10-7

两个相等的边长为 1.13 米的正方形并列，第三个正方形处于这两个正方形中间，相交的一边为黄金分割值，以此来确定"直角的轨迹"。

这个直角精确地位于两个正方形中间，两个直角边与第三个正方形相交后得到两个点。

将这两个点连接成一条斜线，我们可以在左边得到递减的系列，在右边得到递增的系列，它们组成了一条和谐的红色与蓝色交织的螺旋线。

没有必要解释更多。看就行了。相信缪斯的翅膀曾经轻拂过这两个年轻人的额头：乌拉圭人朱斯坦·赛拉尔塔和法国人迈索尼耶，以及他们在塞弗尔街所做的研究。为了敏感的额头能够受到缪斯的翅膀的青睐，他们要对和谐的问题表现出极大的兴趣。的确，这两个年轻人是非常具有天赋的。

*
**

慕尼黑的学生安乔治·迈耶先生也提出了一个精确推导模度的方式，也是利用第三个正方形在两个正方形中间形成的直角。

请看他的示意图（图 10-8），它很准确但是不太美观。几何学的结论是完美的。这张附带的翻拍照片对此做出了证明。

在这个紧凑而且丰富的系列里，迈耶先生提出了一系列红色和蓝色的数字。（图 10-9）

来自吉伦特省的杜弗先生从 1950 年 5 月开始指出第一本《模度》

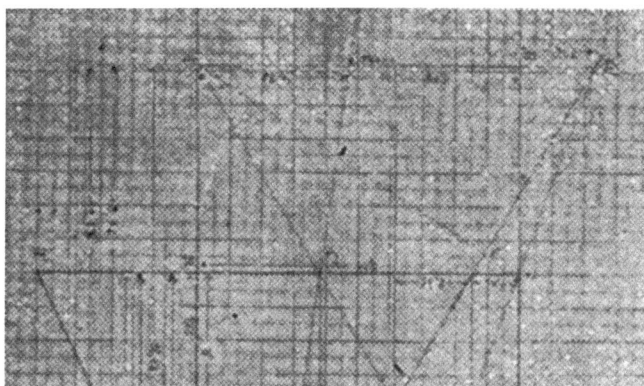

图 10-8

中的错误。

"您应该想到，模度系统让我赞叹并且在思考那个螺旋形中的所有奇妙之处得到无尽的快乐，由于这个无限制的和谐的比例系统将被广泛使用，我们在很长时间内都会与它有关联。"

"简单地讲，这的确是不可思议……"

但是有一个错误："……它可能会对已经建立起来的业绩产生一些影响，但是很幸运的是，他只参与到理论领域中，在模度的实践范围内它没有任何令人不快的后果。

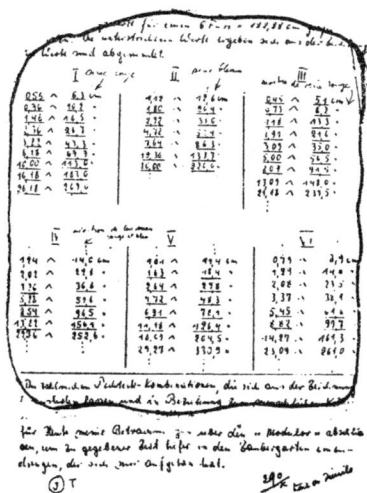

图 10-9

也就是说根据拙见，得到模度系列的第一类项的几何论证包含了几个错误，在某些情况，并不确定能够得到结果。

相反，我提出一个特别简单的作图方式，没有任何阻碍，但是对强调准确性的科学精神提出了满意的解释而且提出了一个解决问题的办法（当然，也许有其他相近的解决办法）。

我将毫无保留地对此进行解释：

1. 不可能在两个相邻的正方形内得到直角（根据推论）。

不可能性

如果这真的是两个正方形，那么那个角不是直角	如果角是直角，那么其中一个四边形不是正方形

直角的轨迹是两个相同的相邻正方形内含已知角的圆弧。

因此只有一种结论。

但是，这个结论并不能回答我们所提出的问题。因此需要再寻找另外的方法并且避免上面那些研究步骤。

2. 请允许我提出这个解决方案：

正方形	它的黄金分割值

从黄金分割比确立的点（红色）为基准点，建立两个正方形。"

与杜弗先生（M.Duffau）的交流是重要的，正确的，简单的，细腻委婉的。但是……我并没有采纳他的方法！

以下是我的回答：

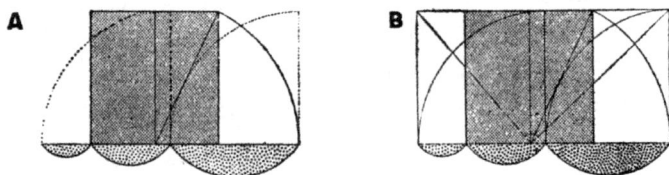

图 10-10

"图 A.——这是我根据您的推理画的示意图；

图 B.——这是我的示意图；

（见《模度》图 10-19）对于比例的*网格系列*来说，数据是可以理解的。也就是说：

向上伸出手臂的人的高度 =2 个边长为 113 的正方形（226）。

在'直角的轨迹上'插入第三个正方形。但是，第三个正方形的插入点应该由它其中一个边的黄金分割值确定，而不是这个边的中点！

在图 10-4、图 10-5、图 10-6、图 10-7、图 10-9……（《模度》，1948 年）上表现出来的谬误导致了图 10-18、图 10-19 和图 13-10 的不准确和对它们的担忧。

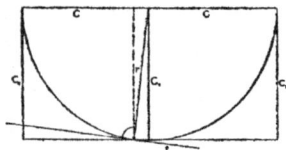

图 10-11

这个假设来源于精神的自然游戏。

这是先天的概念，而不是后天计算的结果。他带来点 i（图 10-7）。这甚至是一个可以自行更新的观点（图 10-9），同样提出点 i，将直线 gi 平均分为 2 段得到两个相等的正方形 gk 和 ki。（《模度》，1948 年）

杜弗先生，我承认这个示意图来源于一个概念，并没有提出一个真正合理的图示。杜弗先生的示意图可以被很精确很容易地画出来；但是这是一个后天形成的示意图，因此它的概念永远也不会涉及作为构思和意图的精神本质：这是一个杰出的被核对和修改过的示意图。"

在 1954 年的今天，我们要理解当时（1942 ~ 1948）的偶然性。我们寻找一个网格系列、一个等级系列、一件应用于工地的工具。我们的手指指在完全随意组合的一系列数字上。在现实和工地的实践中毫不犹豫地投入工作。我们建设了马赛公寓（居住单元）。数字使我们的努力变成奇迹；我们被征服着，一往无前。这些图画和计算是那些另外一些人的功劳……总有一天专家们将会提出他们自己的论证与解释！

**

朱斯坦·赛拉尔塔和迈索尼耶想知道在模度和古老的测量系统之间是否可能兼容，尤其是埃及的"肘尺"[肘尺是古代的一种长度测量单位，等于从中指指尖到肘的前臂长度，或约等于 17 ~ 22 英寸（43 ~ 56 厘米）。——译者注]。

有一件事情让我很惊讶：首先，这是第一次，模度建立了一个和谐的音乐会——一个和谐的音阶——人体高度的音域。这的确很奇怪。文艺复兴热衷于比例问题（*神圣比例*，Divina Proportione）。她投入数学发展的兴奋与陶醉以及数字的开发：几何的发展、代数的发展。她画出包含轴线和人体比例令人眼花缭乱的多边形或者建筑平面图。这个游戏没有限制和边界，来源于无止境的数字，适用于每一种与特殊数据有关的可预见的情况，也就是说针对特殊的尺度。（*神圣比例*）适用于上百米的建筑也适用于十几厘米高的陶器。我们画一个车轮（形状跟孔雀屏差不多）。在如此多的多边形和星形中间，我们已经忘记了眼睛在大脑之前，处于地面以

上的一个高度，我们的所见根据尺寸、认知的决定性因素和视觉而
有所变化。我们同时也忘记了掌管人类和其内心世界联系的基本因
素之一。

　　人根据使用需求占用空间。他通过身体各部分：腿、上半身、
向上伸出或下垂的手臂占用这些空间。他由太阳神经丛控制，所有
的活动都像铰链一样连贯。奇怪而简单的机械运动！然而，没有其
他的基础能够解释我们的行为举止和我们对空间的支配。我很清楚
眼睛可以看得很远，精神没有界限，而想象则可以无穷无尽。言归
正传，人类在迈出第一步开始就发明了好用的工具。他们发明了这
些叫做英尺、英寸、肘尺、寻（旧长度单位，相当于两臂展距，法
寻约 1.62 米，英寻约 1.83 米。——译者注）……的测量单位。利
用这些尺寸单位，他们建造了房子、街道、桥梁、宫殿、教堂。无
论其性质和根源，这些测量方法：肘尺、英寸等都是来源于人体本身。
他们同时又是和谐的，是因为受到数学规律的控制，好像受到那些
植物、动物、云彩等物体的结构增长规律的控制。

　　帕提农神庙、金字塔、庙宇、渔民的草棚、牧羊人的茅草屋都
是根据人体尺度建造的，艺术品被创造出来，谦卑的或者雄伟壮丽的。
那时，生活只限于本地，时间是漫长的，产品是微不足道的：庙宇、
房屋，最基本的日常生活用品，比如硬的容器：陶器，箱子……软
的容器：包，席子，布……我知道十字军战士去了耶路撒冷，马可·波
罗去了中国，阿提拉 [Attila（406 ~ 453 年），古代欧亚大陆匈人最
伟大的领袖和皇帝。——译者注] 从大草原来，在卡塔拉于尼克战
场 [Champs Catalauniques，法国北部，今特鲁瓦市（Troyes）附
近。——译者注] 作战，而世界上，到处都有罗马人的踪迹。如果
人类凭借武器四处征战，他们只要随身携带一件最基本的工具就足
够了。

　　某一天，十进制的算法出现了：了不起的发明！几个世纪以后，
它将应用于测量、长度、容量、重量……

　　然后，"人权"……

　　机器……

　　十倍的速度，百倍的，无限制的速度……

　　工会……

巨大的紊乱……

你们认为这些重大的历史事件是没有结果的吗？我们放弃了巨大的确信；我们发现道路戏剧性的增长。这是现代社会，人类从此再也不用与他的社会环境保持友好关系。肘尺、英尺、英寸等，在计算上必然会产生令人窒息的困难。而米则以它的十进制计数法取胜。但是用 10 厘米、20 厘米、30 厘米、40 厘米、50 厘米或者 1、2、3、4、5 米量化我们的身体太奇怪了。没有一个发明家会怀疑，在数学组合或者可估计几何学上，无论以米还是以英尺—英寸为单位，模度都带来了丰富的资源。是的！但是应该以我们的身体为基础确定尺寸以便能够建造供我们使用的客体：建筑学和机械学。

模度一端趋近于 0，另一端趋近于无穷大。运转、接近于 0 ~ 2.26 米的人体尺度，一个数字的梯级。也许非常有限（？）——这种匮乏将会影响到它的实力吗？

没有人研究过古老的测量系统和模度之间的关系。他们发现了令人惊讶的重叠部分。赛拉尔塔和迈索尼耶的研究包含了很多信息；它提出在两个系列中间插入一个公共系列的可能性，这些过渡值作为加法的自然来源于埃及的肘尺。

埃及肘尺传递了古代文明；也许它可以使模度更加丰富：从此以后，混合使用模度，趾尺，掌尺，英尺，肘尺？

掌尺等于四个趾尺；

英尺等于四个掌尺；

肘尺等于一英尺加上两个掌尺。

古代文明来源于确切的地理位置和社会分工。因此存在此地和彼地的区别。因此，埃及肘尺是 45 厘米，希腊的是 46.3 厘米，罗马的是 44.4 厘米。为了建造宗教建筑，埃及建立了更大的皇家肘尺 52.5 厘米（作为神的庇护所所具有的视觉优势）。摩洛哥使用 51.7 厘米的肘尺，有时候又是 53.3 厘米……然而，突尼斯的肘尺是 47.3 厘米，加尔各答 44.7 厘米，锡兰 47 厘米。但是，阿拉伯人把肘尺叫做 "d'Omar" 64 厘米。罗马的掌尺是 1/4 英尺，也就是 7.4 厘米，叫做 "minor"；被叫做 "major" 的是 3/4 英尺。这些测量单位直到米制出现才停止使用，地区不同使用也不同：在卡拉拉

(Carrare，意大利城市，以出产大理石著称。——译者注)，基本的测量单位英尺为 24.36 厘米，在热那亚是 24.7 厘米，在那不勒斯是 26.3 厘米，罗马是 22.3 厘米……

请看赛拉尔塔和迈索尼耶的示意图（图 10-12）：画一个"1.83 米的模度人"的正方形（但是赛拉尔塔如此温柔，他的模度人是个 1.83 米的女人体！）在两个正方形中 113+113=226，通过两个基本相交点画出直角（图 10-12），183 的高度被分割成四个 45.75 厘米①的肘尺。然后是六个 30.5 厘米的英尺，然后每英尺分成四个 7.625 的掌尺（古罗马长度单位，约合 0.074 米；意大利古长度单位，约合 0.25 米。——译者注)……

唯一的分歧存在于模度的梯级（183）—226 和埃及肘尺的梯级（183）—228.75 之间。这些分歧（可以把他们叫做"余数"）在建筑上并不会产生干扰，由于它们是附加的自然元素。

"模度—埃及肘尺"的同时存在把模度与古老几何的原始草图连接在一起，提出数值 1、2、3、4 和 5，并且推理出正方形的两边均分后，中间点与正方形的角连接可以得到直角（图 10-14）。

图 10-19 又一次进行了论证，更明显并且更有说服力。我们可以发现 5 个肘尺是 2.28 米；4 个肘尺是 1.83 米；6 英尺是 1.83 米；8 个一半的肘尺是 1.83 米；12 个掌尺是 1.83 米。因此，有可能在模度内部的一些间隙中导入那些具有附加性质的，众所周知并经过历史实践的附加梯级：掌尺、英尺、肘尺（图 10-19）。

在实践中，这些附加梯级尤其与组合的更进一步细节相关，比如对材料的特殊尺寸 [石材矿层的厚度（在采石场），铁皮的宽度，已经标准化的材料：砖、瓦、瓷砖……]。在第五个肘尺的端头（我们已经提到）产生的 2.75 厘米的差值成为可以平均到每个接头的"余数"，如果有 6 个接头、8 个接头、11 个接头、16 个接头……赛拉尔塔和迈索尼耶指出只有在这个时刻，由模度所确定的墙才有可能符合它们内部的强制尺度，一个附加元素的划分，丰富而多变（请参照图 18 中的两个小草图）。

---

① 在 1939 年战前的 20 年间，皮埃尔·让纳雷和我本能地通过与人体模型对照，在住宅领域对犹豫不决的 91 和 93 厘米之间的数值进行了实践。

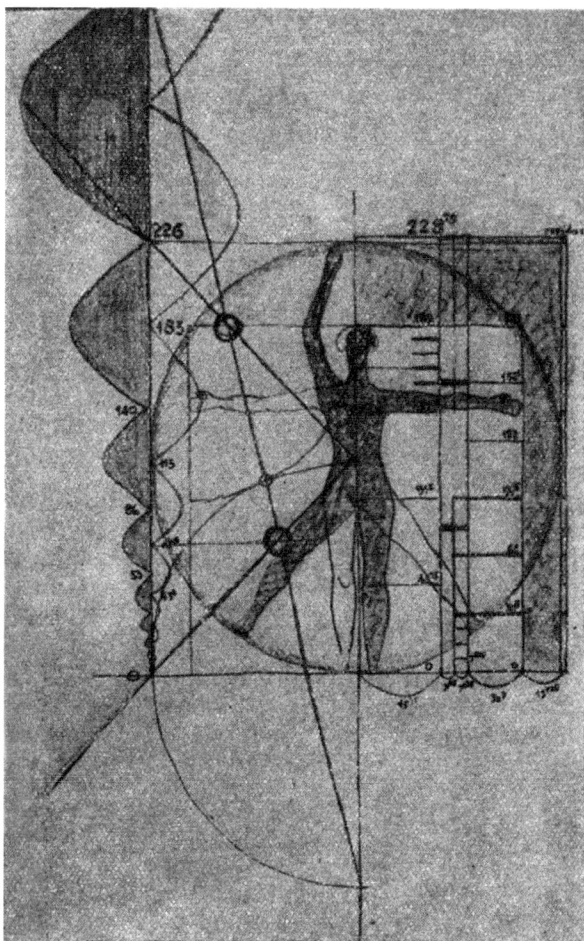

图 10-12

　　因此，我们高质量地"归纳"或者说"再次归纳"了模度，它在过去曾经确定作品的尺度。追随传统，当轮到模度的时候，它将给今天的艺术带来创新（多产并且适时）。

*
**

　　还有一些迈索尼耶的草图进一步确定了模度和埃及肘尺共存的可能性，一个人性化的三维体的存在是必然的：边长为 2.26 米

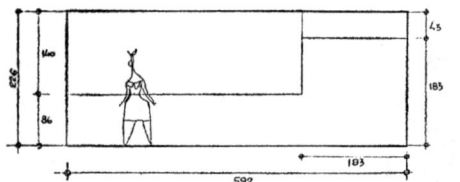

1ᵉʳ Je fais les recherches de proportion
à l'échelle humaine avec le modulor

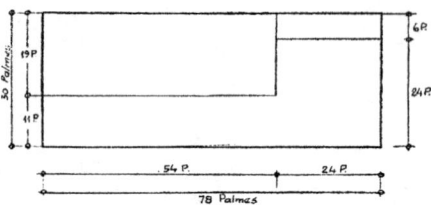

2ᵐᵉ Je fais la mise au point avec
ma règle et mon tableau.
Je reduis le tout a un seul module.
(Le changement n'est pas appreciable
à l'œil.)

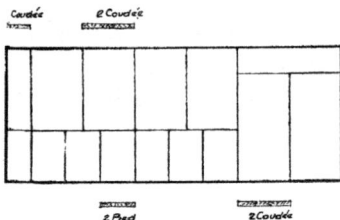

et 3ᵐᵉ J'ajuste une geometrie en vue
d'utilisation de panneaux
prefabriqués, modulés au systeme
3 - 4 - 5 .

图 10-13

c'est un systeme très riche

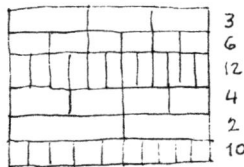

3
6
12
4
2
10

... et très simple.

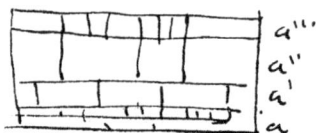

图 10-15

（模度）或者 228.75 米（埃及肘尺）
的正方体，两个正方体相辅相成，在
某一时刻可以互相论证（图 10-16、
图 10-17、图 10-18）：

尺寸为 226×226×226 的单位体
积的概念也将逐渐清晰。在建筑实践
中，它应用于住宅平面的制作，极特
别的情况下应用于民用设施。但是不
能急于下结论！

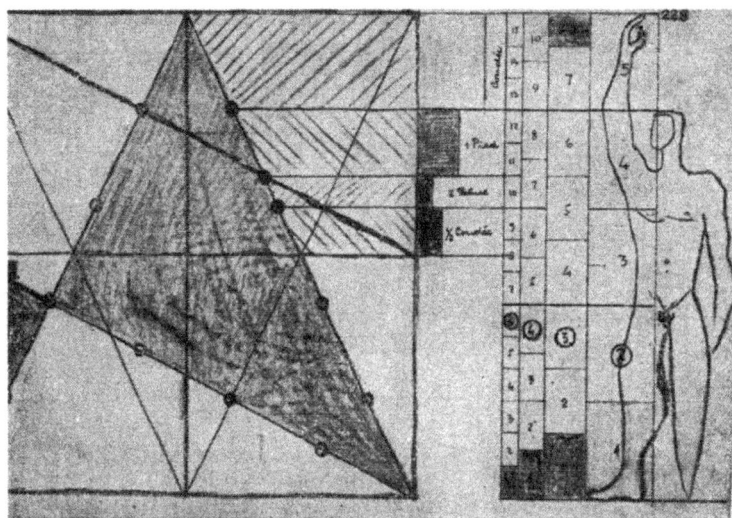

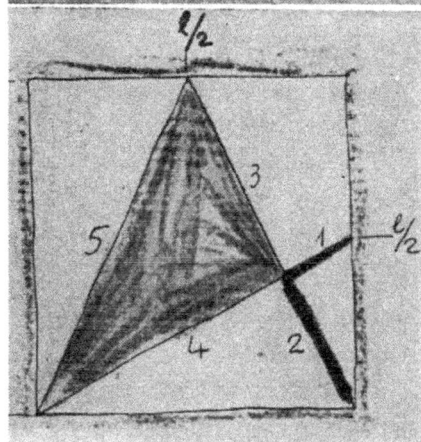

图 10-14

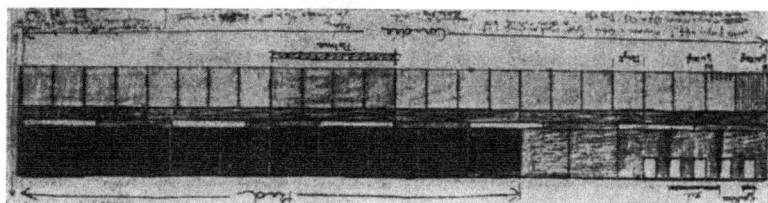

图 10-16

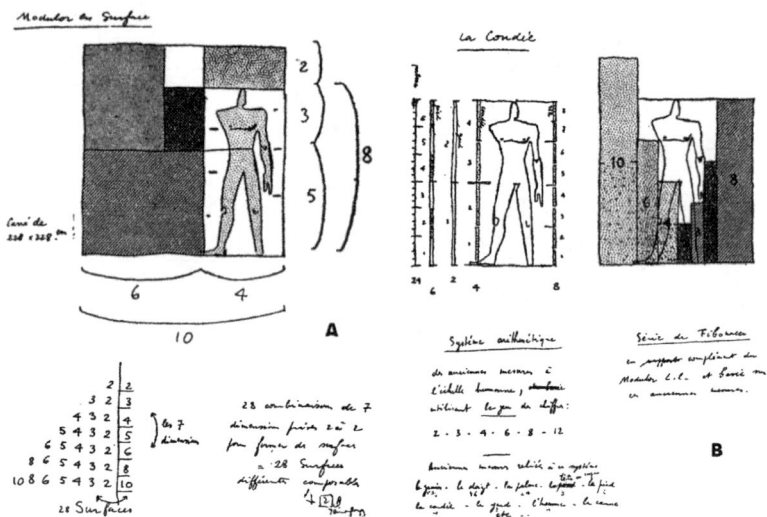

图 10-17

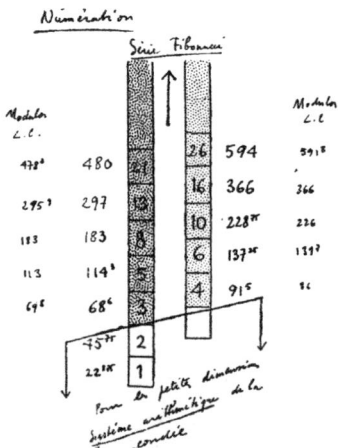

图 10-18

图 10-19

*
**

来看看克吕萨尔先生，一位住在巴黎的退休矿山工程师的论证：
《关于模度的评论》

. . . .

1. 在那本《模度》的小书里吸引人的地方，我觉得说让人激动人心也不过分的地方，就是看到作者在两种趋势前徘徊；给那些同时想看的人一个印象，他想把这两种趋势混合在一起，同时看地毯的正面与反面，这显然是难以做到的。

正面，是几何图形，与直觉和美学紧密相连。

反面，是数字游戏，我们经常认为这部分是枯燥乏味的和难于理解的。我没必要说这里面有个基本的错误，与他们作对的是造反的毕达哥拉斯和柏拉图。

我确信，如果想完全理解模度这个概念，一方面，尺规划出的几何图形，另一方面，数学计算。但是需要分别对待这两部分，对于图形要好像这个世界上并没有数字的存在，对待数字，好像这个世界上既没有图形也没有空间，然后再把这两项研究作综合概括。毫无疑问，这是透彻理解模度的唯一途径。

以下的几个要点只针对数字研究，是所有图形的抽象化：

基本数字

2. 模度的基础，也是进行所有计算的基本数字是 c=1.618（正好是 $\frac{\sqrt{5}}{2}+\frac{1}{2}$）。

乘方后，得到 2.617924，保留 4 位数字后，就是 2.618，否则，这个数字也可以说是它本身加上 1 得来的（如果我们拿这个数字 $\frac{\sqrt{5}}{2}+\frac{1}{2}$ 做例子，很确定，它增加 1 后就是它自己。肯定没有其他正数具有这种特点了）。

在模度的基本概念里，没有任何其他数字像数字 c 有此特点。这是网格中唯一的一条线索。

纬线

　　3.3 个数字：

$$1 \qquad c \qquad c \times c \qquad (1)$$

　　等同于：

$$1 \qquad 1.618 \qquad 2.618$$

第三个数字是前两个数字的和。

　　继续这条纬线，建立第四个数字 $c \times c \times c$。与 c 相乘后我们就可很清晰地得到数列中的三个数字：

$$c \qquad c \times c \qquad c \times c \times c$$

由此得出：

$$1.618 \qquad 2.618 \qquad 4.236$$

很明显，第三个数字是前两个数字的和。

　　以此为基础，这条纬线可以这样一直进展下去：

1）出发点 ·· 1

2）基本数字 ·· 1.168

3）1）与 2）的和 ·································· 2.618

4）2）与 3）的和 ·································· 4.236

5）3）与 4）的和 ·································· 6.854

6）4）与 5）的和 ································ 11.090

这个表格可以无止境地排列下去

　　这是模度中的红色系列。

经线

　　4. 但是并不只存在网格的纬线，也有模度是通过两列准确的数字定位的。一列新的蓝色系列中数字和红色系列的特征是一样的，每一项都是前两项的和

1'）出发点 ·· 2

2'）基本数字：2 × 1.618 ························ 3.236

3'）1'）与 2'）的和 ······························· 5.236

4'）2'）与 3'）的和 ······························· 8.472

5'）3'）与 4'）的和 ····························· 13.708

6'）4'）与 5'）的和 ····························· 22.180

这也是一个永远不会完结的数列。

纬线的交织

5. 剩下的就是要看经线和纬线是怎么交织的，当这些数字按照顺序排列起来的时候，结果是令人满意的，我们可以从一个数字成功地过渡到另一个数字。

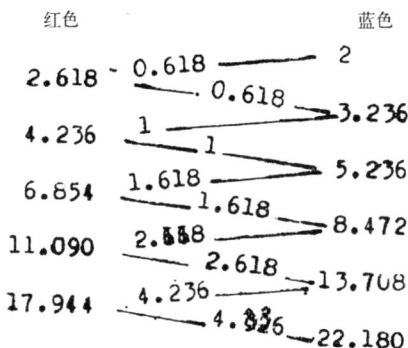

先把像地毯边的第一列数字放在一边，我们过会儿再来说这个问题。

我们看到红色、蓝色、红色这些数字完全有规律地交错。

我们也可以记录一项与另一项的差别；那些在对角线上的数字。它们有一些明显的特征：

1° 红色系列中的每一项正好在相邻的两项中间，比其中一个小，比另外一个大。

2° 在红色项与它相邻的两个蓝色项的差交错着又形成一组红色系列。1-1.618-2.618-4.236-……

这些特征一点都不神秘，它们很容易被论证；这些都是数字 c 最直接的基础特征。

纬线方向的改变

6. 回到出发点，1 跟 c 的序列等于 1.618。如果我们不是向右通过增加 1+c=2.618 来得到下一个数字，我们也可以向左计算出这样一个数字，它加上 1 后得到 c；这个数字就是 C-1=0.618，我们将得到下面三个数字：

$$C-1 \qquad 1 \qquad c$$

等同于：

$$0.618 \qquad 1 \qquad 1.618$$

根据我们对 c 的了解，我们预计这组数列的第一个数字与 c 相乘后会得到第二个数字。

事实上 $0.618 \times 1.618 = 0.999924$，差不多就是 1（0.618 精确等于）。

同理，我们可以着手进行新的计算，从右到左，每一个新数字（左边的）都不同于前两个数字。

纬线也被重新设定，得到：

1）出发点 ·· 1
2）基本数字 ·· 0.618
3）1）减去 2）的差 ···································· 0.382
4）2）减去 3）的差 ···································· 0.236
5）3）减去 4）的差 ···································· 0.146
6）4）减去 5）的差 ···································· 0.090
7）5）减去 6）的差 ···································· 0.056

这也是一个永远不会完结的数列。

经线交织方向的改变

7. 蓝色系列的数字是原来的两倍，但是交叉关系却没有改变：

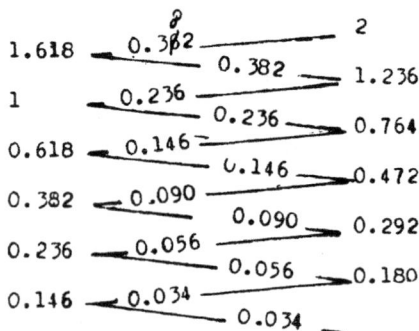

相同的性质也适用于（数字 5）

两个方向数字的连接

8. 我们现在就可以看出这两边是怎样相连的。在相邻的数列中间，我们可以得到：

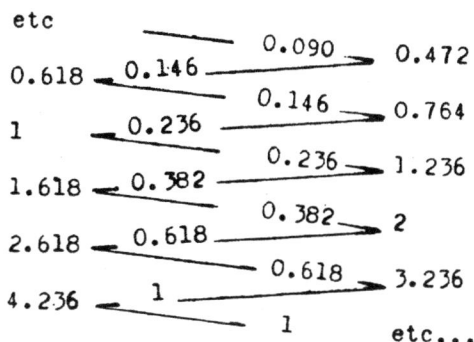

```
etc
                              0.090      0.472
0.618     0.146
                        0.146        0.764
1         0.236
                        0.236        1.236
1.618     0.382
                        0.382        2
2.618     0.618
                        0.618        3.236
4.236      1
                          1         etc...
```

缝合是完美的。从头到尾所有规律都完全适用。从开始，左右两边的数字没有比这更清晰的了。

· ·

这些被我们叫做模度理论的基础存在于所有算术理论中。[①]

如果我们看一看地毯的反面，没有什么需要研究的。

几何学家和艺术家只看正面。

在对两个方面进行综合后，我们才有可能豁然开朗。

· ·

附录——为了不把问题混淆，我在附录里提出这个特殊的问题，可以让我们回想起经线和纬线间的关系。

在结构的相邻区域，*红色系列*中，得到连续的项

1^c	2^c	3^c	4^c
2—c	c—1	1	c
0.382	0.618	1	1.618

很确定，每个数字都是前两个数字的和；但是，两个比例外

---

① 在一篇完整的报告中，如果我们愿意，可以把这个理论作为第一章。

项（1ᶜ 和 4ᶜ）的和是 2，它是 3ᶜ 的两倍，也是蓝色系列的起始数字。因此，我们不需要利用红色系列的数字就可以建立蓝色系列，但是，我们却增加了两个不连续的元素，也就是说，在这个过程中我们舍弃了段落 3 的创造性规律的基础性和原创性。正因如此，在数字编织过程中，我们跳过了中间的一条线。

我们都知道，在裸露的、纯粹的数字原型下，著名的双方块问题。以极其精确的方式被完美论证，却以复杂的计算方法为代价。

从一个正方形出发，经过三次变化后就可以得到著名的黄金数。正方形的终点边、起始边。附图就是这个精确数字的几何学解说。

没有比这更简单的精确解释了。之前的计算就是证明。

所有更趋于简化的计算（帕拉蒂耶纳和马亚尔的论证）都不能

自称接近或者疏远。帕拉蒂耶纳提出的公式 $\left(\dfrac{\sqrt{5}}{2}+\dfrac{1}{2}\right)+(\sqrt{2}-1)=$

0.302，存在 1.6% 的误差；

马亚尔提出的公式 $\dfrac{\sqrt{5}}{2}+\dfrac{2}{\sqrt{5}}=0.9\sqrt{5}$，存在 0.6% 的误差。但是比帕拉蒂耶纳的论证更接近了 2.5 倍。但是，唯一精确的计算：

从正方形 ABDC 得出正方形 DEFG，然后得出正方形 GHJI，然后得出线 IK。画线 IL 的长度与 AB 相等，然后画与线 AI 平行的线 BL。

————

我们可以得到 KL=2GH

————

因此，从 GH，应该：

1）通过与惯例相反的反向计算重新回到 DE 然后 AB。

2）通过惯例的计算得到 KI。

KI 与 AB 和就是我们正在寻找的答案。

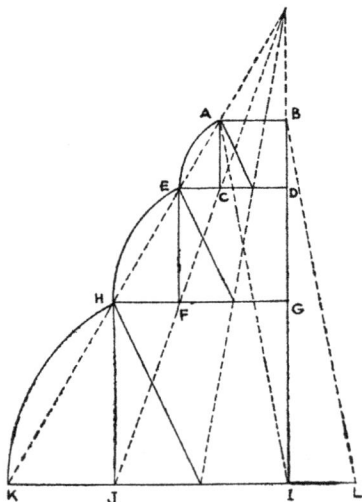

图 10-20

· · · · · · · · · · · · · · · ·

　　克鲁萨尔先生给我们带来了代数学方面的解释，一种安全的方法论。

　　然后，这是我于 1951 年 4 月 21 日写给克鲁萨尔先生的信，通知他我已经收到了这些评论，他讲述了他的方法，数学的方法，但这并不是我的方法。他的论证鼓舞了研究者，生活不只是由一块块的现实组成的。

　　"亲爱的先生，

　　昨天，艾默瑞从阿尔及利亚给我带来了您的关于模度的手稿。我非常感兴趣，这些数字让我感到眼花缭乱，当然，我把它们当作诗歌一样来尊重；作为一个外行，那是众神们在讲话。而且，当他们在讲话时，要列席并且洗耳恭听。

　　您的报告很清晰。两个程序好像硬币的正面和反面，人们对某些事物熟知并感知却不能把它们联系到一起，您的解说是对这些事物既漂亮又合理的解释。(这又是上帝为了逗人类开心创造的一个好东西！)

　　在《模度》那本小书的末尾 (147 页) 提供了一个"直角的轨迹"的图形，非常含糊，可是您想想，1950 年 11 月我的两个画图师发现了一个更干净、简洁、清晰、漂亮的示意图，它毫无错误地解释了 1942 年的公设 (当时只是直觉)：'取 2 个 1.10 米的正方形，在'直角'的轨迹上放置第三个正方形 ……'这两个年轻人，凭借不受约束的自由精神，在模度理论中发现了不少好东西。

　　对我，这个笨蛋来说，让人出乎意料地刚刚在一个公平的也许产生法律效果的棋盘格上下注。为什么，怎样？通过比例的渴望，通过*建筑学就是比例*的预感，当数学的时机被触及的时候，光和空间突然发出光芒并且扩展。您已经说过，我是一个几何学家、造型艺术家和诗人 (头发不长)：

　　诗是内在的

　　好心情是内在的

　　眼睛是为了看的

　　双手是为了感知的

　　非常感谢您对模度的思考，我将在建筑学和规划领域对它们予以应用［我正在用模度理论规划旁遮普邦的新首府［指昌迪加尔（Chandigarh）。——译者注）］。我希望工程师的杰作能够从中获益。

最诚挚的祝福。"

勒·柯布西耶

1951 年 4 月 24 日于巴黎

$$*\atop **$$

让·戴尔（建筑者委员会，Ascoral），国家经济事务秘书，在巴黎给我的来信：

……我试着根据您在 183 页和之后提出的观点（1948 年的《模度》）来指引我的思考，这些观点预言了普遍的和谐标准。

我想向您讲讲我在以下四个方面的思考：

1. 在模度的基础上，您可以建立一个对数系统；

2. 这个系统使简化大尺度或者小尺度的数字表达成为可能；

3. 您可以利用它的多项特性对面积和体积进行简化计算；

4. 但是要一直看到它的那些加法特性。

1. 在模度基础上建立的一个对数度量系统的可能性

$$\phi = \frac{1+\sqrt{5}}{2} = 1.6178；1.62$$

与斐波那契数列相关，也许可以把它作为新对数系统的基础，与自然对数系统（基础）和十进制系统形成对抗。

如果您愿意，我们可以叫这些对数为黄金对数（来源于黄金分割），或者更简单一点 logor（s）(logor, log 为对数的简写, or 为法语名词，黄金。——译者注）。

一个数字 N 的黄金对数是 X，那么：

$\Phi^X = N$，或者：

$1.6178^X = N$

因此：logor 1.62^0 或者 logor 1）=0

logor 1.62　　　　　　=1

logor 1.62^2　　　　　=2

……

为了适用于人性尺度，您提出了一个辅助标准——或者叫做附加标准——他是一位 6 英尺高的运动员：1.83 米。

把这个单位称作巨人（megalanthrope）（因为这个人的确很高），或者缩写为 *megan*。

1 megan=1.83 米

您也可以得到一个等效的表格，利用这个表格我们可以随心所欲地进行推论。

转换成对数。

我们可以像对数单位 megan 的黄金对数 =1.62megan 一样。把这个单位叫做 almegan（在代数中）。

在表格中，标示了等效的地方，例如：

2.96 米 =1.62 megan=1 almegan

0.70 米 =0.37 megan=2 almegan

3.66 米 =2 megan=1.45 almegan

（对于红色系列，您将得到分数 almegans。）

2. *almegans 的标准（与所有代数标准相同）对于表达很小或者很大的尺度都很适用*

以巨人的身高为基准点，它们表达了在基础系列（红色系列）中需要跨越的极的数量（上升或下降），以便达到所需要的尺度。

例子（不包含计算错误）：

1）从巴黎到马赛的距离：

$$800000m = \frac{800.000 megans}{1.83}$$
$$= 约 28 almegans$$

2）一个水滴的直径：

$$5mm = \frac{0.005 megan}{1.83}$$
$$= 约 -13 almegans$$

3）银河的直径：

$$5000 光年 = 10^{21}m = \frac{10^{21} megans}{1.83}$$

= 约 100almegans

4）光波在空气中的长度：

$$0.006mm = \frac{6m}{107} = \frac{6}{1.83}10^7 almegans$$

= 约 −31almegans

对于所有量值，从大到小，都用人体尺度通过数字解释。我们很自然地就可以发现在长度单位中存在同样的特性。那些在对数中所解释的以米为单位的长度将仍然会是人体尺度的数字，量值的顺序。从光波的长度到银河的直径，只有 131 个模度极的差别。

3. 利用模度的多项特性计算面积和体积

这是一个非常简单的代数特性。

比如用平方米计算面积：

（1 平方 megan=1.822 平方米

　　　　　=3.35 平方米）

也就是一个 4.79×7.74 米

或者：2.62×4.24

算术的计算得到：

37 平方米

或者：11 平方 megan

使用黄金对数或者 logors：

logor 2.62 megans = 2almagans

logor 4.22 megans = 3almegans

面积的对数用 magans 平方表示将是：

2+3=5

根据用外推法得到的相应的表格，

11 平方 magans

或者：11×3.35=37 平方米

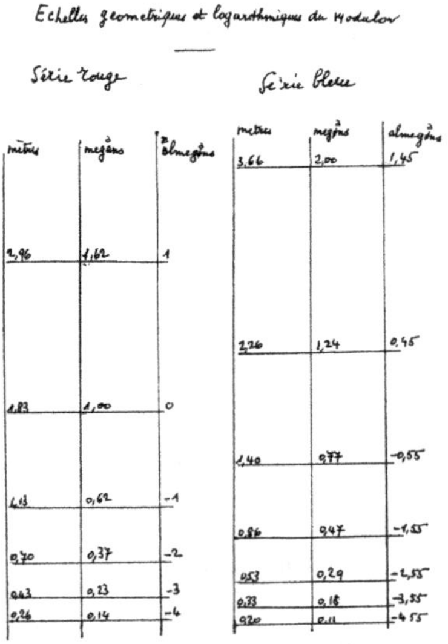

图 10–21

证实了算术计算。

一个标好了刻度的相应的表格可以帮助我们很快地计算出分数almegans 的量值。

4. *模度增加的性质扩展*

这里，我们遇到了把模度作为**度量系统**进行应用过程中最大的困难。

一个标准的第一特性就是允许量值的增加。

根据普遍方法，代数系统没有附加性质。

我所不明白的是：两个数字的和的对数不能直接推断出这些数字的对数。

log10=1

log1000=3

我们知道

log（1000+10）=log1010=3.0043

但是，这是对数表格提供给我们的。在 log1010（3.0043）、log10（1）和 log1000（3）之间没有直接的联系。黄金分割率只存在于有一些附加性质的对数系统，在这种情况下，某些数字的对数和他们的和之间的对数有直接联系。这就是在斐波那契数列中，模度最基本的性质的推论：

$$\Phi+\Phi^{n+1}=\Phi^{n+2}$$

由此可见，如果我们仔细观察红色系列的三个连续数列，3（它是前两个数字的和）的对数与头两个数字的对数之间有一个简单的联系。

如果没有第一个数的对数，n+1 将是第二个数的对数，和的对数是 n+2。

我们有一种方法计算利用它们的对数的性质计算某些量值的和。

但是，这就是最基本的困难。看起来，这种性质似乎并不适用于所有量值。取任意两个数字（没有先后顺序），它们的对数是 1.83 和 2.67（随机数）。我们是否能够在 1.83 和 2.67 的基础上很容易得到它们的和的对数？

看起来好像不行。

然而，可能性增加，模度可以适用所有的线并且是真实的，不只是存在于它的本质，同时也适用于实践，一个和谐世界的标准。

这个问题很重要，我认为可以把它提交给一位数学家。

尽管如此，发现附加的全部或局部是美丽的，模度是个很好的工具，它只是在严谨和灵活性之间缺少统一的标准。

让·戴尔

1950 年 8 月 31 日于巴黎

＊
＊＊

直到最近，收到谢菲尔·戈东教授的论证，他在苏黎世高等工业大学和哈佛大学建筑系（波士顿）交替执掌建筑理论教席。他的来信如下：

"我的眼前布满光辉，展现出一幅非凡的阿尔卑斯山风景画面：1500 米高的三座白色金字塔形的山峰耸立在帕罗峰和伯尼娜山脉的冰雪之中。我也看到其他金字塔：胡夫金字塔，海夫拉金字塔和门卡乌拉金字塔，它们在这个春天是如此深刻地打动了我。高度：也就 100 多米。为什么这些对缝精密的石头金字塔比那些巨大的岩石和积雪的山峰更能吸引我们?

那是因为这里饱含着人类的精神。人类建立属于自己的世界的需求与宇宙永恒规律的需求形成平衡。在金字塔里，产生了太阳信仰，法老永远的席位。这是第一次在大尺度中，人类使用与宇宙规律相对应的尺度和比例。

模度建立在比例系统的基础上。又与这些系统产生联系。这些比例系统其中之一更确切地说是一个*数学的比例关系*：黄金分割比。它与用整数解释的毕达格拉斯定理有一些联系。19 和 20 世纪的理论家法伊弗、吉卡和其他人已经展示自然界的植物、贝壳和人体尺度与黄金分割比有怎样的联系。现在，我们又在每个时期的建筑学中发现它们。文艺复兴时期，它们被应用在各个领域。

其他系统来源于哥特精神。它由 19 世纪的一位波兰教授斐波那契建立。把它的原理还原到极点，就表现为*几何的比例关系*，它不是通过整数而是通过分数表示的。

模度中的红尺和蓝尺结合了这两个系统。

莱奥纳多和他的现代艺术——关于维特鲁威人的思考——通过放置在一个圆形中人体和张开的手臂展示了人体比例。这个静止的人体与静止的建筑学相对应。

在马赛公寓的入口，勒·柯布西耶通过一个向上伸出手臂的人体作为他的系统的例证。这是个*穿过空间的行进人体*，是个有活力的人体，与活跃的建筑学相对应。

比例由延续了很多世纪的定律所控制。但是有无数多种可能性把他们结合在一起。好像对一首诗中某个词的解释亦有无数种可能。每个时代都可以以它的方式进行重新整合。但是最基本的部分却如同世界上的伟大的永恒定律一样一成不变。

在我们这个时代还没有出现一个时期，我们关心那些不能直接用双手接触的东西。——'比例……'可以作为一个代表？真实情况下，95%的建筑师都这样认为？一个认真的人有其他的事情需要完成……'比例？……'一位建筑师也是一位艺术家……他提出适合自己的标准！总之，关于美学的东西是私人的事情！……

为了感知我们双手今天所创造的这个时代如何穿过纯功能的贫瘠，要成为一个天才或者一个年轻人。

对于年轻一代，我曾在苏黎世高等工业大学教学。年轻人对于可触摸的事物采取一种新的姿态。对于比例也同样。当我们研究不同的方程组时，从毕达格拉斯到凯泽博士的蓝道玛（Lambdoma，又称作毕达格拉斯图表。由毕达格拉斯发现，是古老的数学音乐理论，把音乐与比率联系在一起。19世纪20年代，德国科学家汉斯·凯泽在蓝道玛基础上发展了和声的理论，并致力于将其应用在其他领域。——译者注）到模度。年轻人已经把模度作为一个基本元素：在今后的工作中将予以应用。

其他伟大的建筑师，——比如密斯·凡·德·罗——利用标准尺度活跃作品中的比例关系。但是不应该忘记只有勒·柯布西耶一个人从他的作品的一开始就意识到需要重新提出'*基准线*'这个概念，然后提出了模度——一个未来必不可少的工具。"

戈东

1954年8月25日于希尔维布拉纳

＊
＊＊

数学家安第尔·斯贝从巴塞尔的来信：

"亲爱的朋友，很感谢您的来信尤其是那本出色的关于模度的书。我很享受读这本书的乐趣，好像一个对数学抱有热情的艺术家的论证。

在您的来信中，首先您问到：是否可以同时求助于图形和数字？我这样回答您：

我们可以通过两种方法理解外部世界：

1. 数字。通过它们的作用，我们可以对某个人进行'定义 poser'——热情、等级、和谐、高尚……总之，所有精神层面的；

2. 空间。它提供给我们随机的一些物体，没有生命，没有美感，但是'应用广泛'（睡觉、站立、平躺，存在……）。

在宇宙空间中，到处都是数字图像，首先是自然本身创造的，然后是人类尤其是艺术家创造的。可以说在生命过程中，我们在现实中的责任都存在于这些数字的图形表达中，也可以说是那些艺术家创造了高道德标准的作品。不只是可以同时从图形和数字中寻求答案，事实上这才是我们生活的真正目标。

现在我们来谈模度。您知道吕卡·巴肖利写过一本精彩的关于神圣比例的书。他提出 13 种神奇的黄金分割比的"形式"，因为 12 个基督门徒加上基督正好是 13。他给它们都起了个漂亮的名字，他也向我们述说了莱奥纳多看到它们时的欣喜。而您所做的是发现第 14 种"形式"。您插入两个系列的斐波那契，一个是另一个的两倍，您一定读过这个定理：取这个系列中相连的 4 个数字，比如 5、8、13、21。然后第一个数字与最后一个数字的和，也就是 5+21，等于第三个数字 13 的两倍：5+21=26。如果您计算第四个数字与第一个数字的差，您得到第二个数字的两倍：21-5=16=2×8。

我想通过更普遍的方式向您讲解这个定理，您也可以另外让一个成绩好的初中学生给您讲解。有 a、b、c、d，四个连续的数字。然后，c=a+b 同时 d=a+2b。那么，a+d=2a+2b=2c，d-a=2b。

正如同您发现红色和蓝色系列间的联系。例如，在克鲁萨尔先生的信中，第 3 页的页首。这封信是完美的，它所表现出的清晰显示了法国人所拥有的天赋。

— 206 —

至于让·戴尔先生的信,它是精确的,但是我应该说,如今我们几乎不再使用对数了。所有利用计算机的计算比以前快 20 倍,而且更准确。我对您非常钦佩,您希望有适应建筑学需要的单位元素,要求一定使用整数以求和谐。同时,我相信,您的单位元素对于艺术家也非常适用。但是最后落实到工人身上,您应该提供以米为单位的量值,这样才不会带来任何麻烦。您只能把那些数字与单位元素相乘,得出以米为单位的量值。

对于行星际的距离,我是抱怀疑态度的。几个世纪以来,人类就在不断地寻找其中的规律;开普勒,提丢斯已经发现一些,目前,魏茨萨克尔教授正在格丁根进行坚忍不拔的研究。我不大相信黄金分割率能够解决这个谜团。

最诚挚的祝福。"

安第尔·斯贝

1954 年 6 月 13 日于巴塞尔

这封用法语写的信包含了几个晦涩的由德语翻译过来的词,而且这些词翻译得过于直接。斯贝博士希望能够明确表达这些词的原意:

"亲爱的朋友,谢谢您 6 月 24 日的来信,'定义 poser'德语是'setzen',是哲学方面的一个专业术语:Die Zahlen seten die geistige Aussenwelt, nämlich die andern Menschen, die Proportionen und allgemein die Schönheit。需要以'position'的意思为参照理解这个词。比如,我们说:由于地球万有引力的作用,我们都附着在地球上,同时我们也可以说:个体的多元性通过数字的作用反映出来。

同样,我们也可以说是空间给我们提供了'应用广泛'(德语:Liegend)的客体。但是由于还缺少数字,这些客体并不好看。

现在,这是第三段德语翻译:

In die raumwelt werden die Bilder aus der Zahlenwelt projiziert (der Raum wird mit diesen gestalten geprägt), zunächst durch die Natur selber, alsdann durch den Menschen, vor allem durch die Künstler.Ja man kann sagen, dass unsere Pflicht auf der Erde und während unseres Lebens geradezu in der Projektion der Formen, die aus des Zahlenwelt im höchsten Sinne ausführen.Es ist also nicht nur möglich, gleichzeitig Zahlen und Raum zu beanspruchen, sondern in dieser Verbindung besteht der wahre Zweck unseres Lebens."

1954 年 7 月 10 日于巴塞尔

. . . .

*
**

我们都参与到这个高水平的真实的辩论中。

但是话语权是属于实践者的……完全没有一些不重要的小东西——绘画中没有、建筑学中没有，生活中也没有！

因此，我们继续：

贝尔纳·奥斯利先生，瑞士年轻建筑师，目前在一所美国大学教授建筑学，于 1954 年 1 月在苏黎世的杂志《Werk》的第一期发表了一篇可观的关于模度的文章。

我认为他的领导，或者编辑，只想到在页首通过水平排版与塞拉尔塔－迈索尼耶的草图保持协调，他犯下了冒犯自然事物的罪行。因为模度来源于一个以脚站立的人体；他有上有下，却没有一左一右（至少在他的象征图形中是这样的）（图 10-22 和图 10-23）。

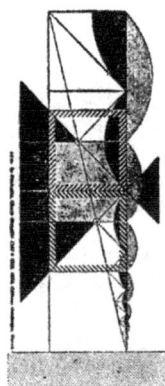

图 10-22   图 10-23

这里明确一些说法：人是有高度的。他的感觉是自然垂直的。他以站立的姿态衡量所有事物，包括水平的。没有被理解的是这里它只表示一个建筑学的基本公设，它不可能为人类组织出体量与空间的交响乐。它是没有足够说服力的。

贝尔纳·奥斯利所发表的和谐的螺旋形与我的有很大不同。在 1945 年 12 月～1946 年 1 月的暴风雨中，我在经由纽约的货船"弗尔依·S·霍德"上画下这些螺旋线，这些图画不可抗拒地把这些感觉传递给人们：平衡的生命，简洁的，真实的，有机的，严密的（见《模度》，29 页）。贝尔纳·奥斯利的两条红色和蓝色的螺旋线由与我的相同的梯级所控制，但是他的图画是不可靠的。奥斯利原谅了我与他之间的小争吵！他了解我，他很清楚我会不顾一切地追查到底，也就是说直到某一方倒下了（甚至是死亡！）（图 10-24）。

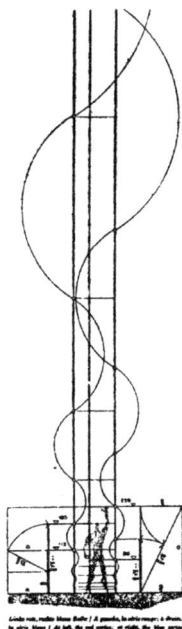

图 10-24

**
*

其他诡辩者：

一位巴黎的工程师，卡尔多先生，是我的一位前卫作家朋友的朋友，对模度怀有极大的热忱。已经出版过几本与建筑学、雕塑和绘画相关的艺术专集。他在给我的信中写道：

"我试着观察，是否可以从来源于（或者以此为基础重新创造的）三个不同大陆的原始物体中发现模度的基本元素。

事实上，我们知道模度的基本元素：2；$\dfrac{\sqrt{5}+1}{2}=\phi$ 和'直角的轨迹'已经被一种很清晰的方式介绍过了。

请你们谅解我把这些来源于一个工程师的、缺乏图解的草图一古脑地放到这些资料中。"

我们可以承认并坚信在所有文明和所有时期的艺术品的基本元素中，都能找到与黄金分割率（或者其他的）有关联的和谐比例关

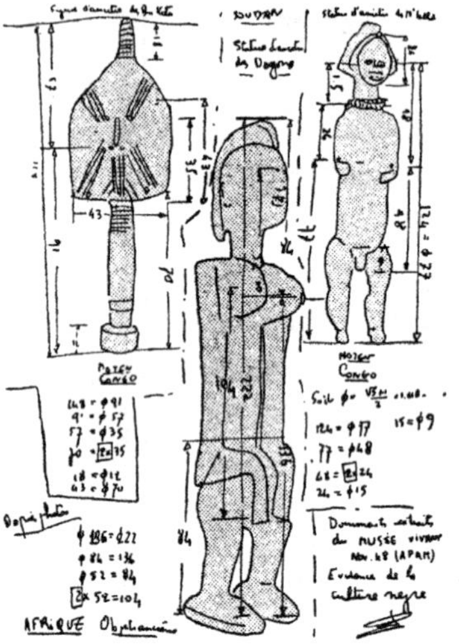

图 10-25

系。这是显而易见的道理，但不能成为模度的论据。当我们开始对忠诚产生怀疑时，我们已经开始冒险地把火引到建筑上了（最漂亮的理论）。但是我很感谢我的对话者，P.T.T. 的一位工程师，他是那群认真地把一个想法在科学和艺术领域不断发展的人中的一员。同时，也有可能，某一天他们的研究会形成一种理论或者一种观点。

*
**

巴约的那条著名的挂毯也值得我们狂热崇拜。在一张草图中，我看到到处都是 113 和 226 这两个数字。我给这件作品的作者提了一个狡诈的问题："这块巴约挂毯的高度为什么不是 60 ~ 70 厘米？"同时，我的回答也是如此地仓促。我的对话者给我的信：

"昨天晚上，大约 11 点……

从早上 8 点开始，我手不释卷地反复阅读您的大作《模度》。穆若欧先生早在 1946 年就拜读过您的关于模度的资料，这里我将不得不重复他曾说的话：'我已经被这些计算和图画深深吸引。总之，直到晚上 6 点，我才意识到时间已如恶作剧般地溜掉。'

惊讶于您的新发现，大约晚上 11 点，我疲惫地倒在床上。

这就是生活中的奇迹，宿命的图画。偶然，从我的书架高处掉下来一本关于"巴约挂毯"的书，打开的书页上是一系列图画和插图。

就这样，我发现与您的杰出的和谐相对应的一致性。

就此停笔，我昨天晚上画的那些草图将比我本身更有说服力。"

夏尔·萨海
工程师、执业建筑师

我们已经一点点地来到我所认为的私人领地。我不知所措。我再一次重新声明我的职业：我是一个使用地球上的材料，为生活在土地上的人们建造房子和宫殿的建筑师。我有足够的艺术天赋感知物质世界的深层含义，但是止于形而上学和象征主义，并不是对它们的轻视，而是我的精神的本质没有把我推向那里。

"众神在墙后游戏……"我只是一个普通人，我没有办法做到像他们那样。

我们将看到我们的对话人对于那些难以限定的或者奇怪的深层含义的研究。所有这些对于过去都太重要了（也许对于今天也同样重要），为此，我们关于模度的调查研究不需要这些论证。

1950 年 11 月 9 日亨利·盖塔尔先生给我写了一封信：

"盎格鲁—撒克逊人不需要选定度量单位，他们只是使用他们到达一个地方时已经存在的那些度量标准。而且，这些度量单位加上以模度为基础的那些标准尺度都可以在大英帝国的某些巨石建筑中有所体现。

对于模度，6 英尺高度的人体是完全任意选择的。这并不影响模度在实践方面不容置疑的优点，但也存在一些不足。这在文章的末尾有所提及。①

作为'网格系列'特征的数字 113 可以说是个传统的数字，尤其是它构成了著名的埃多昂人 [Éduens（意大利语为 Haedui），曾是高卢克尔特人的(Gaule celtique)的一支。——译者注]'圆形模式'的基本特征，埃多昂人曾规划并建筑了奥蒂古城 [Autun，法国中部索恩－卢瓦尔省（Saône-et-Loire）的市镇。——译者注]。

当我们在'红色'系列中遇到数字 6、10、16 时，我们知道它们并没有被维特鲁威所忽略；但对这些数字没有任何解释却颇令人感到遗憾。

我们不能只惊讶于米—英尺—英寸之间的比率关系，它们只是一种手法，也许是实用的，但是当我们进行深入研究的时候，一种手法却无法非常严谨地与其适应。

阿尔伯特·爱因斯坦教授的评估是假定他了解那些存在于古迹中的美妙联系的基础；他将能够最大限度地理解物质组成的秘密。

①　盖塔尔先生似乎读过关于模度的一篇文章。

如果模度不是一种完美的工具，作为人类的作品，它是有可能被完善的。

这是那些确切的数字，在通向完美之路上可以修改、控制并组织它的发展。

这些就是我的批判。我认为您不喜欢我在模度领域的涉足和断然的评价。

您可以详细指出对哪些观点您想了解得更详细，甚至是证实。我愿意给出一些合理的解释，由此，这些观点是有可能被某些人领会的……"

*
**

通过文章、平面、一系列星形的数字和图表（比如说城堡的平面或者一个现代墓地的平面和立面），我与威尔茨堡的建筑师约瑟

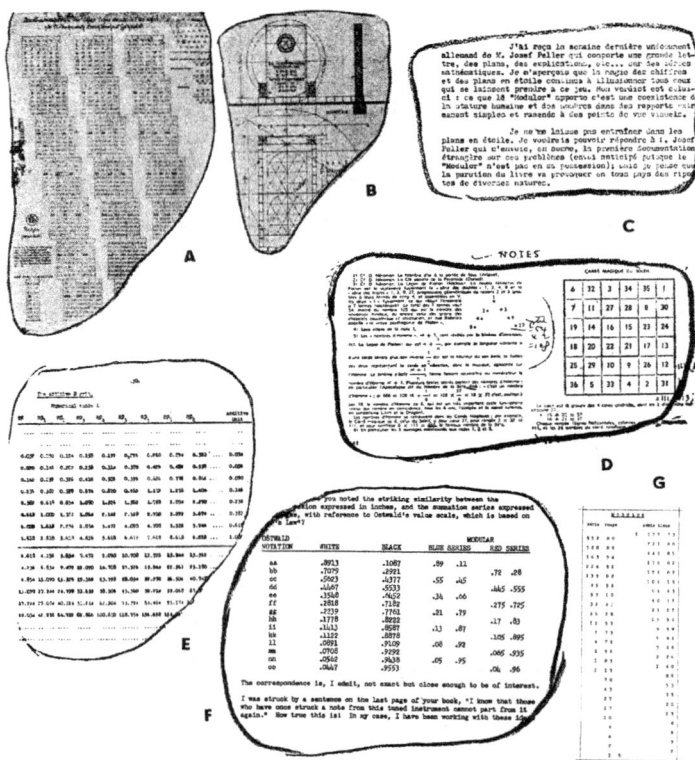

图 10-26

夫·佩莱尔进行了长时间的交流。所有大量的陪衬的数学图表并没有提供建筑学方面的组合，却提供了数学组合（图 10-26A.B.C.）。

***

无限代数，隆隆声，令人快慰的基准线……耶路撒冷的阿尔弗雷德·诺伊曼先生对所有这些提问都很了解。他相信黄金分割的价值。他曾经创造一个漂亮的词："人性空间"。他有一个整体观念："当过时的观点把机械现象看做一个和谐整体时，现有的生物学却已经能诠释生活中的全部真理。"诺伊曼先生跟我说起生物时代的最初阶段，在生物学思想中引入技术的趋势，憧憬生物平衡的普遍趋势等，然后通过大量的计算表、数字、所有方式的相似和组合，诺伊曼先生在数字黄金分割的舞蹈中使那些表格成倍地增加着。

在这些表格中，得出不同的数值：比如 0.462 米，与阿提克（古希腊雅典城邦。——译者注）的尺度单位肘尺 0.46 接近；就这样，通过对黄金分割数的应用，阿提克的肘尺与米制单位又联系到一起，"有人揭示了帕提农神庙的先知的、杰出的米制单位，它的柱子的高度正好是 10 米。"[①]埃及的肘尺（王室的）为 0.524；诺伊曼先生先生的图表中是 5.236……（图 10-27）

诺伊曼先生接着说："为了更清楚地观察以及建立一个比例和度量系统的客观基础，我们必须把'几何单位'与'人体测量'结合在一起。米也是科学测量及技术文明的基础。奇怪的是，米同时也是'人体测量'的一个标准。我认为在米这个世俗的单位

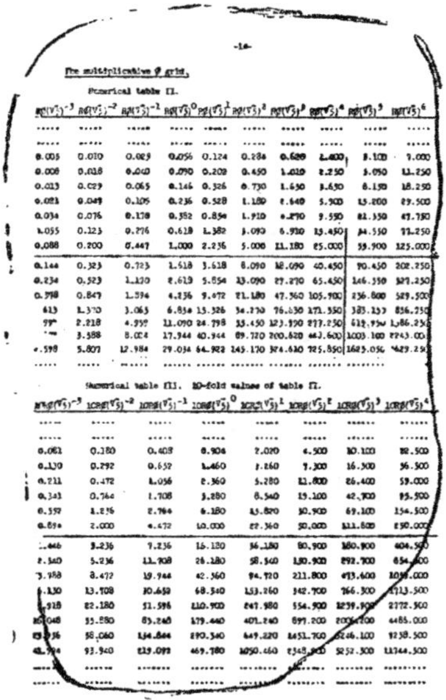

-14-

The multiplicative Ø grid,

Numerical table II.

RØ(√5)^-3	RØ(√5)^-2	RØ(√5)^-1	RØ(√5)^0	RØ(√5)^1	RØ(√5)^2	RØ(√5)^3	RØ(√5)^4	RØ(√5)^5	RØ(√5)^6
.....	.....	.....	.....	.....	.....	.....	.....	.....	.....
.....	.....	.....	.....	.....	.....	.....	.....	.....	.....
0.005	0.010	0.029	0.056	0.124	0.284	0.628	1.400	3.100	7.000
0.008	0.018	0.040	0.090	0.202	0.450	1.010	2.250	5.050	11.250
0.013	0.029	0.065	0.146	0.326	0.730	1.650	3.650	8.150	18.250
0.021	0.049	0.105	0.236	0.528	1.180	2.640	5.900	13.200	29.500
0.034	0.076	0.170	0.382	0.854	1.910	4.270	9.550	21.350	47.750
0.055	0.123	0.276	0.618	1.382	3.090	6.930	15.450	34.550	77.250
0.088	0.200	0.447	1.000	2.236	5.000	11.180	25.000	55.900	125.000
0.144	0.323	0.723	1.618	3.618	8.090	18.090	40.450	90.450	202.250
0.234	0.523	1.170	2.619	5.854	13.090	27.270	65.450	146.350	327.250
0.378	0.847	1.894	4.236	9.472	21.180	47.360	105.900	236.800	529.500
613	1.370	3.063	6.854	15.326	34.270	76.630	171.350	383.150	856.750
99	2.218	4.959	11.090	24.798	55.450	123.990	277.250	619.950	1,386.250
[illegible]	3.588	8.024	17.944	40.944	89.720	200.620	443.600	1003.100	2243.00
.598	5.807	12.984	29.034	64.922	145.170	324.610	725.850	1623.056	3629.250
.....	.....	.....	.....	.....	.....	.....	.....	.....	

Numerical table III. 10-fold values of table II.

10RØ(√5)^-3	10RØ(√5)^-2	10RØ(√5)^-1	10RØ(√5)^0	10RØ(√5)^1	10RØ(√5)^2	10RØ(√5)^3	10RØ(√5)^4
.....	.....	.....	.....	.....	.....	.....	.....
.....	.....	.....	.....	.....	.....	.....	.....
0.081	0.180	0.403	0.904	2.020	4.500	10.100	22.500
0.130	0.292	0.652	1.460	3.260	7.300	16.300	36.500
0.211	0.472	1.056	2.360	5.280	11.800	26.400	59.000
0.341	0.764	1.708	3.280	8.540	19.100	42.700	95.500
0.557	1.236	2.764	6.180	13.820	30.900	69.100	154.500
0.894	2.000	4.472	10.000	22.360	50.000	111.800	250.000
1.446	3.236	7.236	16.180	36.180	80.900	180.900	404.500
2.340	5.236	11.708	26.180	58.540	130.900	292.700	654.500
3.788	8.472	18.944	42.360	94.720	211.800	473.600	1059.000
6.130	13.708	30.652	68.540	153.260	342.700	766.300	1713.500
9.918	22.180	51.596	110.900	247.980	554.900	1239.900	2772.500
16.048	35.880	83.248	179.440	401.240	897.200	2006.200	4485.000
25.936	58.060	134.844	290.340	649.220	1451.700	3246.100	7258.500
41.994	93.940	219.092	469.780	1050.460	2348.900	5252.300	11744.500
.....	.....	.....	.....	.....	.....	.....	.....
.....	.....	.....	.....	.....	.....	.....	.....

图 10-27

① 是我对此作的研究。（见*模度*，209 页）

与人性尺度间应该存在一种联系。作为一个度量系统的基础，米的基础受到（某些作者的）批评，认为它不是人体测量的而是抽象的符合科学规律的标准。这样的观点是没有依据的。米所代表的就是人类古老的度量单位的更新，是两倍的肘尺，之后它被分割成 3 英尺，而目前，是英制的长度单位'码'……

公元前 22 世纪以巴比伦国王古达（Gudea）命名的长度计量单位是两倍的肘尺，约 990～996 毫米，也就是说与米已经很接近了。这是最古老的长度计量单位。

时间尺度与空间尺度的关系在大多数古老文明中已经被熟知。重量单位已经非常接近千克。在古希腊，模度单位非常接近 1 米，这个单位长度经常被选用作柱子的直径，比如雅典的 Théseion 神庙（1.004 米）和 Aegina 才神庙（1.01 米）……

此时，英国标准委员会会批准一个单位长度为 101.6mm。而美国的单位长度为 10.16 厘米……"

然后，诺伊曼先生得出结论："我们所提出的这些论据得出了米制单位和黄金分割率 Φ 的综合。我们把这个系统叫做 mΦ，'Em-Phi系统'"

为那些真诚的赞同和同盟喝彩。但是我在推理中遇到一个绊脚石，就是美国的单位长度 10.16 厘米。在红色系列中，模度所给出的数值是：10.2。但是据此以数值 10 厘米（或者 10.16）为基础，通过无条件加法组成的"人类环境"有一个漩涡。烦恼的漩涡！

尽管模度是建立在一个叫做"随意确定的"（当然！）的 1.83 米的人体高度基础上，诺伊曼先生仍然觉得模度很有意思；他很高兴地验证出 mΦ 系统的数字组合图表以极细微的误差包含了模度系统，并且毫无疑问地确认了"柯布西耶的直觉"。

**
**

美国西雅图大学的艺术教授温德尔·布拉都先生问道"您注意到存在于以英寸为单位的模度级数和用百分比表示的加法系列之间的惊人的相似性么？那些加法系列与建立在'费什内法则'基础上的奥斯特瓦尔德值有关。"

我列举一个并没有经过认证的例子。参见表格：图 10-26F。

　　他总结道："我被您的书中最后一页的一句话所触动：'我知道如果我们曾经被这个和谐的方法触动过一次，我们就再也不能把它忽略了'。这是多么真实啊！从个人来讲，8 年以来我利用这些观点进行工作，当我试着摆脱它们，才发现它们强大的约束力，每次我都是又回到原地。"

*
**

　　内豪曼先生的文章中的图表（图 10-26D）。

*
**

　　……然后，突如其来的就是对于男人、女人以及小孩的高度的担忧。与我有信件往来的人都表现出了这种担忧（图 10-28）。

*
**

　　在一个转折点，有一个出口！从空气中！

图 10-28

[拉伯雷，《巨人传》(La Pléiade)，880～881页]：

"四个台阶……

"1　2　3　4

$=10$

10　20　30　40

$=100$

加上第一个立方　8

总数 108

……发现神庙的大门……

……柏拉图的精神发展法

在学院派里已很出名。

	1	2	和	3
平方	4			9
立方	8			27
和				54

(108 的一半)

[然后，庞大固埃（法国文艺复兴时代作家弗朗索瓦·拉伯雷的作品《巨人传》中的人物。——译者注）的胆怯，881、882页尾]

……言归正传！"

· · · · · · · · · · · · · · · · · · · ·

这段晦涩的引文并不仅仅是对于我所带来的结论的一个预言，这些结论给了一个并不杰出的作者一个发言的机会……预言者：

耐心点，读者，你将阅读一段上帝的旨意……

**
*

但是话语权仍然属于实践者！

· · · · · · · · · · · · · · · · · · · ·

贝奥特先生在巴黎高等美术学院组织了一次关于黄金分割研究的报告会。他要求在黄金分割比的实践应用中插入中间值。他通过数学级数论证了其重要性。他补充道：

"顺便记录下在柯布西耶今年出版的书中呈现出来的进展，对于一个梯级的主体的采用。他所提出的解决办法存在于前面我所提出的两点之间。他的'模度'结合了2个黄金数列，第二个数列是两倍值并与五度音程相对应。这似乎难以讲通。严格来讲，我们可以只用1/60秒来建立一个原始的附属物。但是却不可能只用五度音程。因此两倍插值法造成混淆的可能性更小。然而，事实向我证明了我的想法正在缓慢进展中。这使我感到很高兴，虽然它并没列举出来源。"

亲爱的贝鲁特先生，我们又在相同的地点和情况下相见了。我并不高兴与您相识而且无视您曾经在比例方面所作的研究。以一块白色的鹅卵石作为我们神奇相遇的标记……从安娜和乔安什到……黄金分割比的大门！

**

电气工程师利埃茹瓦先生，在比利时完成学业，对于6英尺高的人体感到很困惑。他记得他家里的厨房的橱柜只有5英尺高（可是那些吃奶的婴儿比这还矮呐！）。

一个测量和比例系统的经济条件取决于一个普遍的比例尺

a）很明显在经济方面的严密观点下，存在一种可接受的'模度'的无限性。在这个梯级的无限性中，有一个更简单的系统：我们所说的模度。其他的梯级都更复杂而且不便于操作。

b）但是纵观被应用于'人类'建设的度量系统，确切地讲，除了模度外并没有其他解决办法。

c）哪种尺度将是我们所选择的？

这里，回答是清晰的：对于普遍尺度，不可能只存在*唯一的一种测量系统*。因此，模度成为唯一的标准、唯一的尺度。

我们可以得出结论：

一个测量和比例系统的经济条件取决于一个普遍的比例尺：

1. 这应该是模度；

2. 唯一的尺度决定人体各部分的比例标准……

一个度量系统的人体比例在普遍范围中可适用的条件

这里，并不存在其他的解决办法能够确定其他的比例标准。在这个世界上，存在或小或大的尺度，为了满足普遍性的要求，一个测量系统应该兼顾这个事实……

一个度量系统的人体比例在普遍范围中可适用的条件是提供几种经过合理分类的不同尺度的标准……

总结：

为了满足普遍性的要求，一个测量和比例系统应该在不同的人体比例标准中提供一个可调整的测量系统。

由于模度灵活的组合性，它能够满足普遍性这个严格要求。”

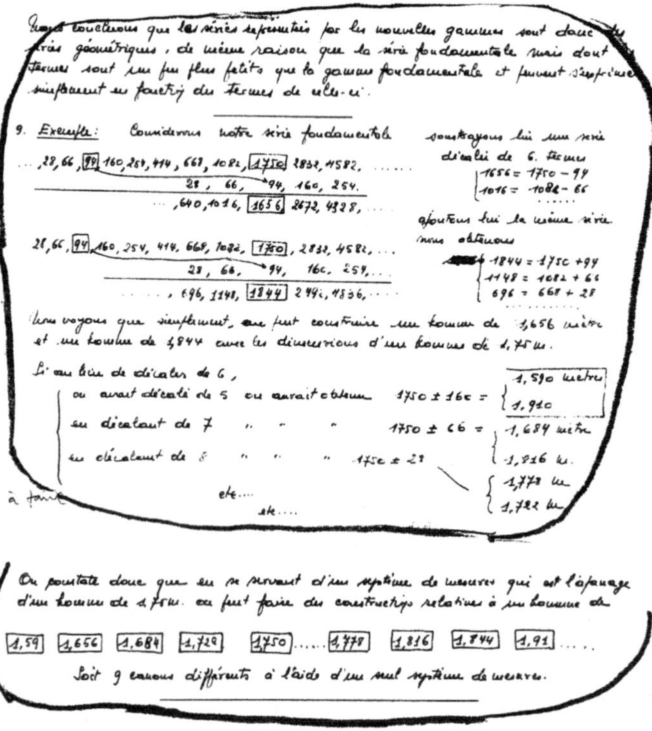
Nous concluons que les séries représentées par les nouvelles gammes sont donc des séries géométriques, de même raison que la série fondamentale mais dont les termes sont un peu plus petits que la gamme fondamentale et peuvent s'exprimer simplement en fonction des termes de celle-ci.

9. Exemple: Considérons notre série fondamentale

… ,28, 66, [94] 160, 254, 414, 668, 1082, [1750] 2832, 4582, ……
28, 66, 94, 160, 254.
… ,640, 1016, [1656] 2672, 4328, …

soustrayons lui une série décalée de 6. termes
1656 = 1750 − 94
1016 = 1082 − 66
……

28, 66, [94], 160, 254, 414, 668, 1082, [1750], 2832, 4582, …
28, 66, 94, 160, 254, …
……, 696, 1148, [1844] 2990, 4836, …

ajoutons lui la même série nous obtenons
1844 = 1750 + 94
1148 = 1082 + 66
696 = 668 + 28
……

Nous voyons que simplement on peut construire un homme de 1,656 mètre et un homme de 1,844 avec les dimensions d'un homme de 1,75 m.

Si au lieu de décaler de 6,
on aurait décalé de 5 on aurait obtenu 1750 ± 160 = 1,590 mètre / 1,910
en décalant de 7 " " " 1750 ± 66 = 1,684 mètre / 1,816 m.
en décalant de 8 " " " 1750 ± 28 = 1,778 m / 1,722 m
etc….
etc….

à faire

On constate donc qu'en se servant d'un système de mesures qui est l'apanage d'un homme de 1,75 m. on peut faire des constructions relatives à un homme de

[1,59] [1,656] [1,684] [1,722] [1750] …… [1,778] [1,816] [1,844] [1,91] ……

Soit 9 canons différents à l'aide d'un seul système de mesures.

图 10–29

利埃茹瓦先生通过实践得出结论：

"模度具有非常灵活的组合性，这个性质的实践结果是重要的。

正因如此，我们可以把一件适合所有尺寸的家具放进一个具有普遍高度的建筑中。

我们也可以在一个长度数级中，一个标准数值的周围表示出一些灵活性……"

· ·

职业从来都是要考虑到满足几个不同"标准"的必要性。量体裁衣的裁缝为那些个子矮的或者高的、胖的或者瘦的人服务。但是建筑师设计门的时候却要考虑那些高个子的人。而汽车的车身大小取决于这种尺度……

善于评论画作的尼古拉·布桑曾经写道："到处都是品头论足的！"

这就是问题所在！

**\
**

罗马出现了适于"儿童"的模度。我对此作补充：学校家具的设计者像量体裁衣的裁缝一样工作。

**\
**

米歇尔·巴塔伊先生给我介绍了一个研究数字的人：

"这个男人看起来像是我们可以在法国找到的几个熟知此类问题的内行之一，尤其是他曾经建立一个古代标准的转换表格，关于亚述英尺，中国英尺，或者法国罗马时期的英尺，在它们之间，一直存在简单的比例关系。这个表格看起来是唯一的。"

读者朋友们，如果你们中间有人对此项研究有兴趣，请不要迟疑"跟随向导"！我所有一生都将致力于建造房屋（还有其他的建筑！……）；在这项工作中，预见性如同大脑一样，扮演着一个很重要的角色。

1939 年战争前的 20 年间，皮埃尔·让纳雷和我打破了住宅领域中 10、25、50、100、150、200 这些米制的约束，也就是说我们觉得这些约束在人类的活动中，并不适合关节、太阳神经丛、肩部、头部、向上伸出的手臂这些人体元素的基本尺度。

并没有任何数学方面的困扰，通过简单的实用主义，我们已经确定了可行的尺度标准，但却激起了"先天的"与此相似的困扰，这些困扰理所当然地使我们的几个合作者感到晕头转向。

＊
＊＊

里尔流体机械学院的一位机械工程师希望模度能够与应用于机械学的"雷纳尔系列"协调一致。我在里尔作了关于模度的演讲会后，他给我的助手安德鲁·弗让斯基写了一封信。

"先生，

很遗憾没能够聆听 1 月 18 日您在里尔的报告会，但是我读了莫里斯先生给我带回来的文章，我立即被第 4 页以模度为标题的图表所吸引了。

您将会认为我的机械学的观点对于建筑师来说是无用的。但是为什么不用雷纳尔系列中与 $1.585 = \sqrt[5]{10}$ 特别接近的值取代黄金分割的确切值 $1.618 = \dfrac{1}{0.618}$ 呢；1.618 和 1.585 间的相对差值是百分之 2。从比例的和谐观点来说这是否是至关重要的呢？

这个系列将变成：

1	2	3	5	7		4	6	9	14
11	18	28	45	71		22	36	56	89	141
112	178	282	447	708		224	355	562	891	1412
1122	1778	2818	4467	7079		2239	3548	5623	8912	14125

……

（其他的无用的十进制：我认为到第二行就足够了）。

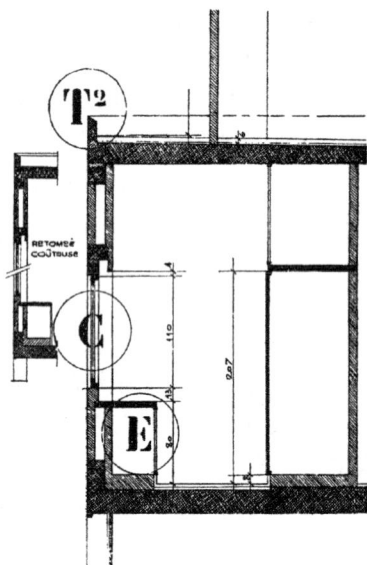

图 10-30

同样是 1.80 米高的人，椅子的高度是 0.45 米，桌子 0.71 米，门高 2.20 米，扶手椅 0.36 米高……砖的尺寸 11 厘米 ×22 厘米……方砖 11 厘米……

红色、蓝色两个系列包含在 10 个 2 位数或者 3 位数中，这正好是以机械标准为基础的雷纳尔系列 R20 中的 10 个数字。建筑师在用工业化产品进行建造的时候，怎么可能不进行简化呢？

在您的报告会中，您说到与英国的英尺和英寸的比较，首先，我想到一个更机械化的简化：在相对于先前的 10 个中间数字的 R10 系列中：

(11   14   18   22   28   36   45   56   71   89)

10   12.5   16   20   25 31.5   40   50   63   80

接下来是，100、125……

模度中的两个系列看起来并不是英尺和英寸简单的相乘。

但是这个系列在没有经过'人性'尺度的情况下，突然从 1.60 到 2.00，因此只能把它放弃。

您认为用这个图表取代模度的图表怎么样？

11		18	28	45	72	
	14		22	36	56	90

为了回想起图表，我们从人体高度的 1.80 米出发，乘以或者除以 2，以便不只保留前两个数字：

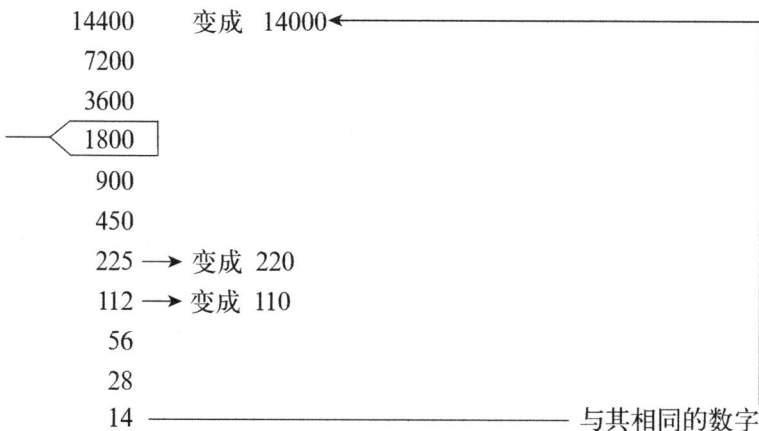

```
14400      变成  14000 ◄─────────────────┐
 7200                                      │
 3600                                      │
◁[1800]                                    │
  900                                      │
  450                                      │
  225 ──→  变成  220                       │
  112 ──→  变成  110                       │
   56                                      │
   28                                      │
   14 ──────────────────────────── 与其相同的数字
```

您可以与一个梯级进行比较：比较也许能够确定一下这些数字的间隔：

11 — 14 — 18 — 22 — 28 — 36 — 45 — 56 — 72 — 90

它们与 $1.25=\dfrac{5}{4}$，$\dfrac{大三度}{10}$ 或者平均律的大三度 $1.2589=\sqrt[10]{10}$ 很接近。

所有这些都是为了撞破一扇打开的门——是白费力气的，但是我很愿意知道为什么您无视这扇门的存在。

A·马蒂诺－拉加德

1951 年 7 月 15 日"

为了与其他系列相联系，我们已经把模度的数据取整了（见《模度》25 页）。似乎在发明和艺术创作的时候，模度是个很安全的工具。那些在今天是合理的，在 6 个月后 6 年后 6 天后也将是合理的，对于同一个绘图师或者另一个绘图师或者在另一个国家另一个工作室的绘图师也是一样的。在模度那些数值的间距是有可能随心所欲地进行细微变化的，就像小提琴奏出的或高或低的音调，它们成功地传递给听众准确的音调。有些时候，在合理性这个方面需要思考，读者可能会在这些有用的讨论中发现一致的或者不一致的地方。

＊＊

数字的舞蹈已经走得太远了。以下是写给拉巴尔德先生的信（至今未收到回信），与星际研究有关：

"2 个月前，我在百忙之中将签名的《模度》送给您的《星座》杂志。

已经不只是一天的时间我忙碌于《模度》有关的各种问题（1942 年提出并进行了 8 年的更正与调整）。但是您在尼古拉·韦德（Nicole Védrès）的电影中关于星际的令人惊讶的研究触动了我大脑的某处神经。看看：在毫米的 $\dfrac{15}{1000}$（千分之十五）和地球的一周之间有 270（近似）模度的间距。

因此：

n° 1 = 毫米的 15000e；

n° 270 = 4000 千米；

— 222 —

n°300 已经是一个星际尺度。

因此，我们可以把时间数据化，计算时间、补给等：

地球和月球之间的距离 =285 模度（近似）+41+9

$$a \qquad\qquad\qquad b\ c$$

也就是说 285 表示了一个非常远的距离；

41 接近千米或者米；

9 进入微观尺寸。

（这里，这些梯级的称呼是完全随意选取的），

可以写成 MOD 285.

41.   M

9.
_____

MOD 285.41.9. 可以很精确地进行计算了（MOD 为模度 modulor 的简写。——译者注）。

我已经思考一段时间了，但这是第一次写下 MOD。

所有这些都需要引起注意。

模度可以到无穷小。完全是循环级数。

某一天，我们将用 MOD47.3 表示数字……并且理清英尺——英寸和米之间的关系，使用十进制（所有人）。

这个行星际的故事并不是产生研究模度的动机的理由。

（注释：1950 年 8 月 30 日，让·戴尔曾经就此主题给我写信。但是他的信自动被分类到未来的《模度 2》的抽屉中。直到 1954 年在准备第 2 本书的时候才被发现并阅读。）"

1950 年 6 月 5 日于巴黎

*
**

结束之前，请看另外一个自然区间。巴黎的建筑师罗蒂尔先生指出他是多么顺利地建立了可居住建筑的完美的模度面积和体积。作为建筑师，他提出关于材料厚度的问题和三个高度 1.73 米、1.83 米、1.93 米的人体。他的合理的研究来源于一个实践者，在模度内部引出的一些过渡梯级。

它在这里的作用好像图画中的辅助线：哪一部分的图表会受到

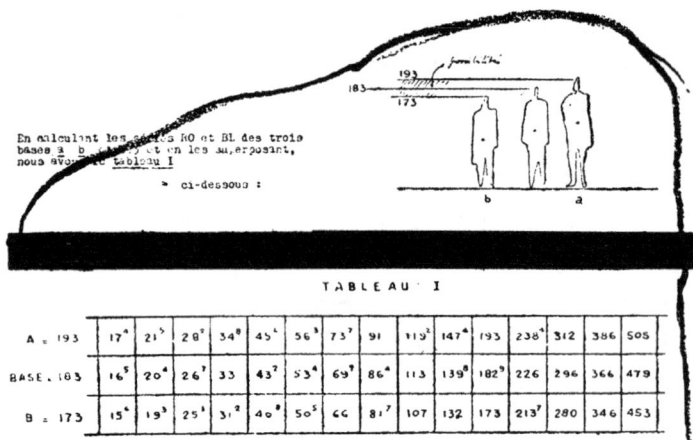

图 10-31

基准线的牵连？建筑学中的哪个建筑元素应该受到基准线的调节？或者，具体地说，受到模度中间级的调节？问题是要考虑到我们所看见的。我们看到长度、面积或者体积，他们需要精确的比例。主体在哪里？谁是主体？一间卧室的空间还是一道隔墙的厚度？我们应该怎样评估一扇窗子：玻璃还是四周的窗框？就是这样，每一次，都是一个评估的机会。

*
**

　　概括：我的朋友们开始观察、度量四周，比例的概念被唤醒，这应该不是简单的"动一下手指"，而是极其富有诗意的问题。注意力被那些我们偶然建立起来的严酷事实所吸引，除了一个坐标极和一个调谐极。经济原因使工程师跳过某些步骤使其标准化。他们试着建一座跨海的大桥以便能够运输工业产品。他们的标准化有些过于简单而且并没有提供足够的想象的自由。它没有任何人性的进步，没有人性法规，它没有权力废止人类的想象，即便只是一点点限制。

　　我们的朋友睁开眼睛，开始在自己的居所内四处检验。他们经常会在一栋过去由瓦匠、木工和细木工工作过的老房子里发现研究的答案：几个世纪以来口耳相传的手工业行会的规则，对于平庸的日常使用者来说，那些抽象、深奥的学说很快就堵塞、充满甚至膨胀起来。隐藏的细微格栅，似乎在向我们传播着一个普遍真理："实践"。有时（在这里列举的通信者中）"发言人"介入、建议或假定一个千年真理。它来源于自然历史，与今天真实、纯粹的社会振荡既没有衔接也没有保持一致。"发言人"有些自恋，自诩为有知识的人或者知情者。他们有时候应该更"官方化"一些 ……他们使用玄奥的词汇。可以说：$8 \times 108 = 864$；108 和 7 是 108 个数和 7 个圣灵；$216 = 2$ 倍的 $108……$

从个人来讲，在我生命中进行这个研究的这段时期，那些数字的舞蹈有时使我发笑：2 倍的 $54 = 108$；8 倍的 $108 = 864……$我的回答是一成不变的：也就是说 108 厘米与数字 108 没有什么共通之处，因此我忽略常理而把它们引进来。如果把 108 翻译成英尺，我的面前就只有 26 英寸，而数字 26 再也不是神圣的 $108……1945$ 年，108 曾经是我的第一个以 1.75 米高的人为基础的模度的关键。因此，这些数字的巧合毫无意义。我不会否认将来也永远不会否认这是与众多象征或者众多涵义相联系的形而上学。但是我只是一个盖房子的普通人。

· ·

我觉得有必要在我们讨论的过程中强调 222 页下面那段话的重要性："模度是个非常安全的工具……那些在今天是合理的，在 6 个月后 6 年后 6 天后也将是合理的，对于同一个绘图师或者另一个绘图师或者在另一个国家另一个工作室的绘图师也是一样的……"

那些合理的就是合理的！我们在数字领域里。您想"取整数"，赞成妥协？以谁之名？以何之名？答案在此：真相。

第三节　模度的实践

巴黎建筑师安德烈·西文先生写道：
"以下是我对模度的使用的看法。
首先，它是一个工具。

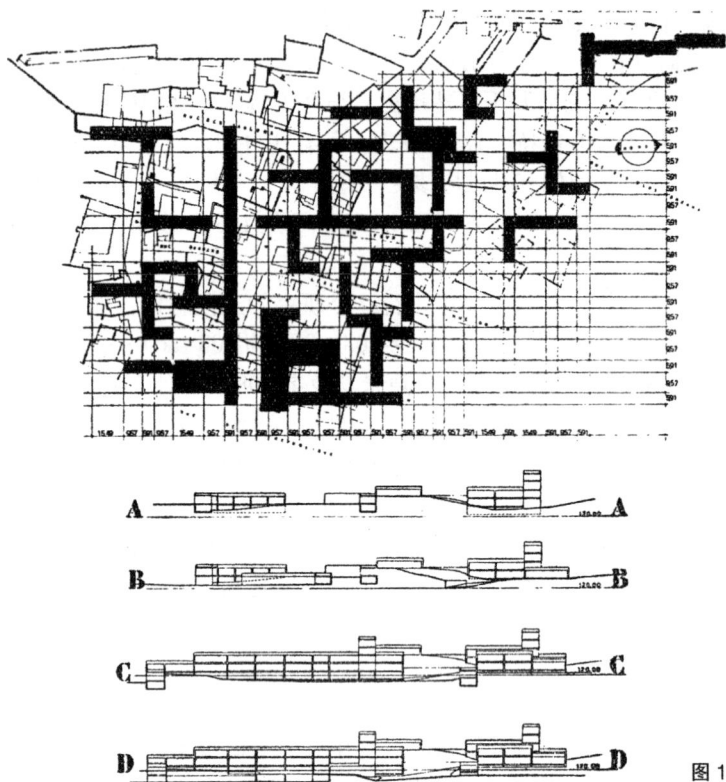

图 10-32

　　我的每个绘图师都必须在他们的图纸上确定两个级数（我已经对它们烂熟于心）。模度不会帮助我们创造艺术却会在工作过程中自动消除*比例上的*'模棱两可'，以及建筑创作、细部和报告中的错误记录。

　　建筑元素的*标准化*，如果它以模度为基础，并且能够避免比率的混乱和随意的比例尺，那么它最后会成为可用的。

　　我希望模度能够应用在*学校建筑*中，以便在孩子们的精神中引入可变化的和谐感觉；这是建设未来的基本条件，那时候建造将重新拥有与文明一样的含义。"

　　他附了一张规划图作为解释（图 10-32）。

＊
＊＊

　　巴黎法国重建及城市规划部的顾问建筑师马塞尔·胡先生

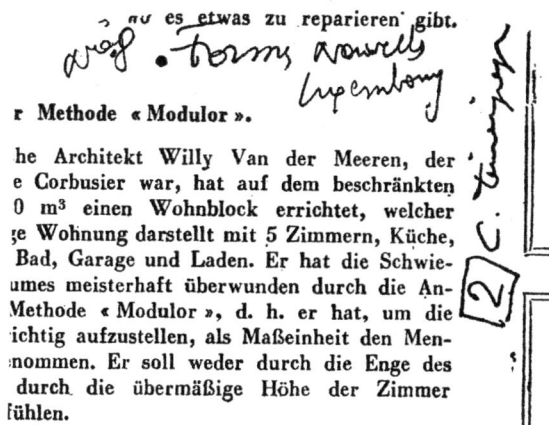

es etwas zu reparieren gibt.

r Methode « Modulor ».

he Architekt Willy Van der Meeren, der
e Corbusier war, hat auf dem beschränkten
0 m³ einen Wohnblock errichtet, welcher
ge Wohnung darstellt mit 5 Zimmern, Küche,
Bad, Garage und Laden. Er hat die Schwie-
umes meisterhaft überwunden durch die An-
Methode « Modulor », d. h. er hat, um die
ichtig aufzustellen, als Maßeinheit den Men-
nommen. Er soll weder durch die Enge des
durch die übermäßige Höhe der Zimmer
fühlen.

声明：

"经过两年的工作后，我一定要向您确认，我应用并且让我周围的人也应用了您提倡的比例概念。

不幸的是，通过您的书，法规和政府机构有时候要强加一些被禁止的尺寸数字，但是经过思考和努力后，总是有可能重新发现您的和谐的确切比例关系。

我确信，模度的普遍应用将会促进建筑学特殊地有意义地发展。"

*
**

凡·德·米雷在一个 167 立方米的空间内部安置了包含 5 间卧室、厨房、浴室、车库和零售店的完整的居住空间。他非常巧妙地克服了应用模度的困难。

*
**

让-克洛德·马泽寄来了一份用模度设计的杂货店的资料。

*
**

里布莱、图尔璐和韦雷展示了在摩洛哥非斯大学城学生公寓项目中对模度的应用，受到建筑师埃科沙尔的鼓励（图 10-34）。

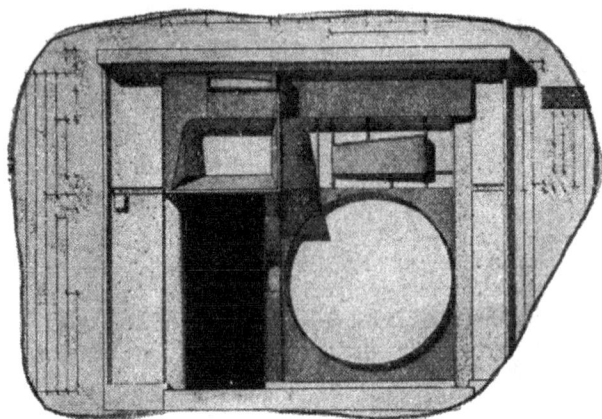

图 10-33

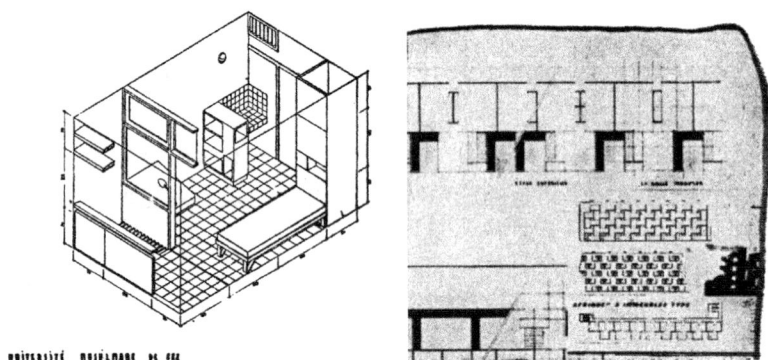

图 10-34

＊
＊＊

康迪利斯在卡萨布兰卡设计了一栋适合摩纳哥气候的房子，模度使他能够解决所有居住空间的体量。他写道：

"您曾经在某个地方提到那些一旦接触了这个调谐工具'模度'的人，就再也不会放弃它。

这完全是个事实。

两年以来，伍兹和我在非洲工作，我们的工作涉及：考察，竞赛，工地，研究。

我们已经习惯于使用模度，它已经成为我们研究中不可分离的

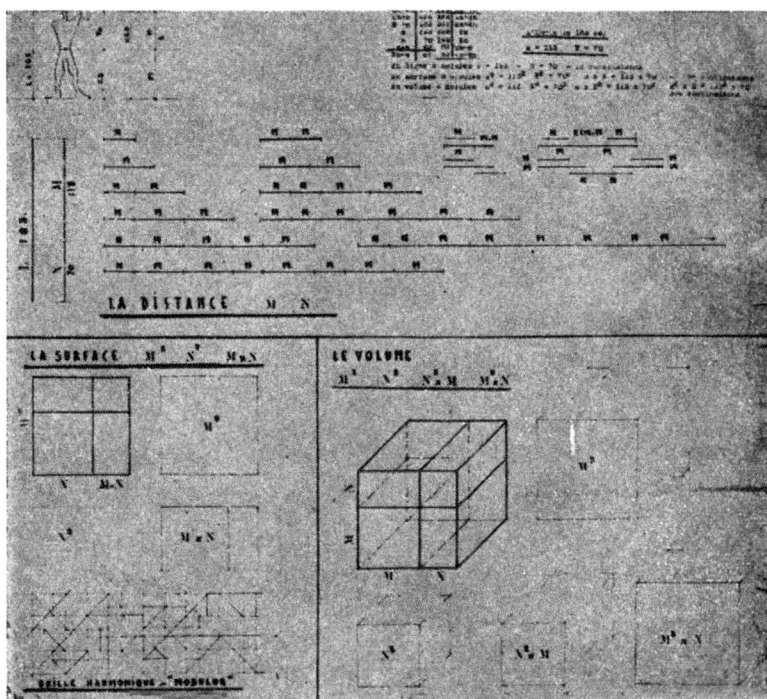

图 10-34 续

工具。

　　而在达到这种程度之前，我们经过了怀疑、犹豫和错误使用的阶段。

　　经过时间的沉淀，一切都变得清楚并且确定。

　　在图表中，我们的想法通过一系列草图表现出来，每一个度量都被表达成一个功能，'一个准确的度量'，既没有错误的也没有随意的注释。

　　和谐的整体以及人性尺度……

　　度量

　　度量，是力求经济，是达到'准确地度量'。（勒·柯布西耶）

　　在这里，是模度指引着我们：距离，面积，体积。同样适用于设施，门窗开洞和功能：这是一个精确的、遵守纪律的度量。"（图10-34 二、图 10-34 三）

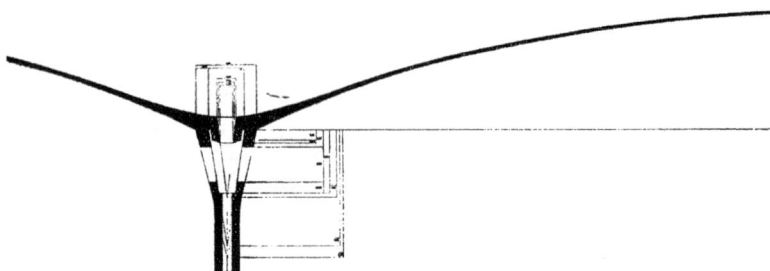

图 10-35

*
**

　　布伊诺斯艾利斯的阿曼西奥·维利姆已经应用模度完成了两个
医院的设计。（一个拱顶的细部，图 10-35）

*
**

　　让·普鲁韦先生以一种非常有说服力的方法介绍了"建造者"
的类型——社会等级——还没有被法律接受，但是它被我们生活的
年代所需要。以此我想说让·普鲁韦是一位坚定的建筑师和工程师，
真实地讲是建筑师和建造者，因为所有他接触并且设计的作品都在
实践和生产过程中立即展现出精美的外形（图 10-36）。
　　他在战后的作品就是具有决定性的论证。

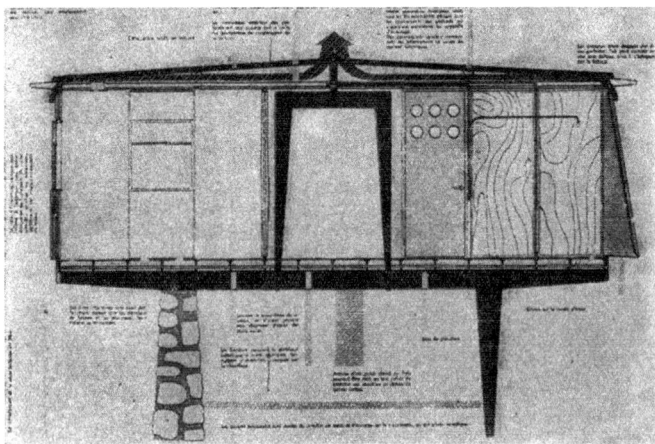

图 10-36

＊＊

巴黎的建筑师奥热父子利用我在洛林设计的飞行俱乐部所做的
论证：

"某一天我的儿子大声说，幸亏了模度，我们每个人可以在自己
的工作室工作而不用经常碰面。我们在让·普鲁韦的目录里选择了
一个标准的屋顶形式。您已经画好了俱乐部的组织平面。我们极其
轻松地完成了施工图纸，因为项目的所有部分都是根据模度组织的，
在我们之间自动地协调一致，我们三个人如同在协调好的同一个键
盘上玩耍。"

＊＊

在加勒比海边，哥伦比亚的巴兰基亚，人们研究了"居住单元"
所面临的严重问题。和我们一样，他们采纳了这个词："居住空间"
（我们的是"可居住的蜂窝空间"）。运用模度，他们建立了基本居住
单位，能够满足不同项目的要求，与我们在马赛的工作一样，他们
为这些居住空间建立了一个承接体，这个承接体是一个 18 层楼高的

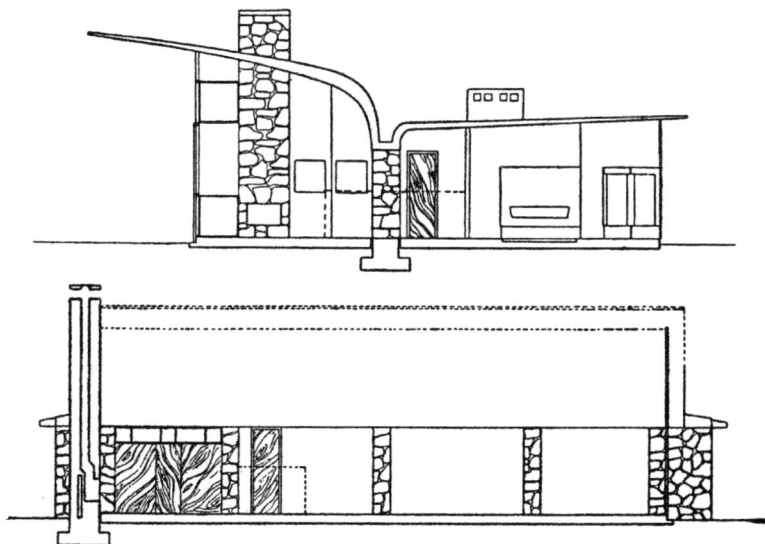

图 10-37

巨大混凝土盒子，包含了超过 100 个格子，可以容纳同样多的住户。所有这些完成以后，剩下的就是应用问题、材料选择、设备配置、居住模式……

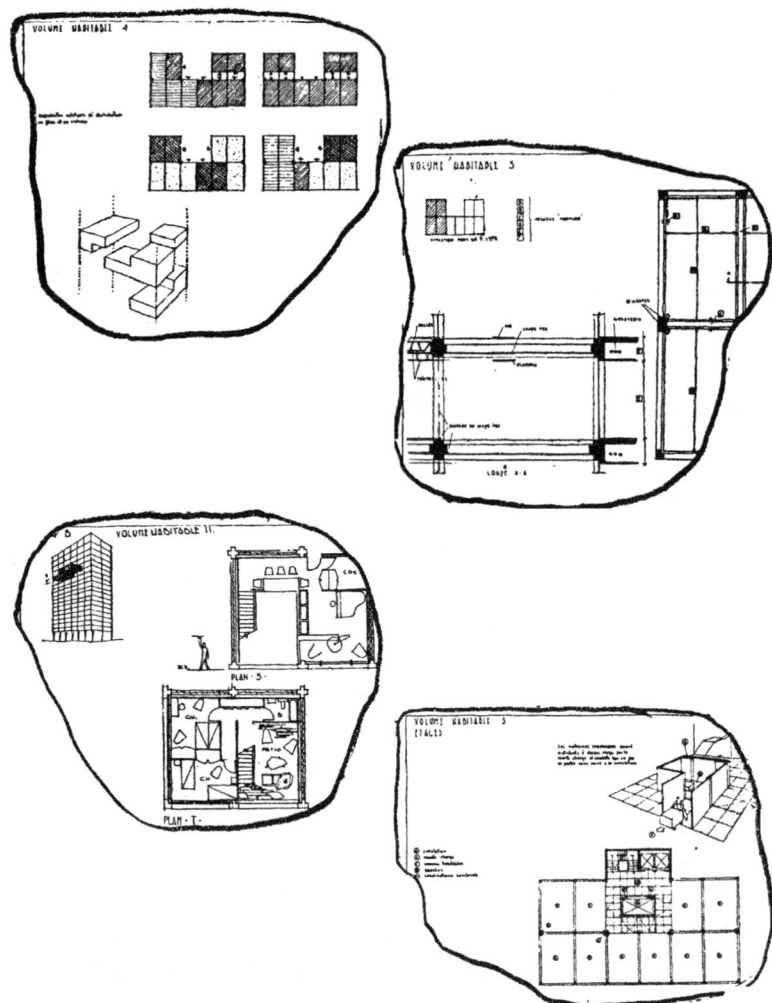

图 10-38

他们的研究附加着这个宣言：

"很明显，在度量，体量以及它们之间与人的和谐关系中，为了应用一个这样的平面，唯一的基础是必要的。'模度'结合了米和英尺——英寸，使建筑工程的预制构件（造价相对降低）在形式、比例和解决办法上的无限多样化成为可能。

模数化的预制将使每个人都有能力拥有住房，它产生了在通用平面上不断发展的建筑学，并把那些能够很好地定义每个个体和每个地区的性质保存下来。"（图 10-38）

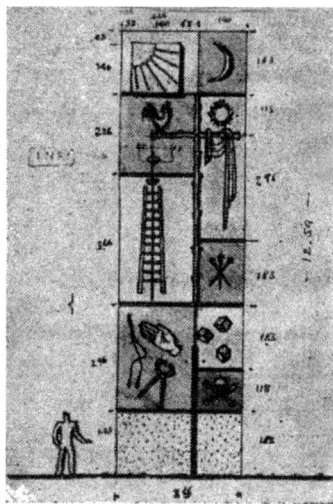

图 10-39

**

国际现代建筑协会的会长若泽－路易斯·塞特和保罗－莱斯特·维纳两个人负责了委内瑞拉、秘鲁和哥伦比亚的大型规划和建筑项目。

塞特于 1953 年 3 月 24 日写道：

"模度如同一个奇迹一样发挥作用。最近，在马拉开波的一个私人医院项目中，我将模度应用于美式医院的标准中，同样也应用于委内瑞拉的其他项目。

三张附图：1：拉波莫那的城市化（图 10-40）；
　　　　　2：马拉开波的私人医院（总体模型）（图 10-41）；
　　　　　3：奥尔达斯港的教堂（钟楼立面为现浇混凝土）（图 10-39）。"

**

在塞弗尔大街 35 号的工作室，我的助手安德烈·沃根斯基刚刚建成自己的住宅。他很高兴地将模度应用其中。他明确指出：

"在住宅设计中系统地应用模度，不只用于平面和剖面，同时也用于构造大样，比如对于某些材料厚度的选择（女儿墙、楼梯踏

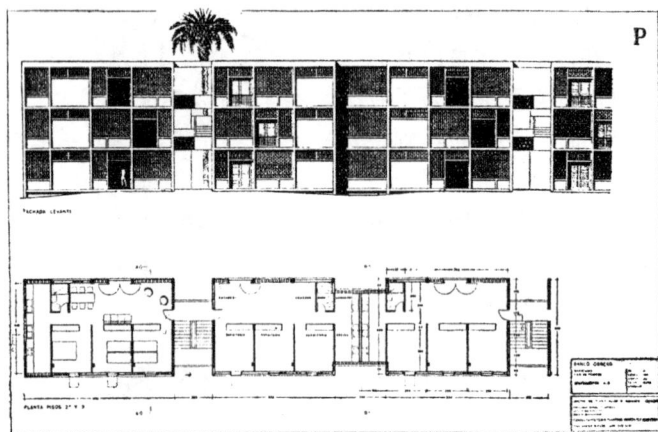

图 10-40

图 10-41

步……），即使这些厚度不能够直接被参观者所看到。模度同样应用于家具、设备，比如说为这栋房子特别设计的五金配件或者厨房电器。但是模度从来不会成为束缚，也不会强制。确切地说，它总是在事后才起作用，好像一种形式的解释和更正，或者说，是对量值和比例最后的调整。

所有图纸都建立在示意图1所展示的网格中。示意图2展示了如何通过这个网格得到首层平面。但是要记住这个网格并不是在研究平面前随意选择的。更确切地说，它是研究成果。这是关于内部组织，尺寸确定的合理性研究，是对逐渐摆脱这个网格的束缚的准备。

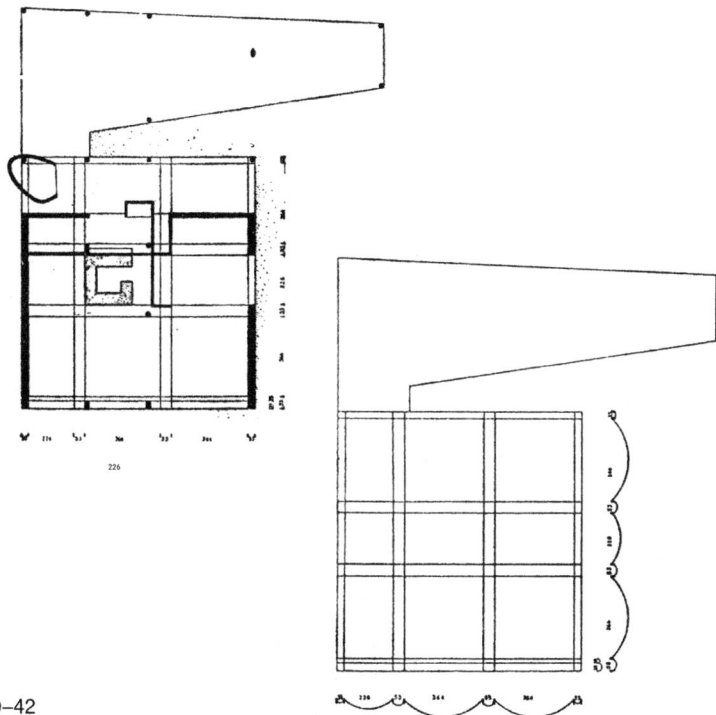

图 10-42

它的应用为定位和确定尺寸助了最后的一臂之力。

对于平面的研究从未将其与剖面和立面分离。对于这个网格的使用不应该是让人相信模度分别被应用于表面和二维尺度（平面、剖面、立面）。相反，它一直是在关注体积（三维）的情况下被应用的。因此，平面、剖面、立面以及网格本身并不只是抽象的垂直投影。

一个旁观者眼中的建筑学，他感受到空间，事物的深度，而且他是移动的，在观察的同时变换位置，因此可以看到展现在他面前和周围的建筑学 3 号草图表达了东立面，同时对高度进行了分割 = 吊顶下的高度为 2.26（分为 86 和 140）以及厚度为 33 的楼板。

总之，这些观察是有意义的：在没有一个预先想法的情况下，这些几乎就是被使用的蓝色系列中的唯一的量值。这种方式，在这里又一次只是作为研究后的验证结果，的确有可能比两个系列的量值的混合提供更多的单位元素"……（1954 年 9 月 27 日）（图 10-42、图 10-43）

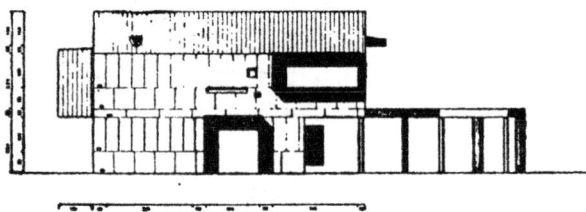

图 10-43

从个人来讲，我对这样的结论是如此不确定……我还不清楚……我只是在等待这个本质所显示的真理……我想到模度的红色和蓝色的螺旋线，使人消除疑虑并且令人鼓舞。我将非常担心把这个漂亮的螺旋形如此早地应用于大型建筑中！

在昌迪加尔，皮埃尔·让纳雷为负责旁遮普邦新首府项目（住宅、学校、医院……）实施的建筑师和规划师建立了一个以米和英尺——英寸为单位的模度值图表。但是第三列数字提供了更接近计算的砖的尺寸梯级；这种接近用于日常建设，差别是不重要的（参见之前与罗蒂尔的交流）。

这个图表的尺寸为 27 厘米乘以 43 厘米，工程师人手一个（图 10-44）。

**

纽约的斯塔莫·帕拉达基以论证为主题，提供了一个"荣誉大厅"体量的模度化比例的应用，这个大厅是在帕拉第奥数列 1、$\sqrt{\Phi}$、Φ 的基础上建立起来的。

在与帕拉达基的交流中所保留下来的是，第 4 页的编号 m36、m34、m32 等，它们预料到需要解决的问题之一：一个合理的编号有能力确定从微观测量发展到宏观测量的梯级，对于那些关系到建筑的短梯级，担心看起来也许是多余的（这个主题曾经在 201 页和 222 页有所提及）。

在昌迪加尔，皮埃尔·让纳雷曾经认为用字母和数字命名就足够了。缩短的模度值数列可以应用于住宅。我曾经担心会看到第一次使用计数的不稳定性和非科学性，以为会看到一个任意的转变，在切断梯级不可避免地朝向零和无穷的道路后，这些度量显得不够，然而却被看作是一项科学研究。

"到达昌迪加尔后，我给皮埃尔·让纳雷写道，我没有任何习惯使用英寸和英尺指挥我的建筑师小组在紧急的状态下完成图纸，我用字母取

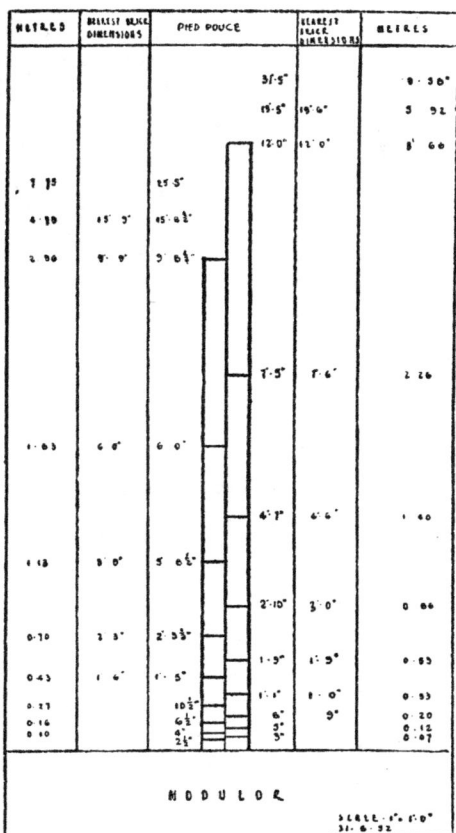

图 10-44

代了模度数字。利用
11 个字母的红色系列
和 11 个字母的蓝色系
列能够确定所有的模
度结构。因此，从 A
183（一个人的高度）
直到 H=6 厘米，从 A'
226（包含有一个人）
直到 H'=8 厘米。"

　　可是它通过三个其
他的字母补充：

红色	蓝色
M=7.75	M'=9.58
K=2.96	K'=3.66
L=4.79	L'=5.92

　　接下来，这个工
具在昌迪加尔被更正
为与 237 页的图表一
样的形式。

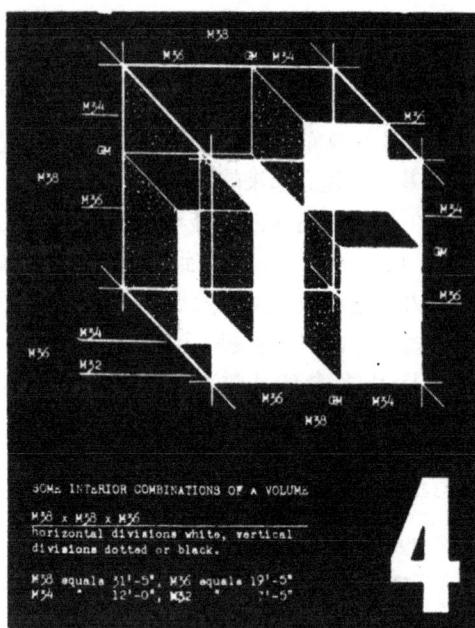

图 10-45

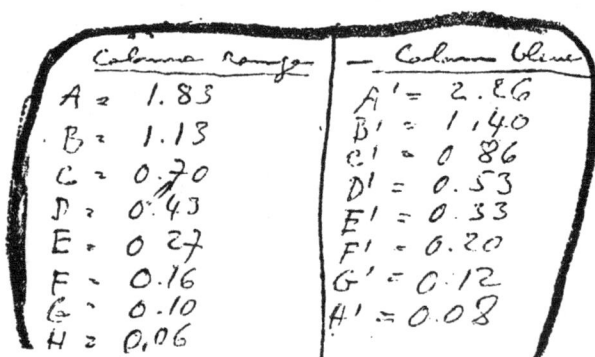

图 10-46

第十一章

分　歧

1940 年战败后，为了满足现代工业发展的需求，法国成立了标准化协会，召集了著名的工程师、建筑师、机械师……

我在那个时期完全没有被重视，因此并没在被召集之列。5 年之内，我没有建起过一立方米的房子，也没有做过一平方米的规划。1942 年，作为下级委员会历次会议的主持，我独立组建了建筑者委员会，一些下级委员会在自由工作的状态下为国家提供了作为基本常识的有用的书：《规划思考方法》、《人类三大聚居地规划》、《模度》。还有以下的几本书是建筑者委员会将要出版的：《居住的学问》、《规划与医学》。在同一时期，我个人出版了：《在四条路上》、《巴黎的命运》、《雅典宪章》、《与建筑系学生的对话》。

1920 年前后，共有我的 12 篇署名文章发表在《新精神》杂志上。在"居住系列"章节中，由于我把住宅叫做一个"居住的机器"而引起了大多数人的愤慨。这个概念的提出是为了工业化实践。在另外一个章节中，帕提农神庙与汽车一起被当作证据用来证明"标准化"的好处：效率、精华、预先标准化、艺术品。还有一个章节，致力于讲述设计草图中的基准线，也就是从 1920 年起，在建筑作品中提出的比例概念。

1925 年，在巴黎国际装饰艺术展中，"新精神馆"宣扬"它控制了建筑"。1848 年，作为国家经济顾问委员会成员（法国思想家的头衔），我收到了这封信：

主题：80 号信件

编号 N./Réf.：FM/Ir.N° 4421

顾问先生，

注意到您所做的工作，我们很高兴随信给您寄去《标准化通讯》的一期特刊，对于全民所感兴趣的标准化问题，这将是一份有用的资料，向公众宣传它的重要性。

请接受我最诚挚的问候。"

执行主席助理，

J·比尔莱先生

法国标准化委员会

23，Notre-Dame-Des-Victoires 大街，巴黎

1948 年 6 月 15 日

我于 1948 年 11 月 4 日给 J·比尔莱先生回了信：

编号 V/Réf.：FM/Ir.N° 4421

先生，

作为国家经济顾问委员会成员，我按时收到了您在 1948 年 6 月 15 日寄给我的信和所附的一期《标准化通讯》特刊。对于信中提及的问题，无论在理论还是在实践方面我都非常感兴趣。从 1920 年开始，在我的前几本书中，我对这个主题有所研究；同时，我也尝试在工地及事务所的项目中对其有所发展。我所得到的结论促使我建立了关于尺度的一个和谐数列。3 年以来，我一直在我的工地中对此进行实践。我完成了关于这个主题的《模度》的编写工作。

由于缺乏时间，我还没能与贵机构取得联系。晚些时候，如果您愿意，我可以把最后的成果寄给您一份。我相信总有一天我们会因为一个有趣的话题而相见。

请接受我最诚挚的问候。"

6 个月后，我给法国标准化协会的会长，同时也是重建经济委员会的会长卡科先生写了一封信：

卡科先生，

重建经济委员会会长

Montpensier 大街，巴黎

"亲爱的先生，

"回想起今天上午在经济顾问委员会前我们所提到的比例及测量标准的问题，以及一部分由法国标准化协会完成，另一部分由我的

小组成员完成的实施项目，对于我们之间建立起来的这种有意义的交流，我一定要向您表达我的喜悦之情。我从法国标准化协会收到一本特别有趣的小册子：《街上的人》，我立即产生了要给执行主席比尔莱先生写信的念头，希望有机会能够在主管人面前提及《模度》这本书。

'模度'这个概念，从 1942 年开始形成，花了 9 年的时间进行调整，并且，从 3 年前开始在我的所有项目中进行实践：建筑及规划项目，活版印刷，家具及住宅设施……它逐渐被其他建筑师所接受，那些建筑师同时又有自己的新发现；在南美，塞特和威纳先生（若泽－路易斯·塞特，国际现代建筑协会会长）在秘鲁和哥伦比亚的两个城市对'模度'进行了实践，从规划及建设图纸一直到建筑规范。

我有机会用模度来衡量以前的作品，在这些实践和不断的验证之后，去年我决定写一本与这个主题有关的书：《模度》，一本关于*人性尺度的和谐测量标准以及它在建筑学和机械学领域的广泛应用的评论*，以便更深入地探讨问题，避免无用的工作，并且能够了解在终点等待我们的会是什么样的结果。就是在 1948 年（12 月），数学家们给我提供了一个结论，我向您保证这是一个非常完美的结论。

我很愿意给您解释所有的来龙去脉；我想向您展示书里成百上千的插图（不太实用的方式），这本书将会以法语、英语、西班牙语出版，我也会非常高兴向您展示更好地解释那些推论的三维示意图，并且托付给您已经打印好的 140 页手写稿。

我厌恶一个人独霸舞台。我在力所能及的范围内致力于我的事务所的工作，但我认为如果'模度'这个问题能在世界大会上被提出来，将是非常有意义的，这也是今天上午您在我们的谈话中所提到的。1946 年，美国设计协会在其会议期间邀请我对'模度'这个概念进行演说，我在纽约市立博物馆的大报告厅作了演讲。同一天晚上，我被授予这个协会的会员资格。回来后，我继续专心地进行我的研究。

您的致电会让我感到欣喜；如果您莅临塞弗尔大街我的事务所参观，您将会看到 20 张关于'模度'应用的图纸。

向您致以最诚挚的问候。"

1949 年 4 月 6 日于巴黎

. . . .

我接到电话通知，说时机不太合适，况且错过了法国标准化协会的大会注册期限。

一年以后，《模度》出版了，1950 年 6 月 6 日我收到重建及城市规划部的建设部长克里塞尔先生的一封信：

"亲爱的先生，

在感谢您寄来的《模度》这本书之前，我很希望能够了解您已经为我们揭开一半面纱的所有秘密。我相信，当爱因斯坦在讲述您的发现：'这是难以带来坏处、易于带来好处的一系列比例'的时候，他已经说出了他所想的。

我尤其联想到建筑师，他们从来不是天生的艺术家，而那些工程师，计算总是给他们提供好几种解决办法。

但是为了保留所有质量和纯粹性，不言而喻，您的'模度'应该局限于两个数列，因为任何一个数字级数也许都可以在接下来的数字中被发现，而引出一个原始级数，比如说一个斐波那契级数与几个适当的数字相乘。

我的岳父卡科先生对您的这本书很感兴趣。

亲爱的先生，请接受我最热忱的，真挚的问候，并且对您的著作表示祝贺。"

重建及城市规划部
部长
克里塞尔
1950 年 6 月 6 日于巴黎

克里塞尔先生认定模度应该只限于两列级数，尽管有数不尽的数学级数应该被确定。我想顺便强调，"模度"具有决定性的实用价值之一就是与一个六英尺高的人直接关联。

*
**

我转载一篇发表在 ISOR 出版物上的报道，ISOR 是一个国际集团，在它的最近一次全体大会期间掌管法国标准化协会。读者评价这些观点无可争议地在与无秩序做斗争及产品组织上走在前沿：

"最近在纽约召开的国际标准化组织大会上，法国派出了由标准化协会会长、国际标准化组织会长阿尔伯特·卡科，总工程师、特派员皮埃尔·萨尔蒙，和法国标准化协会的执行主席让·比尔莱所领导的代表团。阿尔伯特·卡科先生作为国际标准化组织会长的三年任期将在年底前结束。他的接班人已经被指定。瑞典标准化组织的会长，哥德堡 SKF（SKF 为瑞典跨国集团，在轴承领域处于世界领先地位。——译者注）的技术经理希尔廷·特内布姆博士将担任 1953 年 1 月 1 日～1956 年 1 月 1 日的国际标准化组织的会长。

得益于大量代表们同时在纽约出席，许多技术委员会也通过大会聚集在一起。关于这些委员会的大量信息也汇集在纽约，同时包括与国际标准化组织的 76 个委员会的工作有关的基本资料。这些信息都可以向法国标准化协会进行咨询，巴黎（2 区），Notre-Dame-des-Victoires 街 23 号。"

**

1953 年，《预制》杂志开始在伦敦发行。编辑请我为他们的第一期杂志写些关于"模度"的摘要。

但是这期杂志中刊登了一篇叫做"社会模度"的文章。1953 年 4 月 1 日，我在伦敦接受英国女王授予的建筑"金奖"，一位学生交

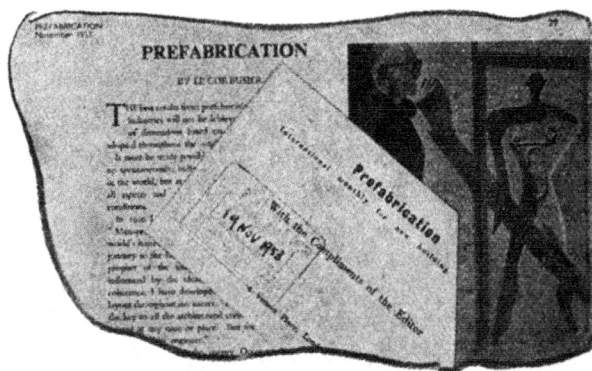

图 11-1

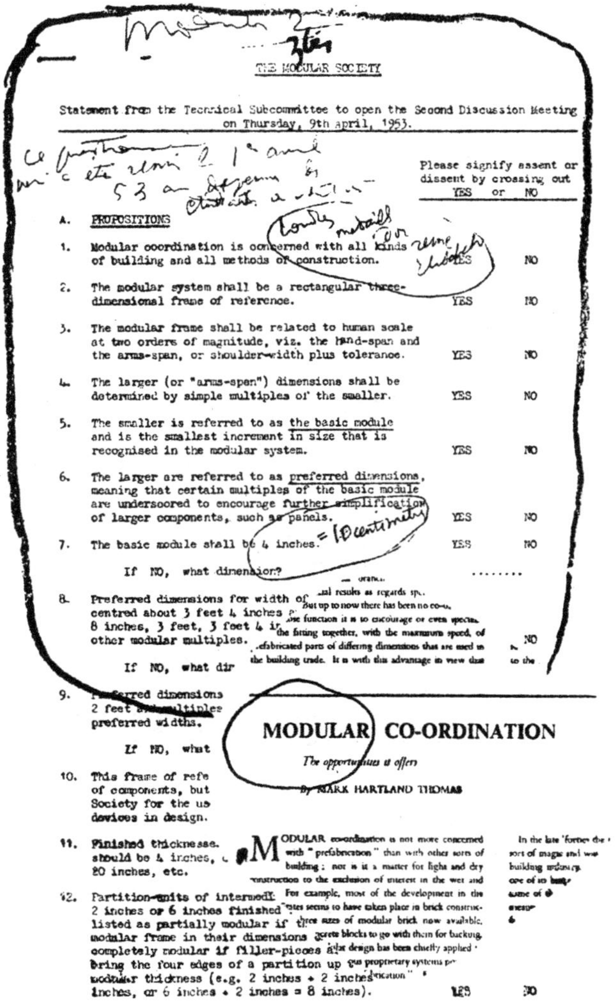

THE MODULAR SOCIETY

Statement from the Technical Subcommittee to open the Second Discussion Meeting on Thursday, 9th April, 1953.

Please signify assent or dissent by crossing out YES or NO

A. PROPOSITIONS

1. Modular coordination is concerned with all kinds of building and all methods of construction. YES NO

2. The modular system shall be a rectangular three-dimensional frame of reference. YES NO

3. The modular frame shall be related to human scale at two orders of magnitude, viz. the hand-span and the arms-span, or shoulder-width plus tolerance. YES NO

4. The larger (or "arms-span") dimensions shall be determined by simple multiples of the smaller. YES NO

5. The smaller is referred to as the basic module and is the smallest increment in size that is recognised in the modular system. YES NO

6. The larger are referred to as preferred dimensions, meaning that certain multiples of the basic module are underscored to encourage further simplification of larger components, such as panels. YES NO

7. The basic module shall be 4 inches. YES NO

If NO, what dimension? ....

8. Preferred dimensions for width of ... centred about 3 feet 4 inches ... 8 inches, 3 feet, 3 feet 4 i... other modular multiples. ... NO

If NO, what dir...

9. Preferred dimensions ... 2 feet ... multiples ... preferred widths.

If NO, what ...

10. This frame of refe... of components, but ... Society for the us... devices in design.

11. Finished thicknesse... should be 4 inches, ... 20 inches, etc.

12. Partition-units of intermedi... 2 inches or 6 inches finished ... listed as partially modular if th... modular frame in their dimensions ... completely modular if filler-pieces a... bring the four edges of a partition up ... modular thickness (e.g. 2 inches + 2 inches ... inches, or 6 inches + 2 inches = 8 inches). YES NO

MODULAR CO-ORDINATION

The opportunities it offers

By MARK HARTLAND THOMAS

图 11-2

给我两页油印的《社会模度》(The Modular Society)，内容是关于一项调查以确定基本的英尺及英寸的尺度标准。

几个月以后，借助国际建协在里斯本代表大会投票表决的机会，并且在联合国教科文组织的关于确定一个应用于建筑的基本模度的号召下，这个主题又出现在《预制》杂志中。这个基本模度是 4 英寸，等同于 10 厘米，是一个无限增长的梯级。

图 11-2 续

我并不想在这里展开讨论。但以下几点的提出是很有趣味的：

1. 提出标准化方法的愿望。

2. 一个国际化协议的必要性。

3. 在紧急或者是应时的借口下，专制地采用了一个贫乏的标准化，这种做法将会关上想象（创造）的大门。也就是说，相反，将发现和宣称实践技术的普通特性最终与精神上的无限特性相提并论。我们没有权力用一个类似保险栓的机关如此仓促地阻止一些事情，并且如此轻率地求助于国际机构。

我想补充的是，如果这个手段的始作俑者们没有叫嚣他们重新组合了"模度"（和"社会模度"）这个词，也许他们会得到更多的尊敬。这个词与"模度"的确太接近了。我一直厌恶混乱无序，也对模棱两可极其反感。

现代世界被"民主的"法规限制在老虎钳里，是折中和错误评价标准的发源地，简单地并且彻底地妨碍"把事情做好"。对此我深有感触，在马赛（马赛公寓）的实施项目中所有超出制度法规的做法都需要借助于一个英明的特许才有可能在那么多的风波中坚持下来！

· ·

至此，这本书的第四篇就完成了。话语权交给了实践者。

如同 1948 年我在第四篇评论中所做的，在第五篇，我将试图提出一个概念，这并不是一个数学原理，而是这个关于生命力的基础概念："模度，在建筑学和机械学中应用广泛的实用工具，清理一下想象的道路"。

第五篇

工　具

第十二章
思　考

第一节　远离禁忌

1951 年 9 月 27 ~ 29 日的第九届米兰三年展标示了一个历史性事件：《神圣比例》、《关于比例艺术的第一次国际会议》。举例来说，这个历史事件可以等同于：提到一个火车站，这个车站一头连接着通往别处的支线，另一头连接着车库。

米兰的三年展促使我展开这本书的第二部分：《工具》。

无视我的反对，在最后一刻我收到展览组委会主席的威胁性邀请而不得不参加他们的展览。

伦敦的维特科尔教授在他的报告中着重指出，正方形在比例应用中是一个基础

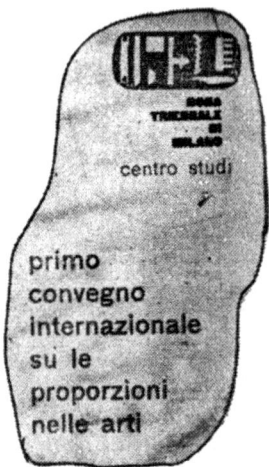

图 12-1

元素。许多中世纪的艺术家都加倍使用（两个正方形）。直到现在，欧洲的关于比例的概念都与毕达哥拉斯、柏拉图的传统相关联。这个传统介绍了一个双重观点：它由数字比例组成（一系列希腊音阶的和谐间隔：1re，2^{e}，3^{e}，4^{e}），并且在数字几何图形上是完美的：等边三角形、长方形、等腰三角形、正方形、五边形（有五个边的正多边形）……今天，是非欧氏几何学和第四维时代，时间和空间的概念尤其与过去的几个世纪有所不同……这次会议期间的论题也许能够帮助人们看到一个新观点下的问题。

苏黎世—波士顿的教授西格弗里德·吉迪翁：

"……19 世纪的状态：'部分开始统治整体'（尼采，1884）……

```
NONA                "DE DIVINA PROPORTIONE"
TRIENNALE           PRIMO CONVEGNO INTERNAZIONALE
  DI                SULLE PROPORZIONI NELLE ARTI
 MILANO

centro studi        27-28-29 settembre 1951

Relazioni e comunicazioni fino ad oggi pervenuteci

RELATORI UFFICIALI:

1° giornata.

Prof.Rudolf Wittkower    Finalità del Convegno.
                         Alcuni aspetti delle proporzioni
                         nel Medio Evo e nel Rinascimento

Prof.Matila Ghyka:       Symetrie pentagonale et Section
                         Dorée dans la Morfologie desor-
                         ganismes vivants.

Prof.James Ackermann:    Le proporzioni architettoniche
                         gotiche.Milano,1400

Mr.Funck-Wellet:         La Proportione Divine dans la
                         peinture de la Renaissance ita-
                         lienne.

2° giornata.

Prof.Andreas Speiser:    Proporzioni e Gruppi.

Prof.Hans Kayser.        Harmonie Plantarum.

Prof.Siegfrid Giedion:   The Parts and the Whole in con-
                         temporary Art and Architecture

Prof.Ing.Pier Luigi Nervi:Le Proporzioni nella Tecnica(Gli
                         equilibri statici quali fattori
                         determinanti di proporzioni archi
                         tettoniche.)

Arch.Ernesto N.Rogers:   Misura e grandezza.

Le Corbusier.            Le Modulor.

3° giornata:

Arch.Max Bill:           L'idea nello spazio.

Pittore Gino Severini:   Rapporti armonici antichi e arte
                         moderna.

Pittore G.Vantongerloo:  Proporzioni e simmetria.
```

图 12-2

　　黄金分割规律似乎一成不变地贯穿于人类历史中（史前的洞穴岩画）。在不同的时期，黄金分割率都被以不同的方式加以应用。

　　与过去静止的比例关系相比，我们趋向于一个更生动的比例概念。例如：'维特鲁威人'与柯布西耶胳膊抬起的人的表现形式存在着非常重要的不同之处……

　　来自美洲的美国人向我们发出警告说，在我们的时代，如果我们没有能力实现标准化进程以便使不同元素的尺寸与人建立联系，并且把它们应用于所有领域，那么混沌将是不可避免的……"

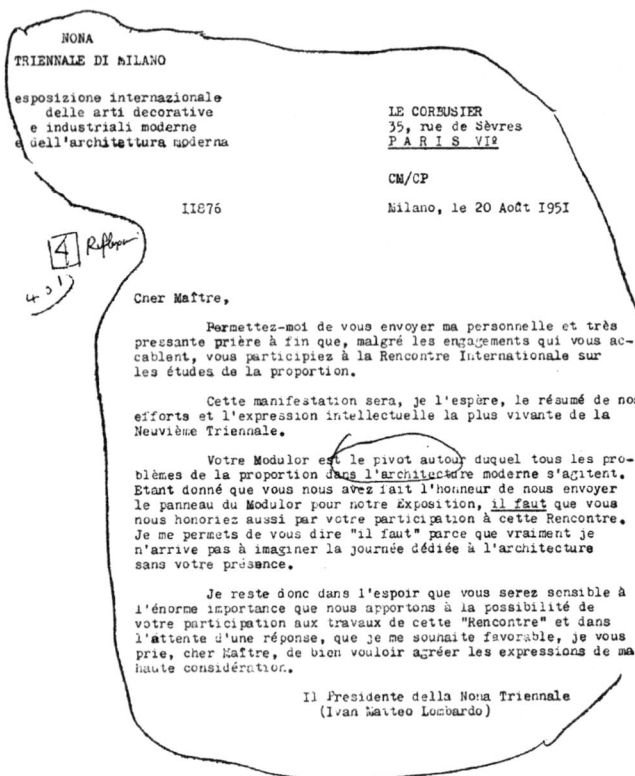

NONA
TRIENNALE DI MILANO

esposizione internazionale
delle arti decorative
e industriali moderne
e dell'architettura moderna

LE CORBUSIER
35, rue de Sèvres
PARIS VI?

CM/CP

11876   Milano, le 20 Août 1951

Cher Maître,

　　Permettez-moi de vous envoyer ma personnelle et très
pressante prière à fin que, malgré les engagements qui vous ac-
cablent, vous participiez à la Rencontre Internationale sur
les études de la proportion.

　　Cette manifestation sera, je l'espère, le résumé de nos
efforts et l'expression intellectuelle la plus vivante de la
Neuvième Triennale.

　　Votre Modulor est le pivot autour duquel tous les pro-
blèmes de la proportion dans l'architecture moderne s'agitent.
Etant donné que vous nous avez fait l'honneur de nous envoyer
le panneau du Modulor pour notre Exposition, il faut que vous
nous honoriez aussi par votre participation à cette Rencontre.
Je me permets de vous dire "il faut" parce que vraiment je
n'arrive pas à imaginer la journée dédiée à l'architecture
sans votre présence.

　　Je reste donc dans l'espoir que vous serez sensible à
l'énorme importance que nous apportons à la possibilité de
votre participation aux travaux de cette "Rencontre" et dans
l'attente d'une réponse, que je me souhaite favorable, je vous
prie, cher Maître, de bien vouloir agréer les expressions de ma
haute considération.

　　　　　　Il Presidente della Nona Triennale
　　　　　　　　(Ivan Matteo Lombardo)

图 12-3

　　马蒂利亚·吉卡提起五边形的对称。五边形、十二边形和黄
金分割比。120°和它的约数：60°和90°属于结晶体……6000个玻
璃结晶都是六边形的。五边形，五朵花瓣的花，黄金分割比，五边
形的对称，百合花，阿福花……六：犹太人、公正……五：毕达
哥拉斯、爱、健康、生活……帕乔拉把黄金分割比应用在十二面体
中……海胆的口：五边形。贝壳：对数曲线，黄金分割比……黄金
数列：几何学越来越多地被应用。斐波那契数列……斐波那契的植
物学。毕达哥拉斯的直觉，柏拉图和帕乔利推理出了相同的结论……
爱因斯坦、布罗伊和莱奥纳多·达芬奇的主要观点……………………
　　我们听到一些有争议的词和被禁止的名词！
　　很自然，先知们和诠释者，他们带来大量有争议的词汇（以及禁
忌的词汇），如同泥瓦匠、水泥工、锁匠与建筑师一起建造房子一样自然！

但是看一下汉斯·凯泽博士以及他的关于世界上的声音的学说《和谐》。

题外话：（我也许应该像我的母亲和我的音乐家兄弟一样，一直研究、征服音乐，但是外渗，支撑，在噪声之外，在平静的内部，——愉悦——溢出——胀满——"真福"，如果你愿意。）

凯泽宣称："和谐是一个*相对的*学说（避开那些国际会议上难以理解的多语种翻译，我们可以觉察到汉斯·凯泽博士的思想）：目前的社会处于集产主义严酷的命运之前，而且越来越受到被浸没的威胁。在它的专业性，面对社会的责任和义务，以及不断增长、完全阻碍了安静思考的可能性的那些困难中，个体完全消失殆尽。在我们这个时代震耳欲聋的喧嚣声中，如果我们想避免反个人主义的灾害将人性完全沉浸于白蚁的生活中，那么现在是反对那些强大的平衡力量的时候了。平衡力量之一可以是安静地工作，远离纠缠，没有对外界的憧憬：从容地研究。一个小工作室、一张桌子、一把椅子再加上一把握在手中的单弦琴，我们就可以沉浸在"音阶"的问题，以及关于图解和表格的冥想之中，空气中充斥着几乎难以察觉的轻盈音符、旋律、和弦和节奏。那些门外汉成为没有记录的一段曲子的作曲者，同我们所回想起来的现代音乐的主要部分相比，这只不过是一个非常明显的时代错误。

这就是为什么和谐……是希望彼此了解的愿望，并且深刻地感知蕴含在一切事物中的真实和本质。任何一个类型的人都可以自由地呼吸健康纯净的空气；他说人性、宽容和尊敬是可以通过努力获得的三个伟大的胜利。"

在四处蔓延的混乱中，凯泽给人类提供了庇护所。在这个方向，这块土地上，我们远离禁忌又一次很幸运地成为人。

命名了一个继续在艺术领域进行比例研究的组委会后，代表大会就结束了。

· ·

1951年米兰的三年展，《神圣比例》，对黄金分割比的赞美，人类古老的思考途径……毕达哥拉斯……

勒·利奥奈兹先生曾经给我写信：

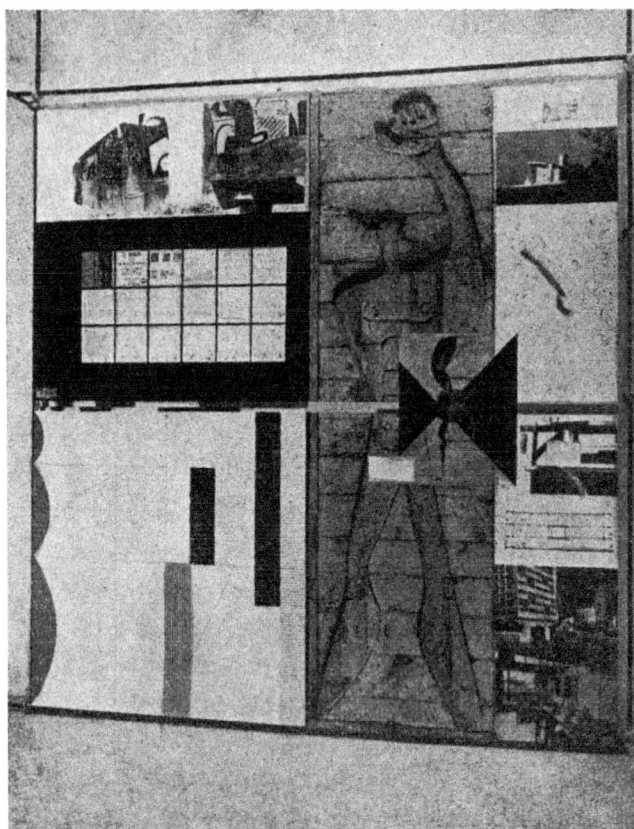

图 12-4

　　"根据技术图纸，我认为黄金数列并没有表达非凡的或者享有特权的一个特殊概念……（参见前面的 164 和 165 页），补充：

　　在某些情况下，如果忠于程式的话，对这种模式的任意运用可以表现出大的进展，因为它已成为选择和秩序的原则……"

　　在我们这里所讨论的问题中，专制看起来并不是如此的明目张胆，也没有享有特权。在现代数学中黄金分割比的公式被看作一个平庸的思想是无关紧要的！

　　唉！平庸也许可以定义为那些与再发现有关的问题，也就是说与"真实的人"和谐共处而不是那些外星人或者思辨的人。这里提出的问题是建设城市、房屋、附属设施，因此人是拥有者、操作者、使用者。然而，在他的身体和肢体的尺寸中，也就是说在日常生活中，空间占用的决定性原因中，人来源于函数 Φ。

他的才智并不符合所有领域的要求，对此我们深信不疑。而且，我知道利奥奈兹先生在艺术领域是个大行家，因此在这里我不跟他做任何争吵。

在这本小书中，我们不断重复我们不研究有创造性的现象，而是创造性思想可能的物质载体之一。

第二节　在坚实的土地上

两个新词：

"构造性"，

"可视的声学"。

（如果你们的心情很差，也可以把它叫做：疯人院！）

确切地讲，我们已经来到坚实的土地上，那些在讨论中最现实的对象，也是感觉中最崇高的部分。

构造性是模度的直接产品，它通过面积和深度（也就是体积）和谐地确定尺寸。通过应用（请你们称之为盲人），他自动地得出模度的一系列表格（我们已经看到这个表格是个毫不炫耀的工具，非常谦虚）。

所有来源于其他本质的都是创造，也就是说富含诗意的灵感所产生的煽动行为：造型事件。我说：重要事件。将来也许产生或者不会产生重大事件。这个充满激情的结局将是一个性质的表现，它将由一个发明家所给予；这个性质，这种姿态，这种高度是只看一眼就可以领会的，来源于

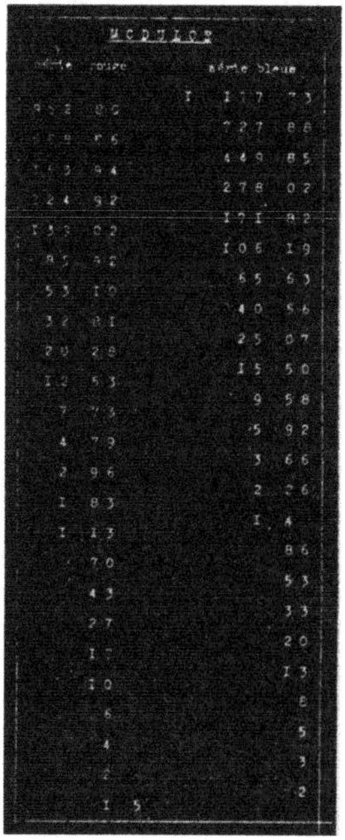

图 12-5

一个视觉现象。这种感情的内在因素是一个和谐的和音，在这里所表现的是一些音乐术语，它们被借用来表达与其有关的概念。

为了认清一个在实体领域声学现象的存在，并不需要成为一个禁忌词汇的行家，却要成为一个对天下事务都敏感的艺术家。是耳朵可以"看到"比例关系。我们可以"听到"视觉上的比例关系。我认为艺术家的乐器能够以这种方式进行评价，这是人性本身的平衡：它能够感知。

正是这里所提到并且转归到人性的感觉的能力成就了塞尚、1914年前的立体派大师，以及蒙特里安般的"僧侣"（在他生命的30年中），成音度标明了顶点，但不只是感觉和专心致志的顶点，而是愿望的、启示精神的、精确度的顶点，是诗歌唯一有效的载体，因为它把思想的源头置于最高点。

说到蒙特里安，正如他在这个材料泛滥时期所坚持的，纯粹正是技术进步所付出的、不可避免的代价。

在坚实的土地上，又一次，游移于无限空间中的问题包含在艺术这个词中，艺术是一种"做法"，由此，所有存在都是从物质到精神的完全展现，或者说为了在我们眼前呈现，彩虹的两端会落在大地上，在天空中，这是一个不可言喻的奇迹。它指引我们朝向一个词，这个词来源于文明深处，能够承载我们的愿望：对称，它揭示了存在于两个概念中不可限制的关系，每个概念都超出了它通俗的词义，而且一个相对于另一个的位置是先天不可预料的、出乎意料的、令人惊讶的、令人陶醉的。诗意！

**

干扰

观察！看看这些印版所展示的"Zip-a-tone"（Zip-a-tone。丝网印刷行业的注册商标之一，目前已不使用。——译者注）三个样品的丝网，它们重叠在一起，呈现出天然的波纹图像，这些当然起源于数学。我既不是几何学家，也不是数学家，我不是为了提供解说的画家，自我满足于对现象的观察。

"Zip-a-tone"是应用于绘画，照相制版和公共广告的一种新产品，是在透明玻璃纸上印上不同形式的黑色网纹（图12-6）。在这里，第一幅丝网图是有规律的点，第二幅是有规律的条纹（图12-7），第

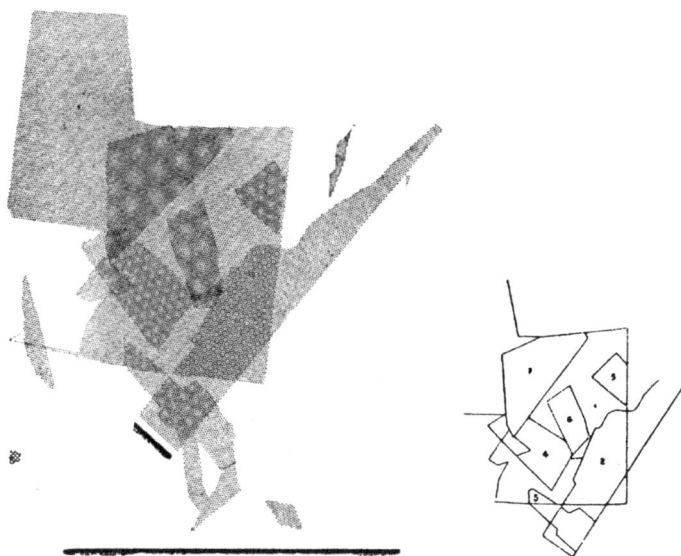

图 12-6

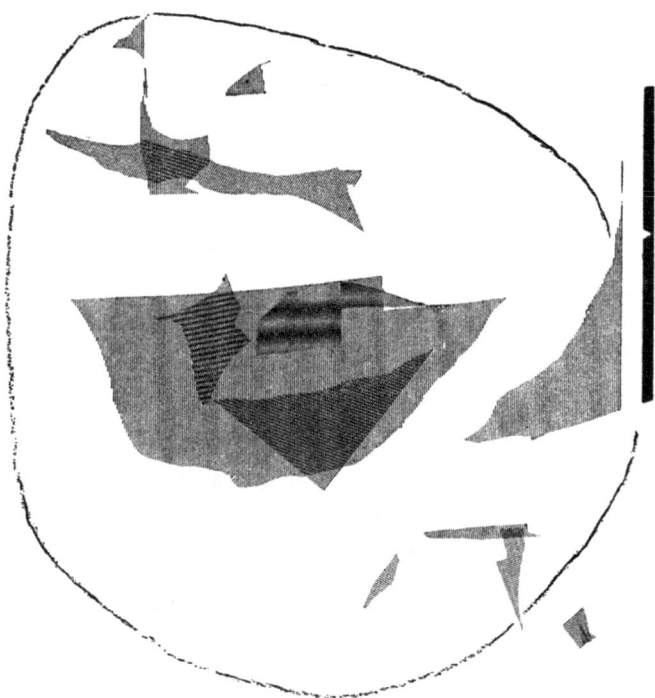

图 12-7

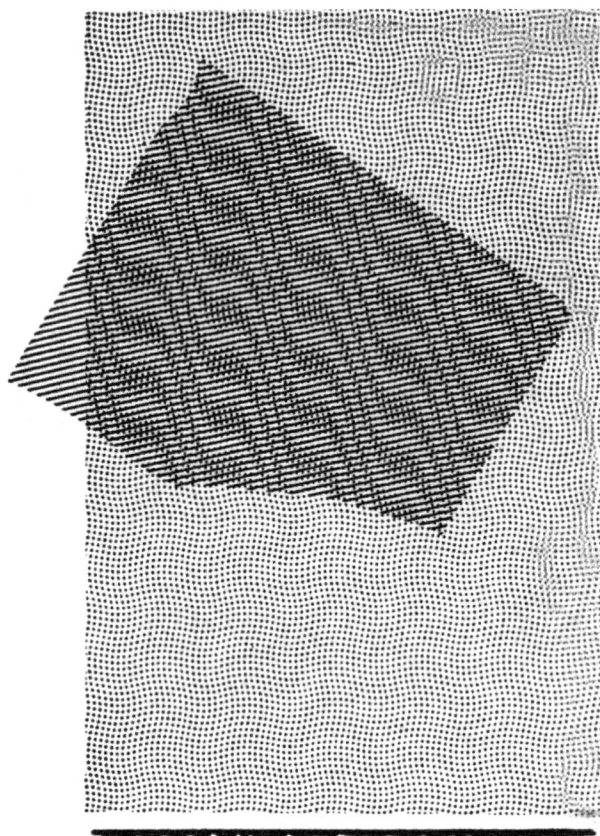

图 12-8

三幅是点跟条纹的结合（图 12-8）。为了进行我所建议的这个游戏（有点出乎意料），只要把你们手里的"Zip-a-tone"的第一幅丝网图，与另一片相同的重合，然后从左到右或者按照相反方向做非常细微的转动，在少于一刻钟的旋转时间里，我们就可以发现 7 幅不同的六边形图案。这些都发生在你们的眼皮底下：在一秒钟内，您已经看到一个激动人心的几何现象的诞生和发展。但是，如果在旋转过程中，您没有在合适的阶段停止，这些几何形状是不存在的；您仍然在门前逗留，处在一种不稳定的状态中！

这个干扰现象同时也揭露出完美中的瑕疵。所有这些取决于您或者您的阅读情况或者是您的疏忽或者一个微不足道的物体位移。

世界的丰富性恰好存在于这些确切的细微差异中，这也是庸人所忽略的，因为他在想象那些精彩的、喧嚣的、激烈的……只是经常出现于特权领域的事务，而对简朴无动于衷……观察就已足够！……

**

　　通过这个光学现象，委员会负责继续《神圣比例》在米兰已经开始的研究。

　　讨论了委员会存在的缘由和那些应该开始着手进行的工作的性质。委员会自认为处于一个取舍之前：或者继续第一届神圣比例代表大会已经开展的工作，加强其在科学领域的发展，使其越来越接近科学，同时脱离保留给艺术本身最直接的工作。或者，放弃对过去所作研究的重视，放弃科学的注释，使其向相反的方向发展，到达这种研究等级所能达到的目标，这些目标将给现代社会带来和谐。如果委员会保留《神圣比例》纯粹简洁的主题，就会发现与文艺复兴时期作品的特殊联系。委员会的成员出席了1952年9月的米兰会议，他们承认最好还是保持距离。

　　力求了解"这是什么意思？"委员会能够承认对现代社会所提出的问题是超出所有和谐问题的。现代社会拥有着不可思议的丰富资源，在前进的道路上能够不断扩张、繁荣昌盛并且带来无限的利润；正相反，现代的没有秩序的进步，甚至可以说成是杂乱无章的，这是一个巨大的混乱，是一些事务相对于另一些事物不协调的有毒的水果：人的不协调，相对于他们自己的发明创造，相对于他的工作，相对于他的私人日常生活或者集体生活。组委会重新征集了一个主题用来替换掉《神圣比例》。这个主题被称作"对称"。今天所采用的对称这个词来源于现代的前卫思想，包含着两种目的：放弃对根深蒂固的学院派所支持的平等的虚假接受；相反，以对称这个词"平衡"的原意，也就是比例本身取代"对称"这个词。对委员会来说"比例"这个词过于物质化，与测量、计算尺寸、严格的客观的报告相联系。"和谐"这个词能够在一定范围内展开讨论，这些范围确切地说也是我们应该提出的。我们认为目前的学科都很不幸地孤立着，自成一体，自圆其说。每次都是通过它们特殊的发展作用策动进步，让他们共存是非常必要的。适应当代繁重劳动的某种个体能够把它们推向统一。因此组委会认为在这个发展方向上将会有所收益，也提出了下一次会议的主题"和谐"。已经考虑好在意大利历史城市锡耶纳召开，组织者已经提出关于第二届大会令人感兴趣的提议。

所做的这些，让我们自己感觉是处在坚实的土地上。

第三节　无所不见的人，却能够忍受内心的失明……

"无所不见的人，却能够容忍内心的失明……
为了他们，我找到了数字，这是最纯粹的发明。"
——《被缚的普鲁米修斯》
（埃斯库罗斯）

1947～1953年，在我旅游期间，在清静的飞机上或者旅馆的房间里，《直角的诗篇》被绘画、书写。数字人找到了位置。

在《B2.精神》中所提出的诗的七要素之一，模度是成问题的。为了能够像其他每个主题一样被承认，我们有责任在一个有效的秩序中构筑分隔（图12-9和图12-10）：

**
*

数字决定了人类的居所。它建了一座居住的庙宇，"家庭的庙宇"。但是仍然与工作的、教育的、宗教的空间没有任何的隔断与区别。是毗邻的并且延续的状态。它不会是由于虚弱或者贫困导致的临时性问题，在增长过快和我们对便宜的生活空间的迫切需求的借口之下，简化是不会有效果的。这里的妥协是非常可怕的！哎，它只是一个日常的行为！用明白易懂的语言来说，我的抱怨意味着工程师要大叫了：停止！在时间紧迫和价格便宜的原因下，建筑师保持着更长时间的注意力轮班工作，提出并且指定一个完整的解决方案。工程师和建筑师的道路在很长一段都是有交集的。但是，工程师应该突然停下说："从现在开始，禁止到我的领地里来。"工程师

A 身份
B 精神
C 肉体
D 融合
E 特点
F 技巧
G 直角

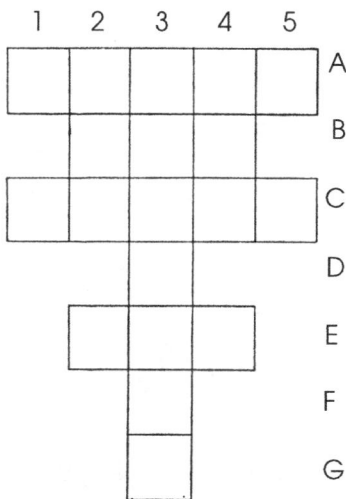

两页 B2- 精神

图 12-9

两页 A3—身份

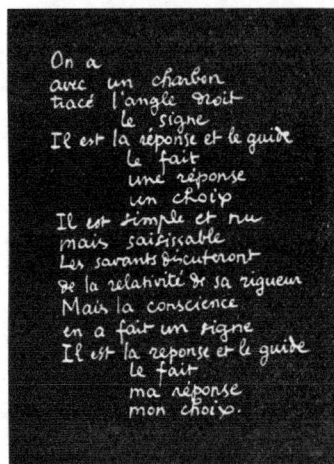

两页 G3—直角

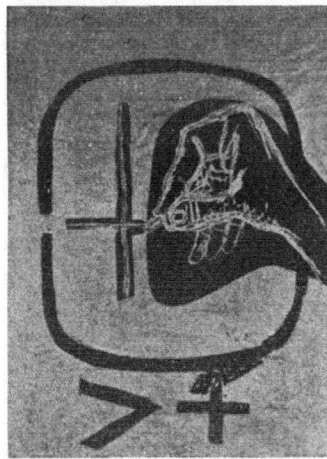

图 12-10

图 12-11

和建筑师注定应该坚持不懈地、高效率地共同工作。驱赶虚荣心！
专心于现实之中！

**

　　在这个明确的观点下，所有模棱两可的、缺乏创意的都会被驱赶，
这个朴实的明信片来源于阿卡雄湖，在我们的工作面前：没有一句话，
没有奢望，没有讨论，那些渔民已经盖好了自己的房子，挖了运河，
装备了船，种了树，贡献出一曲完全的质朴的人性尺度的交响乐。
这就是建筑学的桃花源（图 12-11）！

**

　　"在法国，有 40 万户住房需要建设……"
　　住宅问题是当代经济中必须解决的基本问题之一。在所有大陆，
它用同样的动机鼓动着人们的活跃神经。道路已经敞开，要耐心地
全部走完。诗人并不咬文嚼字；这是布莱兹·桑德拉尔的一张亲笔
写的明信片，星期一（？）（邮戳的时间是 1950 年 7 月 25 日）：
　　"亲爱的老朋友，谢谢你题了字的小说，但是我才不在乎你的模
度，既然我们在世界上连个住处都找不到。握手。"

　　　　　　　　　　　　　　　　　　　　——布莱兹·桑德拉尔
　　背面："你是那种相信他乱讲的人。"

***

批评的人应该至少提出一个取而代之的解决办法。在此期间是"被批判的人"提出建议：

……"通向未来的一条引导线。

这次交流的目标尤其是为了能在建筑工业中建立一套新的词汇集，是'专业术语'的那些。这种类型的技术人员置身于室外或者测量员的身边，在工作中依据模度绘制他们的平面，与建筑师紧密配合。'术语者'把平面分解成各种类型的元素：木、铁、不同的材料……拥有关于不同领域（手工业、作坊、手工工场、工厂……）的

图 12-12

法律能力的参考。他有能力根据'专业术语表'分配这些委托。良好的组合同时也能够指导建设，在现场或者工地拼装在高效率的工厂已经预制好的构件。

一个和谐的、人性的、数学的度量标准（模度）能够带来安全性，那些根据相似方法得到的比例在行业秘密或者建设者的习惯中是得到确认的，丰富的组合（多样的、具有细微差别的、对比的……）。简化方法吸引人的地方在于对材料的节约，尤其是从此以后对生产的组织。

剩下的就是要看看对面的东西，我们还没有建立住宅的科学。

这并不是一个关于无赖、强盗的故事，但也许在技术施工和普遍经济上来说是建筑的下一步。对于那些被叫做'建筑师'的人来说，

这意味着一项效率的革命以及对材料的深刻认知……

在法国，颁发建筑师学位的高等学院从来没有在他们的教学计划中加入关于住宅问题的内容。很自然需要准备技术师完成这些任务（40 万户住房需要建设）。这些技术师将会是建筑师、造型师、设备师、机械师、优生学家；他们所有的努力都将集中于家庭、男人、女人、孩子。从'户'（住宅）到整个城市以及土地占有，没有中断而且每个事物与其他的都是相对的。在住宅的实现过程中，在相邻工业和相关技术间的联系将是非常稳固的。所有现代化集团的制造商都可以参与到有价值的竞争中。

国家经济以后就可以享受到在马赛建立的研究室的研究成果。

马赛公寓建立了 26 个公共服务部门，使家庭妇女从家务的束缚中解放出来，以便有更多的时间培养孩子。妇女们在这个具有现实意义的项目中拥有一席之地。她们可以建立真正的计划并且能够将其付诸实践。建筑师的使命就是解决住宅中的所有这些问题。建筑学不再是与我们所这里所等待的相符的真实主题；需要扩展我们的职业，需要经常地处于现实的对面：工作室、工厂、工地。那些在这个领域拥有足够学识的人才能从*住宅领域毕业*并且有权利建设和配置。

目前，现行的文凭对上文所提到的能力造成了一种阻碍。为了获得官方文凭所要具有的才智并不能自然地导致对于人类在其住宅中的舒适度的关心。"

（1948 年 11 月　登载于《焦点》杂志）

· ·

根据专业术语可能有时可以令人十分满意地（有时候是个无底洞）区别（完全自然地、没必要改变地）"工程师"才智和"建筑师"才智。

**

康拉德·瓦克斯曼的来信，芝加哥，1950 年 1 月：

"今天很高兴地通知您，1947 年秋天我们在圣日耳曼一家小酒馆讨论过的一个项目已经建成了。芝加哥伊利诺伊工业学院在房屋建设现代化方法这个领域给我提供了一个研究职位，也就是在老一套之外的关于建筑工业化的研究，同时包括对机械的研究：设备、电子、

暖气……我的角色在于在年轻的建筑
师的建筑工业化和成果方面对他们进
行训练。您知道这将是一项庞大的计
划，实现它要花很多年的时间，在等
到可见的结果之前需要付出巨大的努
力。我已经确定与 L.I.T. 科学实验室
的合作，我们已经采纳一项计划，它
不只包括新方法的研究，同时也包括
对新材料的研究。

　　我匆忙地向您讲述这些，因为我
知道您也一样，被这样一个学院的必
要性和益处所说服。从一开始，我们
就有个信念，不要把工作局限于美国

图 12-13

而是在国际合作的基础上。我们希望成立一个顾问委员会，由那些
有能力的人组成，他们不仅在与我们讨论的问题有关联的领域能够
胜任，同时精通'纯科学'比如物理、化学、数学……冒昧地希望
您不会放弃您的竞赛？……"

　　芬兰人刚刚在 1954 年第一期的杂志《Arkkitekti Arkitekten》
发表了一篇用立方体构想的可居住空间的通讯。

　　我不懂芬兰语，但是图画是很有表现力的。也就是说可居住空间
服从于一个模度单元，有可能进行各种各样的组合。这个单元是一个
立方体，尺寸大约是 2.50 米 ×2.50 米 ×2.5 米，也就是说，一个空
间足够的容器能够自在地摆放生活必需品：床、桌子、厨房用具……

　　但是我发现了一个更深入地解释这个系统的法语文章：

　　"1943 年第 7 期的《Arkkitekti Arkitekten》杂志刊登了几个
月前芬兰建筑师协会的成员参加的竞赛的结果。竞赛的题目——一
个没有孩子的建筑师家庭的夏季住宅——包含可扩展的居住空间（在
以后几年中可以不断扩建）。

　　幸好有《Suomen Kulttuurirahasto》，我才有机会重新拾起这
个主题并且在 1946 ～ 1948 年间加以发展（是布卢姆斯泰特先生在
说话）。以我的观点来看，这里，不管标准化和工业化进程，一条路
之一就是要与居民讨论他所被要求的人性。

在上一页所介绍的，逐渐切割一个正方体的示意图——持续的
分隔可以得到 8 个越来越小的新立方体（或者把它们的重新组合会
得到越来越大的立方体）——形成目前研究的对象之一。数学公式
是 8^n，n 是一个带有 + 符号或者——符号的整数。分割的简单原
理为某些普遍系统提供了用建筑学度量的可能性［如果我们在基本
度量上能够取得一致：1 厘米（然后是一个系列 2、4、8、16、32、
64……）它能够作为算术和技术研究的基础数据］。

这篇报告的作者先行感谢那些对阐明这个问题作出贡献的人。
直到现在我仍在辅助建筑师（保罗·贝尔努耶－韦斯特和凯约·佩
泰耶）的研究工作。"

奥利斯·布卢姆斯泰特

组合在陈列过程中不断增加（图 12-14），1947 ～ 1948 年加入
了新的部分，另外一篇法语文章又提供了一些信息：

"工业系列化在节约方面的好处是显而易见的。但是似乎在住宅
建造构件的工业化生产与计划的复杂性、不确定性、多样性之间存
在矛盾。

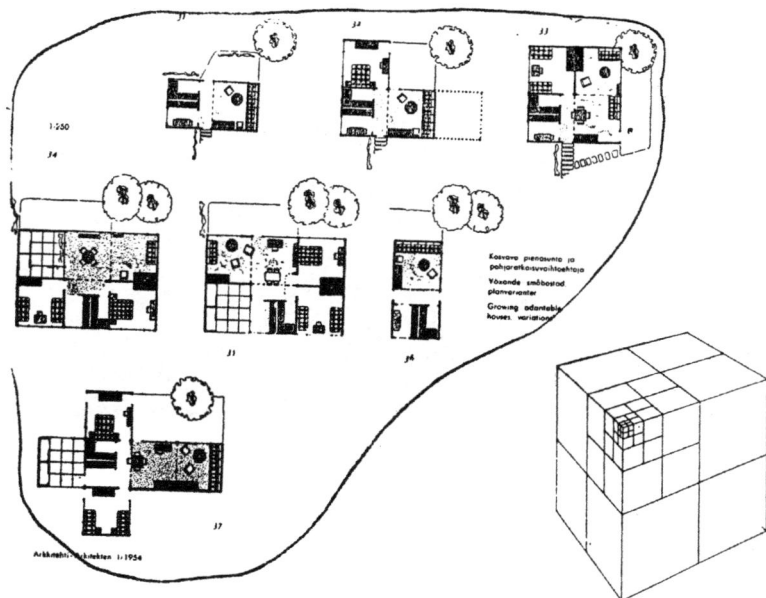

图 12-14

将人类的居住行为标准化是不可能的（也将是不幸的）。

相反，当预制构件是相同的时候，系列化生产才是有利的。

系列工业化怎样才能应用于住宅产品中呢？

如同在算术中寻找两个数字的公分母一样，需要在系列化生产和人类居住形式中找到公分母。根据工业是人类所创造的这个简单的事实，这个公分母是存在的。

目前的研究表明工业化生产理论和住宅理论幸运地能够在实践中结合在一起——这个几何学的有创造性的系统，'一个严格的空间'（红色的棱镜），适应于工业化生产，并且同时满足住宅的所有需求。

关于这个主题，我们已经进行了许多讨论：'弹性的标准化'，但是为了生活能够保全它的自由和灵活性，标准化应该如同它的名字一样被确切地接受，保持严格。"

奥利斯·布卢姆斯泰特

*
**

在一本芬兰杂志上，这篇报告立即跟随着另外一项研究：《ROQ》和《ROB》（我们已经得到的专利 226×226×226，我们其他人，在1950 年 12 月 15 日）（图 12-15）。

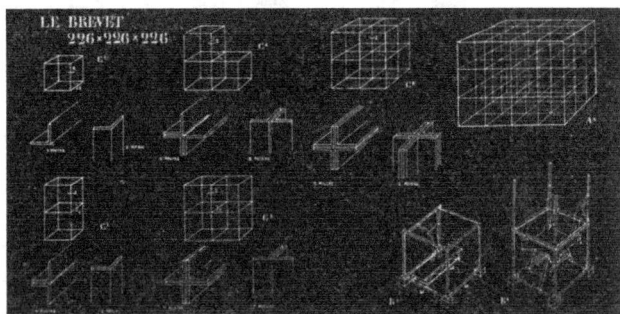

图 12-15

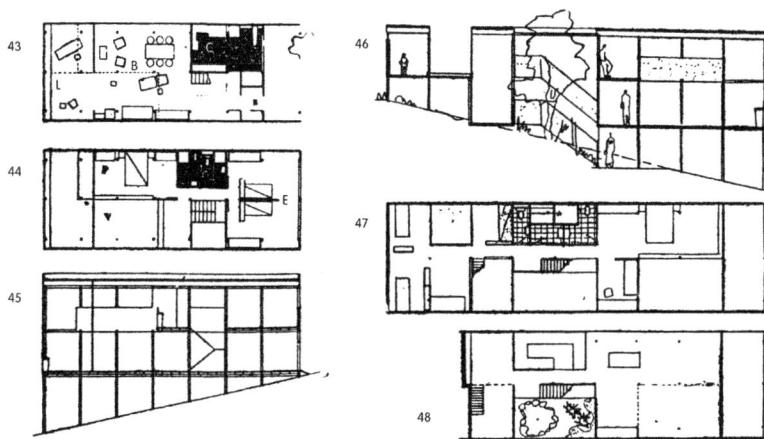

图 12-16

我们的专利并不保护长时间以来深思熟虑的，已经部分确定的设备方面的研究成果；关于一个建造问题：研究一种材料（折叠钢板），组合在一起可以提供有利的惯性矩（T形和十字形角钢），尽管跨度如此小，压力、牵引力和抗弯强度通过共同作用却能够几乎混合在一起——所有这些实现的可能取决于一项新技术：电焊。组成了"一个可居住的蜂窝空间"。

两项在蓝色海岸的研究《ROQ》和《ROB》提供了一种实践。被采用的模度和模度本身的关键："向上伸出手臂的人：2.26米"（图12-16）。

我们在马赛公寓中所应用的第一个蜂窝空间的想法始于1950年，让·普鲁韦的折叠钢板梁在轻盈、运输和实施方面提供了令人印象深刻的对策。

**
**

《从城市到酒瓶；从酒瓶到城市。》

这是我所作的唯一一次关于模度的大型报告会（1951年9月28日，在米兰三年展，神圣比例大会期间）。

……蜂窝空间由于一个各个方向都为 226×226×226 的示意图而享有盛誉，在对这些蜂窝空间进行解释之后，我认为有必要表明：

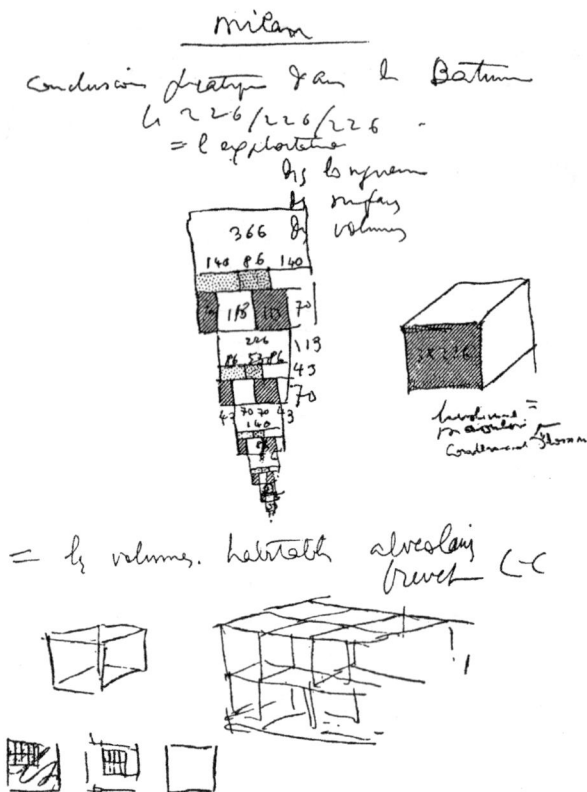

图 12-17

"这些还只是模度的构造性的工作和居住基本单位的组成元素。但是'居住单元'在分割'绿色城市'的时刻出现，*在自由中*，在模度之外的其他法则约束之下，保证交通和居民的日常管理。"说到昌迪加尔，我绘制了一个"单元"，一块 800 米 ×1200 米的规划土地，分配于户均人口 5.10 的住宅或者 20000 个居民（根据任务书里要求的不同居住等级），组成一个叫做"单元"的享受自治的居住区。我曾经，在这块土地的内部规划了与留给"住宅"的位置。然后建筑师、企事业、预制工厂在这个领域的内部自行安排，利用或者不利用模度！其他事件出现了，非模度的本质。这是通往单元的每个居住基本单位的大门的中枢系统，但另外又与城市的组成元素相联系——规划实体。这个中枢系统通过分工特征明显的 7 种形式的道路组成，如今又加

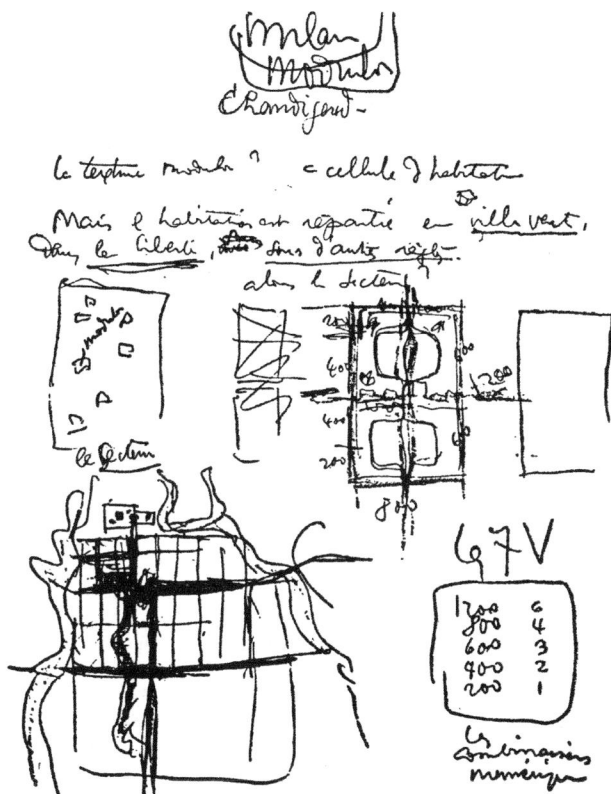

图 12-18

入了第 8 种。一条法则对这些星罗棋布并且通往每个居住基本单位大门的现代交通的配置进行分级，我把这个法则叫做"7V 法则"（实际是 8 个）。自然的循环现象在速度的影响下在表面发展。因此昌迪加尔的第二级组成元素是"单元"，在内部或者边缘的次一级分割下，不再顺应像 Φ 一样的无理数，而是简单的可以瞬间察觉的算术。这个数学数列是 1200m—800m—600m—400m—200m，通过简单的比率来表示 6—4—3—2—1。

在这场报告会期间，联系到昌迪加尔时，我重新提到了居住这个主题，其中外部尺寸（外墙）并不完全与模度符合：我想讨论"符合量的居住单元"。在这里，尺寸（外墙的）不再是一个附加结论（是指新的南特—河兹公寓）。我尽量展示居住基本单位本身是可以有效

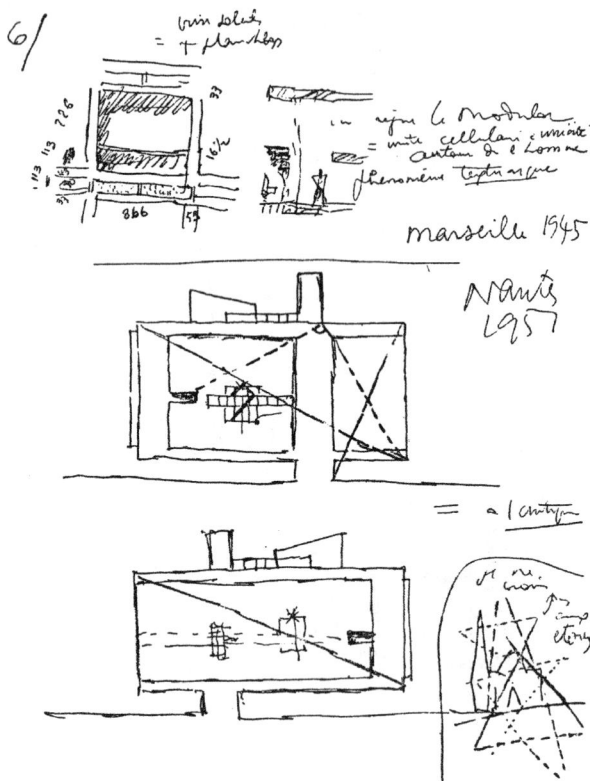

图 12-19

地模度化的，同时也给建筑提供一个普遍的基本构造。相反，建筑整体是一个独立的功能单元，由一定数量聚集在一起的住户组成，也包含了内置的公共服务部门。功能，也包含了水平和垂直的交通……正是这些可感知的元素联结了建筑学的最终感觉：光线下直立的体积！模度的轰鸣声成为第二位的。对几何的本质的研究展示了它们的奢侈和贫乏：可塑的形态、激情……与建设目的或者附属设施的价值不相关的雕塑现象。以具有表现力的方式进一步分割的主体。上、下和左右的边界线。这是"基准线"的时刻，发明、激情和诗意的载体或者相反。

　　所有这些都难于解释，更难于实现！

（在 *Triennale* 剧院所做的报告，*1951 年 9 月 28 日*）

*
**

这段文字曾经被冠以《从城市到酒瓶和从酒瓶到城市》这个
标题,以便确定两件事:作为完美家庭的容器可能的存在方式(这
是酒瓶)以及从城市到酒瓶的非附属关系,这里的酒瓶被排除
在某些特殊的规划事件之外。这是为了说明没有必要把一切都
模度化。

*
**

现在所展示的 20 几张图片是为了让读者理解与比例相关的目
前的忧虑是如何产生的,为什么情况是多变的,各不相同的,复杂
的而且是交响乐效果的,问题从家庭设施扩展到同样一个大城市的
设计。

1

2

3

4

5

6

7

8

9

10

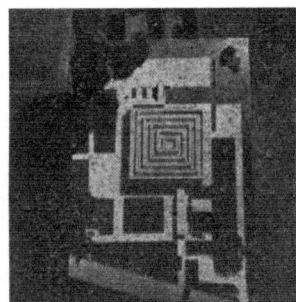

11

12

13

14

15

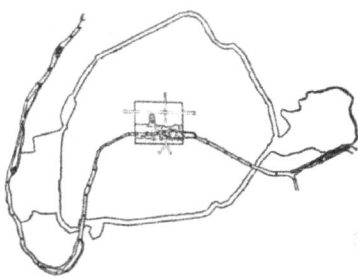

16

17

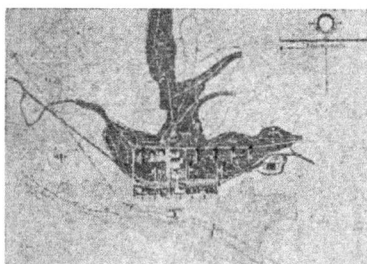

18

19

20

21

22

23

图 12-20

1. 新精神馆，1925
2. 库克住宅，巴黎，1926
3. "克拉德"建筑，日内瓦，1928
4. 阿维尔城（Ville d'Avray）别墅，1928
5. 萨伏伊别墅，普瓦西，1929
6. 萨伏伊别墅，普瓦西，1929
7. 莫斯科中央局大厦，1928
8. 瑞士公寓，巴黎，1930
9. 本地住宅，巴黎，1931
10. 阿尔及尔规划，1932
11. 认知博物馆，1930～1939
12. "光辉城市"，1932

13. "光辉城市"，1932
14. 笛卡儿摩天楼，1935
15. 笛卡儿摩天楼，1935
16. 巴黎规划，1922～1955
17. 《巴黎平面图 37》，1937
18. 圣迪埃规划，1937
19. 阿尔及尔商务区，1939
20. 马赛公寓儿童卧室，1946
21. 马赛公寓，1946～1952
22. 东河的联合国大厦，1947
23. 东河的联合国大厦，1947

*
**

　　1952 年 1 月 10 日，在塞弗尔大街 35 号工作室一堂课的随机记录："单位元素和交响乐"。

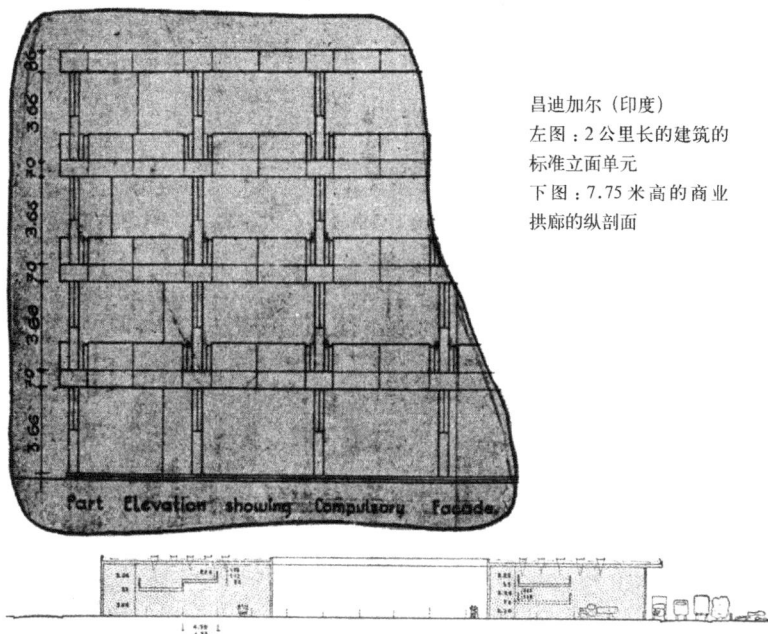

昌迪加尔（印度）
左图：2公里长的建筑的
标准立面单元
下图：7.75 米高的商业
拱廊的纵剖面

图 12-21

1. 绘图师桑佩尔、佩雷、杜什

昌迪加尔的"国会大厦"（La V2 Capitol）。

（在这个时期）我决定将建筑的一侧发展为两公里长的商业拱廊，这条拱廊将是 7.75 米的高度，分成三段 226 或者两段 366+ 余数，或者一段 4.78+2.95 或者只有一段（7.75）……柱子的间距可以是 7.75 米，4.78 米，2.95 米，3.66 米，5.92 米……可以随意选择，没有哪一个比另外一个有更多的必要性。

这样就给商人和顾客的店铺预留了很多组合的可能性。

**

2. 城市临时管理办公室。

塔佩尔先生作为国家公务员，在那个时期负责城市建设，曾经要求我制定这些临时办公建筑的整体计划（单层），以便能够在一片选择好的土地上（在一片原野上）按期建设，但总归是一

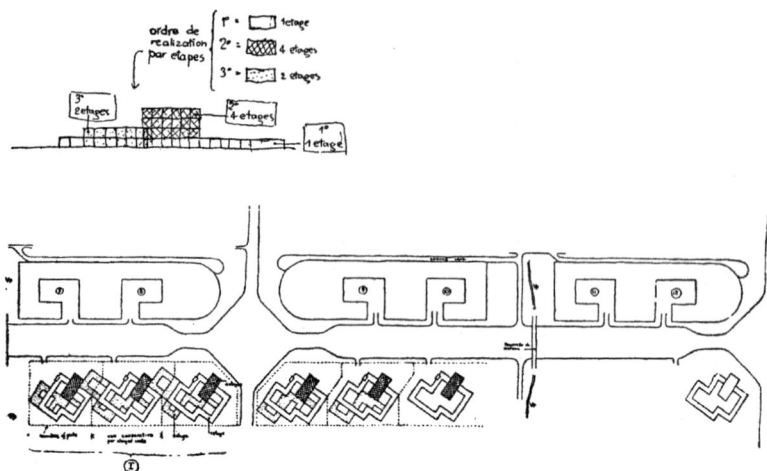

图 12-22

条未来的林荫大道两侧：车站林荫道。晚些时候，行政机关将迁出这些办公建筑，他们将被改造为沙漠旅行客店（旅游者的旅馆）（图 12-22）。

　　a）宇宙的方位：主导风向，日照和阴影；

　　b）未来的林荫道沿线，在接下来的建设中对规划图纸的适应性。第二份规划图应该满足增加一层以便得到两倍建筑面积的要求。

　　最后，第三种组合方式提供了四层建筑的交错布置方式，对建筑布局进行了最后的补充。窗下墙可以按照模度 226（通用尺度）进行分割。外墙和窗户后面，办公室的分隔墙可以按照 2.26 米，2.95 米，3.66 米，5.25 米……进行分隔。

＊
＊＊

　　3. 绘图师迈索尼耶和桑佩尔。

　　昌迪加尔高级法院和秘书处（7 个部的联合体）办公楼首先顺应气候条件；它们被置于与冬季主导风向垂直的位置，夏季主导风的方向相反。朝阳一面，遮阳板使办公室的窗户处于阴影下。

　　"塞弗尔大街 35 号工作室的气候研究目录"用于对每个被考虑到的使用空间提出关于风向、阴影和温度的问题（图 12-23）。

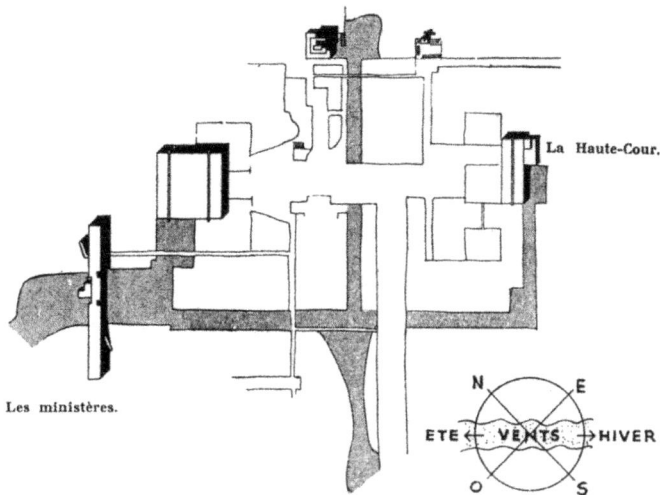

La Haute-Cour.

Les ministères.

N E
ETE ← VENTS → HIVER
O S

图 12-23

*
**

4. 南特—河兹，居住单元。对基准线的验证。

绘图师：X……

"你的线是不确切的；它是一个会对下一步骤产生严重后果的幻觉。有无数的线。你将在哪一点，哪些表面，哪些体积上利用这些线？（您的彩色的对角线是不同的）。不要把这些与模度混合在一起。基准线是在模度之外的。他们有时候与模度相遇，但是模度几乎没有可能支配一条线除非是在实践中少有的附加数列……"

· ·

这些在工作室的讨论只是一个下午的讨论，在遇到不同主题的时候，更严重的提问会被提出来，关于评价、判断和正确的解读。而那些不动脑筋的无意识行为比忽视本身更恶劣。

*
**

与窗户发展有关的尾声。

曾经在塞弗尔大街 35 号工作室工作的一位建筑师阿拉扎尔（目前他在管理一家玻璃镜面公司）回到南特后，于 1954 年 5 月 18 日

图 12-24

跟我说：

"从 1920 年你在《新精神》上发表那些文章直到今天，窗户已经发展到如此精致的程度，关注细节并且持续不断！'长条'窗诞生于木、铁或者钢筋混凝土建设中以及人体尺度的度量。然后'玻璃墙'取消了吊顶下昂贵的'反梁'以及地面上的窗下墙（参见图 10-30）；它为立面的主要功能之一：采光提供了重要的可能。然后，在接下来的几年里，玻璃墙成为"卧室内的第四面墙"；它不再完全是玻璃的；某些部分是不透明的；书架可以嵌在墙上；桌子也可以靠在墙上；在战略要点上，它扮演着照明的角色，侧墙，吊顶和地面（图 12-24）。接下来，是"遮阳板"，它立即控制了这个促使玻璃墙诞生的敌人：酷热的阳光（图 12-25）。在夏天，遮阳板在玻璃

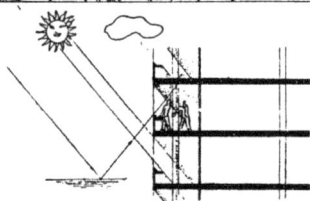

图 12-25

上投下阴影，冬天把阳光引进室内空间的深处。苏格拉底已经提到过，把它叫做：*柱廊*。从那时起，玻璃墙开始在居住区中单独使用，代表着居住单元。遮阳阳台，或者成为柱廊，成为内阳台，使每个人能够在室内或者室外处理自己的玻璃窗：窗玻璃的清洁，窗帘的选择。从此以后，玻璃可以避免被雨淋，木材可以取代钢铁。在此刻，木窗就再也不用平窗框而是一个有'深度'的框。这是关于窗户的新美学。窗户成为家具的一员，它可以在室内和室外为自己所构造……"（贾乌尔住宅，1955 年，讷伊）。

　　我回复阿拉扎尔："这还没有结束。在印度，我一直强调的关于呼吸的问题，也就是内部使用空间的通风问题。我整理了玻璃墙的两个功能：通风和照明。我又区别了这两个功能为了达到高效和节约的目的。为了往一个装满老酒的瓶子里灌新酒，首先要把瓶子里的老酒倒出来。否则是不可能实现的（德·拉帕里斯先生）。这不是通过建筑学来重视的；相反，潜水艇或者现代电影应该被考虑到。关于这点我已经在这里说得足够多了！安置固定的玻璃墙（不是开启扇）以便照明，以及支撑它的空心柱。从地板到吊顶，空心柱的垂直分隔提供了多样的、可调节的、可随意关闭的通风模式，从最窄的垂直通风百叶到 17 厘米宽的通风带。我们并不怀疑大量的空气能够穿过宽度 1 米、高度为 2.20 米的窗户！因此，穿过 2 厘米；穿过 3、4、10 和 17 厘米。如果在每个卧室都有几个空心柱，通风效果将是非常惊人的。为了褒奖这个发明，一个铜金属网格被固定在每个空心柱的外表面，以便能够完全阻止蚊子。但是拉帕里斯不要忘记开启房间里对面墙上同样的通风百叶窗！！！

**

　　从蓝色海岸的"蓝色列车"，到西姆拉的一位印度商人，到喜马拉雅山脚下的一位餐馆老板……

　　评论中的图片：按时行驶了 130 公里后，蓝色列车的酒吧车厢把它的服务员们从巴黎带到了尼斯和意大利。他们在一套房间里——一套移动的房间。他们在法国最豪华的列车里，他们为此而骄傲。如此豪华的房间在全世界范围内却被现有的卫生法规所禁止！卧铺车厢、沙龙车厢、餐车拥有 2 米的高度和 40 厘米高的拱顶，能够容

图 12-26

纳 50 个人。如果法规能
够允许住宅应用 2.26 米
的尺寸（真正的！），所
有一切都将被转换！

西姆拉的商人非常会
做生意，店铺比街道低约
1.13 米（我说的是大约）。
他或坐，或吸烟，或休息，
或售卖，晚上则关闭他的
店铺，可以从照片上看出
来，他的店铺好像就是个
带百叶的商品陈列橱窗。

他的同伴，河边的
餐馆老板，又一次向我
们展示了在尺寸对空间
利用和"提供服务"方
面的相对性。

图 12-27

图 12-28

把这三份资料发表在这里以便引发思考。

第四节　重新回到高度的问题上

　　由简·德鲁和他的朋友于 1953 年底创办、在伦敦出版的《建筑年鉴》最新一系列的第 5 辑中，鲁道夫·威特科尔教授撰写了一篇关于世界范围内建筑大事记的前言。

　　前言中展示了一系列有关合理比例系统的图片：柏拉图的五面体、欧几里得的五角形；建于 1391 年的米兰大教堂的尖三角，取材于 1521 年出版的维特鲁威《建筑十书》译本上的毕达哥拉斯的三角勾股定理；同样来自于《建筑十书》的如何加倍和等分正方形面积的图示；丢勒的"蛇行罗盘"……我不会仔细描述达芬奇或者维拉尔·德·奥内库尔（Villard de Honnecourt，13 世纪法国建筑师，

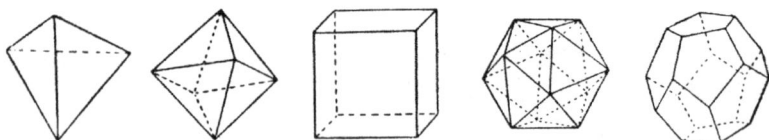

Fig. 4. *The Five Platonic Bodies*

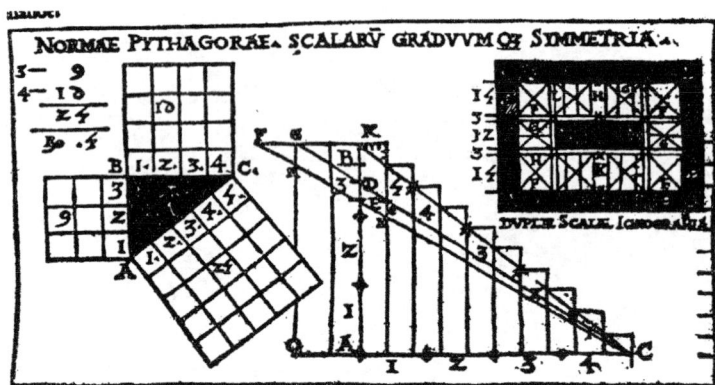

图 12-29

绘有大量保存至今的建筑图稿。——译者注）的透露着主观的或是个人意愿的画稿。一个是达·芬奇关于头部的研究图，比例为 1：3、1：2、1：2，另一个是维拉尔·德·奥内库尔的手稿草图集。

那么，这些都是造物者的收藏品吗？它们既是对古代及文艺复兴比例学要点的研究，也是人类智慧的宝藏。其外在基础是对人体的研究（五角形，正方形，三角形）。它们为思想提供自由驰骋的机会。然而，那些开辟历史新纪元的学者们（如：毕达哥拉斯、柏拉图、维特鲁威、丢勒）应用以人类中心论为基础的度量方法：英尺、掌尺、腕尺等，应用与其作品相匹配的才能。才将造物者的作品用简单的人体尺寸来描述，从而更加容易被人们理解。

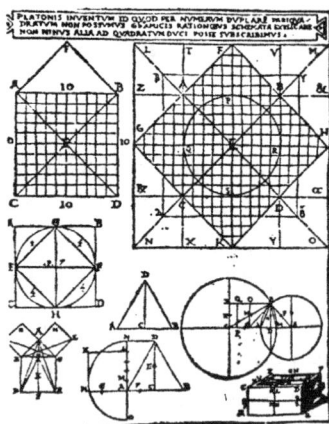

Fig. 9. *Doubling and Halving the Area of a Square*
Vitruvius, edited by Cesariano, 1521

图 12-30

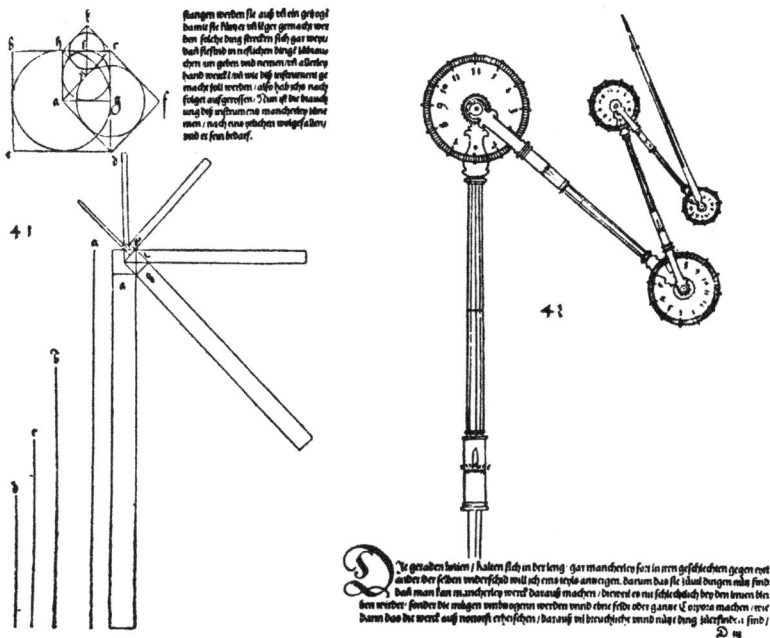

图 12-31

　　渐渐地，比例的问题变得越来越危险。鲁道夫·威特科尔教授就其对模度的观察研究做出了如下总结：

　　"那些许多反对'比例系统'的年代都有迹象表明它已经接近其年代的末期。不言而喻，建筑师往往是一个时代的人类文明的折射板。即便他对这种文明持反对态度，他依然遵循自己的原则。众所周知，上世纪末本世纪初，非欧几里得几何学成为现代宇宙观的基础。与过去的断绝也成为基础，更主要的基础是中世纪的学术科目和莱奥纳多·达芬奇、尼古拉·哥白尼、牛顿等人为代表的欧几里得宇宙数学的断绝。美学中的比例尺度是和什么有关联的呢？它和新的、动态的空间——时间测量将要取代的绝对空间——时间的测量制又有什么关联呢？勒·柯布西耶的模度就预先给这些问题提供了答案。在历史角度来看，模度成功地尝试了将非欧几何和传统结合起来。首先，不是用宇宙而是就人类环境作为起点，柯布西耶接受从绝对到有关联的标准的改变。同时，他也尝试新的结合体。老的比例系统就是我所说到的单轨系统，是结合发展至今的基础几何和数字概念的产物。柯布西耶的模度则不同，它的元素是最简单的：正方形、双正方形、用一定比例划分的线段图示。这些元素被融合于几何学和数字学的比例系统中：由黄金分割比衍生出来的无理数组成的2列发散级数构成了对称的基本要素。无论如何，它是脱离旧体制后的第一个和谐组合，是人类文明的体现。同时见证了与传统文化的结合。

正如中世纪平面几何里的比例关系，文艺复兴时期算数韵律化的比例关系，柯布西耶伟大的无理数的双系统仍然建立在西方人对毕达哥拉斯—柏拉图思想的接受。"

**

从不同素材中得到的信息，有时会使言语显得凌乱不堪。

摘自于《启示录》（《圣经·新约》中的最后一卷）："……测量城墙的结果是144肘，这曾经是天使的，也是人的测量方式"。

或者"……又量了城墙，按照人的尺寸，也是天使的尺寸，共有144肘。"[1]

**

经过12年的实践应用，我们记录下了所有平面和项目中应用的具有模数意义的常数，将它作为一个关键元素（我所指的是226×226×226）。我们可以将其看成"装人的容器"，或者按照转化的规律和介绍的顺序可看成测量容积多少的元素，或是帮助现代建筑建造中的繁忙机器化的工作（见190页和203页）。

**

但是，大脑一次又一次地拒绝束缚物，于是我开始寻找原因：当我利用模度理论将我的一些画作重叠起来时。当我塑性和诗意的发明内在的尺度受模度间隔的控制时（1952年、1953年、1954年的一系列画作），我突然意识到是不是由于我并没有为了进入艺术的领域——没有尺度没有限制的领域，而丧失掉那种超越自我（人类尺度）

---

[1]　米歇尔·巴塔伊（Michel Bataille）。

的愉快感。

　　模度将我承载在我延伸的枝干上，我存在于我自己的世界里。我是对的吗？相反，一个和谐的人类个体会不会发展为 *magic*（**魔法**）？我用英语写魔法这个词是为了强调这个在插图漫画中所使用的新的俚语，是一种渴望逃避的征兆。就其意义来说，一个艺术品是一种至高形式的逃避主体，它装载着崇高信仰驶向辽阔无边的世界。（所有这些没有使用一个"高深的词汇"）。准确地说，我那根绳蒂固的坚定信仰，迫使我选择了诗意的逃避。

　　在深思熟虑后，刚刚所关注的问题对我来说并不能构成什么严重的威胁。

　　如果逃避的神奇意义在于不作出任何决定，不抱任何希望，没有任何客观表示，这里还存在着另外一种逃避，在我们这本书中会被反复提及和讨论的"逃避"：那些踌躇在普通领域或者在其外围的人们看来，逃避是一种高调的纯抽象空谈中的抽象化的象征。我已经说了我是不可能提升得那么高的。我的态度已经在《模度》的第一本书中（28 ～ 29 页）解释清楚了：

　　"我们这时可以说，这把尺子，在空间的主要点上引入了人体的尺度，并且它实现了一个最重要的、最简单的数学价值的演变，这就是：一个单位，通过加入或重新分割，实现它的两倍及两个黄金比例关系。"

　　在第 29 页上的图示可能是模度的关键内容：一个具有创造力的艺术家通过几何图形和数字，得到接近他心灵的和谐的画面和发明：和谐的螺旋线（贝壳曲线）、清晰可辨的材料、令人眩目的知性（请再看 48 页）。

　　由 175 得来、导向 216 的数字 108 曾经是个关键的数字。1946 年 1 月 10 日，在大西洋风暴中，一艘没有货物的货船在风浪中飘摇。108，这一关键数字是由 175 推究而来的，后来转化为有用的数值 6（英尺），那就是 183 厘米，由黄金分割发展到 113，2 倍的 113 就是 226。

　　1950 年 12 月 16 日，我在马萨林图书馆看到的一本巴黎韦加书店出版、鲁耶先生的《自然建筑》，我在读书笔记中写道：

　　"印度的主要教旨是有 108 个名字的佛。

8×108=864

108 和 7

216=2×108

或者 223=216+7（= 圣灵）

108 和 7 都被看作神秘的、原始的数字。

108 和 49（7×7），两者之和的倍数是 314；等同于敬奉印度教女神的'银色长庭'的斜边与短边的关系 $\left(\dfrac{108}{7\times7}=\sqrt{5}\right)$。"

我把 108 改成 113 以便于英尺、英寸的换算。也就是说，我把身高 1.75 米的人换成身高 182.9 厘米的人，与此同时，我得到了 226 这个数字。

但是数字 113，也是一个重要的数字，一把钥匙。在我多次的旅行中，经过勘测，一次又一次的印证了这一点。（《模度》1948，130 页、132 页、127 页、124 页、123 页、121 页等），盖塔尔先生曾经神秘地对我说："113 是一把钥匙。"但是，我所说的是 113 厘米和 108 厘米，看起来这钥匙与厘米没有什么关联！！！

在馆藏于马萨林图书馆的同一本书中，有一个具有决定性意义的印度教图案：一个婆罗门的神（原人）：一个躺着的、伸展的人，四肢自躯干延伸。在昌迪加尔，我想增添一些宗教方面的知识，我向州府的总工程师什里尔·瓦尔马，一个虔诚的饱学之士，询问有

图 12-32

关原人的情况。他并不了解，可是这可能并不意味着什么……

我，作为一个外行，觉得原人十分吸引人。

**

我们可以愉悦地无休止地进行下去，必须就此结束了！许多前辈纠缠于这些事情之中。"神瓶"的创造者通过贵妇兰特·巴布（Lanter Bacbuc）之口来问："你们当中有谁想得到神瓶的谕示？"

· ·

"……到达了我们的欲望之岛…… [从此处开始至 210 页为法国文艺复兴时代作家弗朗索瓦·拉伯雷（François Rabelais）的著作《巨人传》的节选。这部分的翻译参考了成钰亭 2003 年的中文译本。——译者注]

……今天至少我们的辛勤劳动有了结果。

……有两行字：

穿过此处门洞

带好领路灯笼。

……我们顺着一座云石梯子走下去。

……1，2，3，4

总共是 10

用毕达哥拉斯的四（毕达哥拉斯认为四是最完美的数字。——译者注）

再乘一乘 = 十，二十，三十，四十

总共是一百，庞大固埃答道。

再加上第一个立方：8

总共 =108

走完这个宿命的数目，就到神殿的门口了。请注意，这是柏拉图真正的精神发展法，在学院派里已很出名，可是很少为人了解，算法是：二的一半是一，加上两个整数，再加两个整数的平方和两个整数的立方（1、2 和 3 平方后 =4 和 9，然后立方 =8 和 27）。总和为 54。

（他们走了 108 个台阶）。

……明亮的夫人，我抱着一颗沉痛的心恳求你，咱们回去吧。我以天主的死亡起誓，我快要吓死了！……（巴奴日说）。

……精细地刻着……一句抑扬格的诗句……

顺命者命带之，逆命者命成之。

和：

万物归宗。

喝了此处神奇的饮料，便会感到你们想象中的酒也是同样味道。

……再喝（巴布说）一杯、两杯、三杯吧。每次都另外想一种味道，你们会觉着它和你们想象的滋味一模一样。今后，可别再说天主不是万能的了。"

……巴布问道：

——你们中间是哪一位想得到神瓶的谕示？

——我（巴奴日说道）。

——我的朋友，我只嘱咐你一件事，那就是，听神谕的时候，只许用一个耳朵……

……随后，巴布给巴奴日穿上一件绿色的外套，戴上一顶雪白的风帽，套上一条滤酒的短裤，短裤上面不穿上衣，只有三条飘带，给他手上放了两条古老的裤裆，腰里拴好三只捆在一起的风笛，然后叫他在上文说过的水泉里洗三次脸，在他脸上撒一把面粉，在滤酒的短裤右面装三根雄鸡毛，再叫他围着水泉转上九圈，跳三跳，屁股往地上蹲七蹲，巴布嘴里也不知道用埃托利亚文祷告着什么，还不时望着身边一个助手捧的一本经文念上一通……

……从右手一扇金的大门走出神殿。她把他领进一座水晶石和白云石构造的圆形内殿里……

……我们所说的神瓶就一半坐在这泉水里……

……尊严的祭司……命巴奴日弯腰屈膝，亲吻水泉的边缘，然后叫他起来，围着水泉跳了三次巴古斯舞……

……然后打开一本礼规大全，祭司唱出下面一首收葡萄歌：

充溢

奥秘的

瓶，

> 我
>
> 洗耳恭听：
>
> 勿吝教，
>
> 请一言相告，
>
> 我心何所依据？
>
> 曾经征服印度的
>
> 巴古斯，已把真理
>
> 贮藏在你腹内的
>
> 如此神圣的液体里。
>
> 一切谎言，一切欺诈，
>
> 神圣的酒啊，都不能近你。
>
> 愿诺亚的后裔快乐，
>
> 愿我们浸透了你。
>
> 求你颁赐箴言，
>
> 解脱我侪苦难。
>
> 决不遗漏一滴，
>
> 红白不计。
>
> 充溢
>
> 奥秘的
>
> 瓶！

……这首歌唱罢之后，也不知道巴布往水泉里扔了些什么，只见水泉里的水立刻像布尔格邑巡行祈祷瞻礼的大饭锅那样沸腾起来。巴奴日一声不响地用一只耳朵听着，巴布跪在他旁边……

……这时从神瓶里发出一种好像依照阿里斯忒乌斯的法术所宰杀和准备的那头小公牛的腹内飞出的那群蜜蜂嗡嗡的声音，或者是弓弩手射出的箭的声音，不然就是夏天落骤雨的声音……

……只听见这样的一个字：Trinch（德文：'喝'）。

……这时巴布站起身来，轻轻地用手搀住巴奴日的胳膊，对他说道：

朋友，快感谢上天的恩典吧，这是理所应当的，因为你已经听到了神瓶的谕示。我可以说，自从我负责神圣的谕示以来，这是我听到的最鼓舞人心、最神圣、最肯定的一个字了……

……朋友们，在这个我们称作天主的智力的圆球佑护之下，它的中心无所不在，它的周围无边无缘，回到你们故乡之后，要证实伟大的财富和神奇的事情都在地下。

· · · · · · · · · · · · · · · ·

巴奴日在等待"一个字将他从痛苦中解脱出来"。他想要一个奇迹。神瓶回复说："饮酒！"

为了便于我自己的理解，我这样解释：行动起来，你会遇到奇迹。不要追求虚幻！不要逃避！神瓶喻示你饮酒。

**

1950 年 5 月 18 日，亨利·坎维勒在读了《模度》后写信给我：

"您提到胡安·格里斯和拙作之间的关系，我深有所感。我相信，如果我进一步解释几何和数学的关系，或许有所裨益。正如您一样，我认为把这些因素纳入考虑是十分合理的。我认为，接受您的思想和'模度'，现今的建筑会有长足的进步，会摆脱混乱而走向一个正确的方向。这非常重要，虽然不是全部，这样做我们可以建设出和谐的城市，而这又多么重要。

但我并不认为，这样做，美便能唾手可得。建筑物必须赏心悦目，我再次重复：这非常重要。

美是神秘的天赋。一些伟大的艺术家赋予他们的杰作。

您，柯布西耶是我们时代最重要的建筑师，一个伟大的*体量和空间的创造者*。和格里斯一样，几何是你们的跳板，或者说尺规。如果您不喜欢先前的提法，但您却在不知不觉中创造出了美。我一直认为真正的艺术家并不刻意追究美，他自有目标。这目标可能并不是单纯的美。您和索罗乃兹一样，创造的是'人的家园'。美，像云彩一样栖息其上。

我亲爱的朋友，这就是我对此的看法。"

您的，

坎维勒

"实质上，我刚刚所写的那些话只是对您所引用的爱因斯坦令人尊敬的文字的笨拙重复。"

*
**

在墙的后面，众神们游戏于灵魂和物质之间。当众神们偶尔越过墙头，人们会听到只言片语；那只是拾人牙慧而已。

图 12-33

第十三章
塞弗尔大街35号

　　"我们可以通过两种方式'定义'（poser）外部世界：

　　1. 数字。通过它们的作用，可以发现个性的多样性：热情、等级、和谐、高尚……总之，所有精神层面的。

　　2. 空间。它提供给我们随机的一些物体，没有生命，没有美感，但是'应用广泛'（睡觉、站立、平躺、存在……）。

　　在宇宙空间中，到处都是数字图像，首先是自然本身创造的，然后是人类尤其是艺术家创造的。可以说在生命过程中，我们在现实中的责任都存在于这些数字的图形表达中，也可以说是那些艺术家创造了高道德标准的作品。不只是可以同时从图形和数字中寻求答案，事实上这才是我们生活的真正目标。"

　　　　　　　　　　安第尔·斯贝

第一节　空间和数字

此题铭文字提出了人的天命：投射在由数字推动的形态空间里。

作为模度在世界范围内开放调查的回馈意见之一，斯贝博士的声音在一个微妙的点上使我触动。

这本书引用 1945 年《难以描述的空间》作开头：

"……出现一种和谐的现象，正如数学那样——真正的声学造型……

……似乎到了第四维度（某些人曾经提到过）扩展的时候了，正是作为造型手段的特殊共鸣引起并开始了第四维度的扩展……

……这不是选题的效应，而是一个所有事物比例上的胜利——作品实体性，同样也像一些被控制或没被控制的、可领会或不可领会、然而存在并得益于直觉的一些意图的效应……

于是一个无界的深度开启，拆掉那些墙，去掉那些偶然的出现，完成那难以描述空间的奇迹。"

在 1954 年 6 月 13 日的来信中，斯贝博士给我提供了我未曾给出的东西。在援引了吕卡·巴肖利的例子和他的"神圣比例"（此书 206 页）后，他补充道："您所做的事情，就是发现第 14 种'形式'。"他还用数字定理论证了这一点。

请读者去看《模度》（1948 年）第 29 页的示意图，我将思考他的提议。

那时我没有意识到我确实创造了某些东西：我把人放在一场戏剧的中心，他的太阳神经丛是三个等级的关键，以四肢表达了对空间的占据。这三个等级引出一系列黄金截线，确切说是斐波那契系列（我曾经连名字都不知道）。但，在我作为造型艺术家、艺术创作者、关注形体及和谐匀称的人的手下，算术关系自发地转进和谐的螺旋线、理想的贝壳中。正是在"弗尔依·霍德"货船上，开始向我的发明靠近，而不是自然科学，这是专注于造型和诗意事物的自发产物。

追随并继续追随我和模度的人，将不会出离这条独特的路。

塞弗尔大街 35 号，在我主持了 32 年的工作室内，我们从来没有离开坚实的海岸。

30 年来，我做了很多设计：城市、法院、宫殿和工人住宅、居住单元等。某些时候，我相信这些研究将会开出炫目的建筑之花，并有助于带来没有混乱的设计时代。充当着领航人。因此，1946 年和 1947 年，我设计了纽约的联合国大厦；1952、1953 和 1954 年，我被邀请参与了位于巴黎的世界教科文组织大厦的设计。但我的方案被强制否决了，在东区一块 400 米 ×150 米的巨大空地中，联合国大厦以 200 米的高度拔地而起，是一把照亮现代建筑的火炬：精确严密，并且承载着诗意和公正，这是建筑的第一要素。世界教科文组织大厦没有以模度的方式建造，而是带着纽约的冷酷氛围。没有遮阳系统，就是为了让人说不出我曾经参与在内。在巴黎，有其他建筑师被指定为世界教科文组织大厦做设计。五个优秀建筑师组成的委员会（很抱歉，我是成员之一）被指定为顾问。[①]没有一个关于模度的词被委员会里我的同行朋友（为了慎重）或执行建筑师提出。可以想象得出！这个模度是"柯布西耶的事物"，它可能会压制那些负责创造的人的想象力，可能会专断地把个人的观点强加于人，会切断具有创造性、诱人享乐的缪斯的翅膀。空间和数字可能会损害艺术个性！而且，庸俗的商业广告与这些高级品位相去甚远！

然而，在国务院第三次拒绝我积极参与世界教科文组织大厦设计工作的第二天，美国大使迪利翁先生在巴黎一个有演讲的官方仪式中，郑重地给我颁发了有着悦目颜色的、最难以加入的美国艺术团体的玫瑰花形荣誉徽章！……

可以说，这些是在意识平均水平下人的事情……即使最缺乏智慧的判断都会对我再次被拒绝感到惊讶。

---

① 沃尔特·格罗皮乌斯，卢西奥·科斯塔（Lucio Costa），马克柳斯（Markelius），罗杰斯（Rogers），勒·柯布西耶。

第二节　辨别

a）算法
b）构造性（模度）
c）几何学（基准线）

a）算法：算法是一种大脑思维的简单表达方式。2 加 2 等于 4，它是一种可感知、易理解的方式（我并没有说它是可视的）。

b）构造性：《拉鲁斯字典》里解释为作品的各个部分或是身体各部位的连接和有序安排。

c）几何学：受合理法则约束的完美视觉现象，这些合理的法则本身也成为和谐及诗歌的载体。

**

昌迪加尔城市规划：一个第一期工程规划为 15 万城市居民规模大小的城市。

它包括 17 个 800 米 ×1200 米的地块（图 13-1，左图）。这种地块划分要追溯到 1950 年的波哥大城市规划（图 13-1 右图和图 13-1

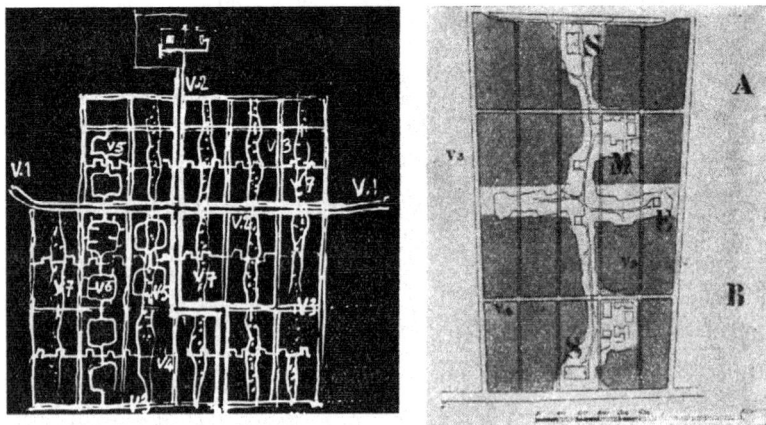

图 13-1

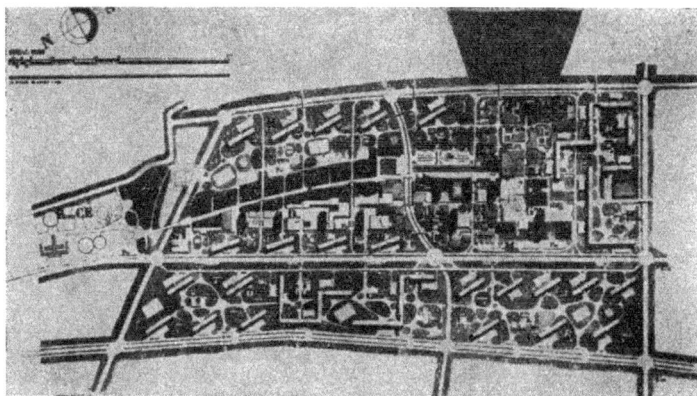

图 13-1 续

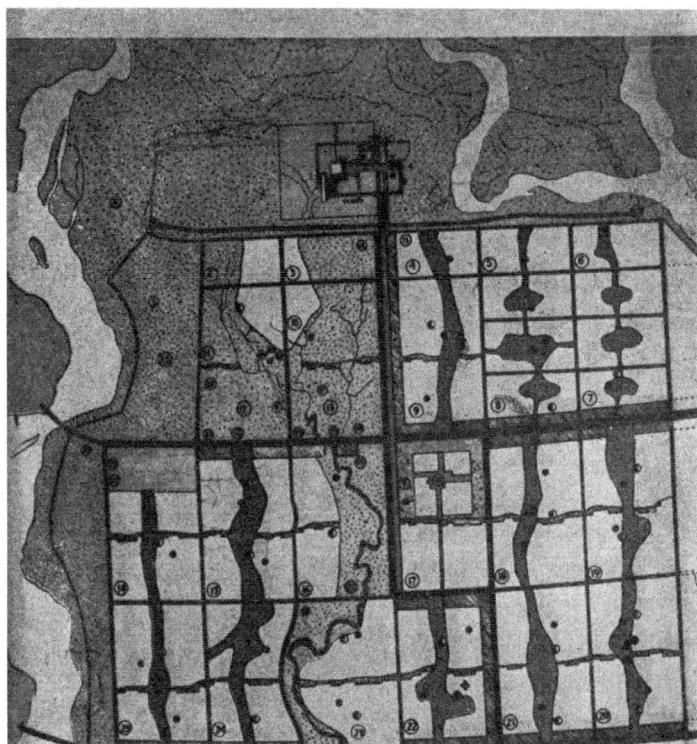

图 13-2

（续））和 1929 ～ 1939 年的布
宜诺斯艾利斯规划（重新组合
西班牙殖民时期的街区和广场
来解决现代交通问题）。

根据不同人口密度制定的
800 米 × 1200 米的规划方案可
以 容 纳 5000、10000、15000
或者 20000 位居民。不仅如
此，这种规划布局划分是依据
简单的数学比率而设计的。图
13-3 显示的是某个具有成功
算术意义的组合，每个地块周
边的高速交通系统每隔 400 米
设置一个停车场。这些停车场
不在地块的转角处，而是位于

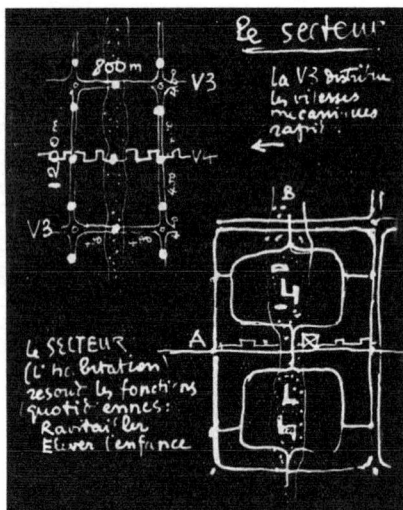

图 13-3

那些有利于将交通系统导入地块的地段。就像这样，算术给城市规
划设计提供了有效可行的方式。虽然人的视线不能触及 400 米外的
范围，但人的大脑可以设想那么远。所以，以 400 米为单位，800 ×
1200 这个规划理念就这样自动产生了。

将算术应用于空间的例子还有昌迪加尔的国会大厦。国会大厦
是目前正在组建中的新政府的机构中心，由议会大厦、各部办公楼、
法院和邦首长官邸组成。在即将建设的场地中以堑壕的形式控制机
动车的入口，将交通流线阻隔在外。建设场地（也就是城市本身）
在一片农田上开发出来，是一片完全自由的土地。尽管大自然已经
有效地设定了完美的几何形式，而且又一次明显地展示出其设计的
巧妙。但是，建筑师是如何将一个"无形"的设计理念发展到"有形"
的呢：首先，画两个边长 800 米的正方形。在左侧正方形内画一个
400 米 × 400 米的正方形。右侧边长 800 米的正方形没有边界设定，
一侧的边界进入河水的侵蚀范围；其中 400 米的正方形与之前划定
的 400 米 × 400 米的正方形处于相应的位置（图 13-4）。

在这片高原上，北靠壮丽的喜马拉雅山脉，再小的建筑物都显
示出挺拔而威严的气势。市政大楼在高度和体量上按严谨的比例一

个挨一个地分布，展现出令人
愉快的精神。我们用一系列方
尖碑来强调这些数字韵律；第
一组韵律是 800 米的正方形；
第二组是 400 米的正方形。第
一组建立在广阔的田野中，第
二组则接近建筑群并成为其结
构的一部分（接下来就只剩下
对"方尖碑"这个词的诠释了）。

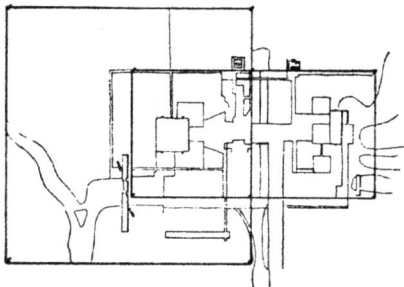

图 13-4

　　视觉效果成为决定建筑物位置的决定性因素。我们立了许多 8
米高、白色和黑色交替的杆子，每个上面都有一个白色的旗帜。我
们第一次尝试着去划分场地，黑白色旗杆确定每个建筑的四角。结
果发现建筑物之间的间隔太大。在如此广阔无边的场地上给建筑定
位是一件极为痛苦而难以决定的事情。但是必须作出决定。多么可
悲的独白啊！我不得不在衡量之后独自作出设计决定。这个问题不
再是一个理性而是感性的问题。昌迪加尔城既不是由宫墙界定的贵
族王戚生活的繁华宫殿也不是墙外拥挤的城区，但就空间布局而言
是简单无华的，从几何学来看，它则是智慧的雕塑品。手边没有陶
黏土把想法表现出来。也没有模型为设计者的决定提供最直接的支
持。从数学本质上来看，它是一种张力，只可以在建筑完成后看到
其成效：合适的定位，合适的距离，受到人们的赏识。在探索中，
我们将旗杆拉近距离。这是发生在头脑中关于空间的战斗，所有算
数学，构造学，几何学都被应用其中！余晖下，农民们正赶着牛羊
穿过被太阳烤焦的土地。

*
**

　　高等法院按照加法的原则由 8 个小法庭和一个高等法庭组成。
主导风向和阳光（或阴影）决定了建筑的朝向（正如如何决定整个
城市的朝向一样）。这些法庭按照首都初始构想时的韵律连续组合而
成（图 13-5、图 13-6、图 13-9）。
　　首先来考虑法庭和高等法庭的尺度，每一个都可以看为塑性体。
小法庭的高 × 宽 × 长为 8 米 ×8 米 ×12 米；高等法庭为 12 米 ×

12 米 ×18 米。而这些尺度都是建筑设计时决定好的。当然在处理窗户分布和遮阳系统的设计上时就需要应用模度了。可以看到算法与构造性之间还有一些"余数"则需要采用通常手段来处理。（图13-7、图 13-11）

在表现了办公空间和法庭空间遮阳系统的剖面中，模度将所有部分都组合成一个有机整体。

模度（构造性）的蓝、红系列被应用到立面设计中，而室内空间已经由结构（算法）确定出来。（图 13-9、图 13-11）

以行政楼为例，它有 280 米长、35 米高，可以至少容纳 3000 个公务员（图 13-12）。

首先将模度应用于结构的框架梁部分（垂直方向上的钢筋混凝

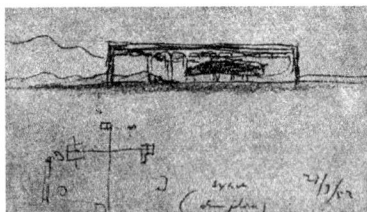

图 13-5

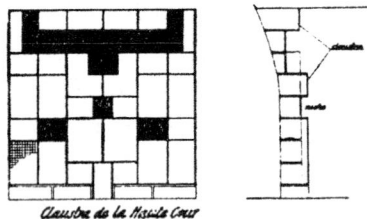

Cloustre de la Mosité Cruz

图 13-7

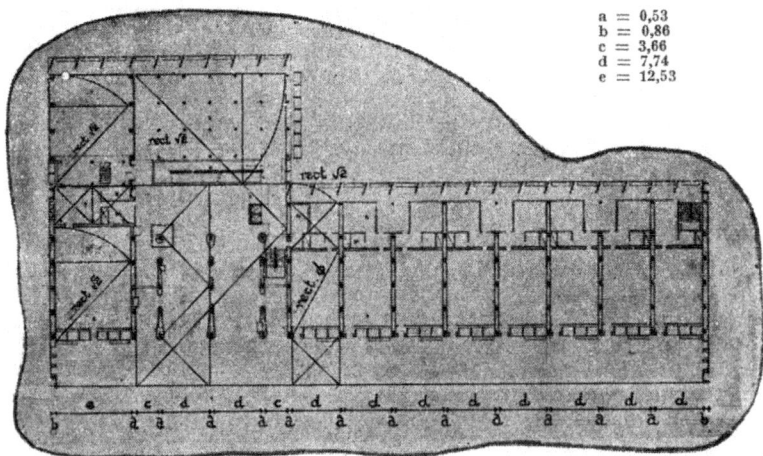

$$a = 0,53$$
$$b = 0,86$$
$$c = 3,66$$
$$d = 7,74$$
$$e = 12,53$$

图 13-6

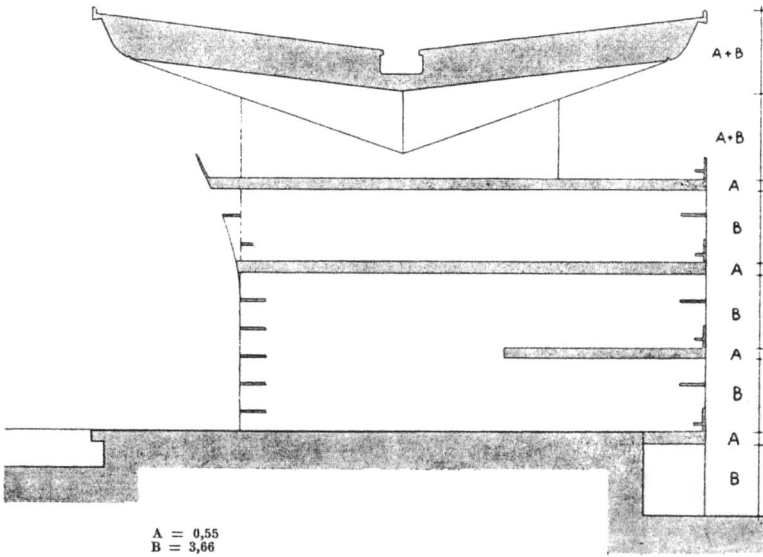

A = 0,55
B = 3,66

图 13-8

图 13-9

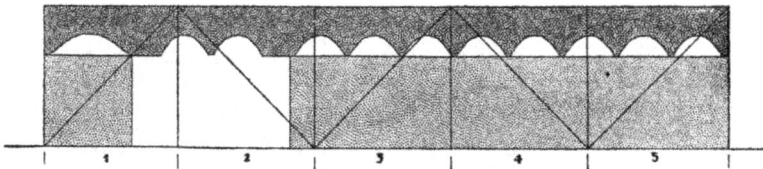

图 13-10

土墙），互相之间间隔 3.66+0.43 米。建筑有 63 个柱廊，因此也就有 252 根从地下升起的柱子（图 13-13）。

　　办公室的高度为管道、管井和走廊提供了合理的布局空间。

　　但是，从剖面来看，7 个政府部门的附属用房利用夹层扩大了使用面积（图 13-14）。

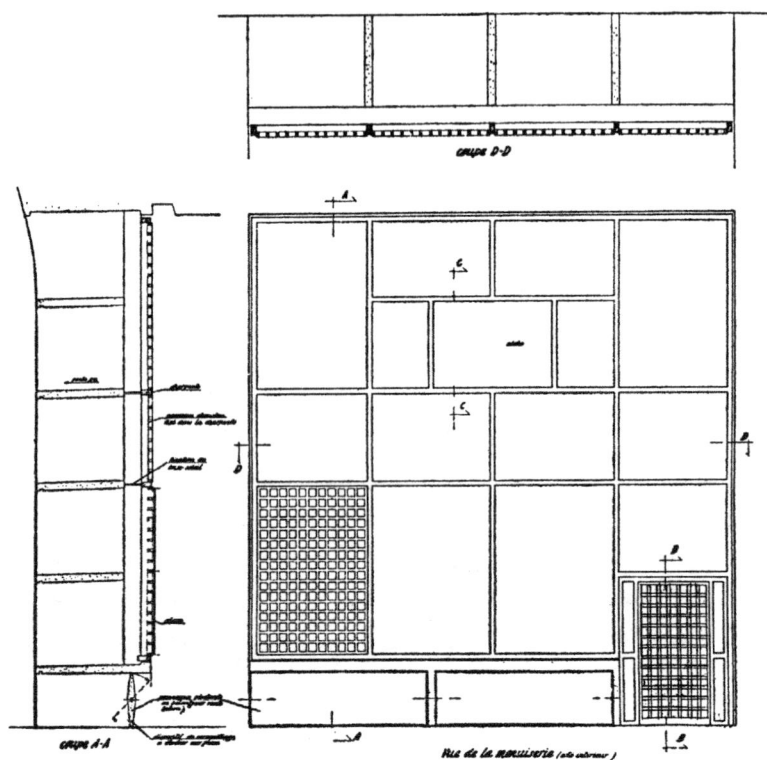

图 13-11

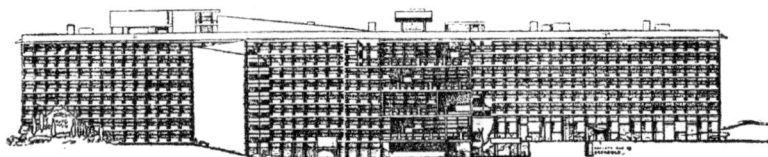

图 13-12

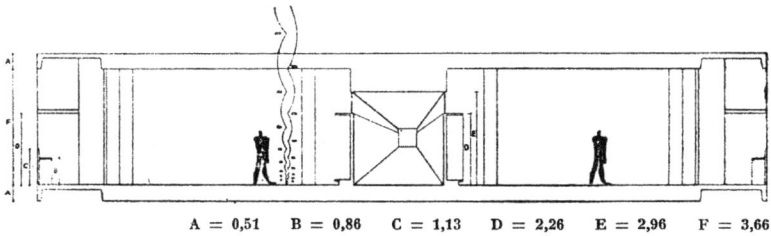

A = 0,51　　B = 0,86　　C = 1,13　　D = 2,26　　E = 2,96　　F = 3,66

图 13-13

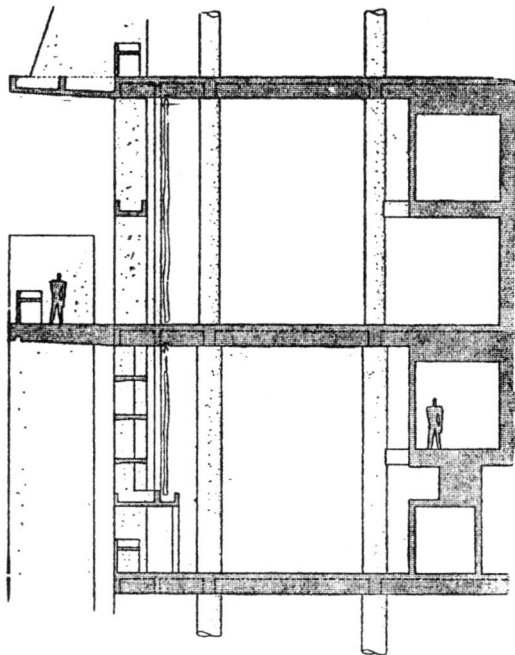

图 13-14

*
**

　　邦首长官邸以其居高临下的地理位置邀请我们参与其中，建筑的平面和轮廓线是严谨的数据和丰富的想象力完美结合的产物。

　　1951 ~ 1953 的 3 年内，建筑主体设计完成。

　　1954 年，由于建筑造价远远超出预算，从而造成了危机！这个危机是由什么造成的呢？

图 13-15

对模度系列惯性地、不自觉地运用使我们陷入了造价过高的困惑中。建筑平面被认可之前,我们检查了所有高度和宽度等尺寸。(而且它又是为邦首长建造的!)我们就应用了最大的模度尺寸。真是一件杰作!建筑体量是原来设计的两倍!是一个尺度过大的官邸!

我们把它建造成了巨大尺度的建筑物。

每一个细节不得不重新考虑。我们选择了一个足够低的模度尺寸从而使立方体的高度减半,同时,让我们也回归到正常的人体尺度。我们错过了多么美好的事物!已完成的施工图纸显示出我们还是让州长住回到了人的居所(图 13-15)。

**

这个项目中的某些建筑物的几何尺寸将模度的质感体现出来。但是,其中部分重要的空间元素可以通过基准线来确定尺寸。高等法院的平面简化示意图可以看成一个正方形、两个正方形、黄金分割矩形或$\sqrt{2}$矩形。如果所有元素都按照这种模式和谐地组合在一起,那么建筑就会朝着良好的方向发展。(图 13-6、图 13-9、图 13-10)

**

至此,读者已经见证了算法、模度的丰富构造性和基准线之间的同步 [图 13-17、图 13-17 上]。

**

有效地将水的镜像运用于建筑设计中给这个历史时刻上加了一笔。1955 年 3 月 20 日,尼赫鲁先生主持的法院大楼落成典礼的第二天,我们的设计意图在夕阳的余晖中淋漓尽致地展现出来:设计的

montre, par reflet, le double carré

图 13-16

图 13-17

三个水池中只有一个在那一天被建成。在水池中，一个新的建筑实体以理性的清晰绝对真实地显现出来。图 3-16 展示了所发生的一切。奇妙的画面在轻拂的微风中时隐时现。

第三节　建筑学
标准，单元

　　音乐在继续……今后它将伴随着我们所有的研究过程。

艾哈迈达巴德博物馆：

　　1931 年，我为《艺术手册》创立了一个无立面的博物馆形式，螺旋排列的正方形，可以无限制地扩展。我曾经在一家小酒馆遇到舒赛尔。当时他被莫斯科政府派到巴黎，对博物馆进行调研以便准备国家图书馆的计划。他的观点在我看来有些因循守旧。而我，身上没什么任务，即兴就想出了无立面的现代博物馆……把项目假设在巴黎郊区的土豆地里，边缘经过一条国道（或者在其他地方）（图 13-18①）。

　　经过这几年，想法变得更加清晰，并且给它取了个名字："认知博物馆"，这是一个可以通过所有的视觉的和城市的方法解释和论证

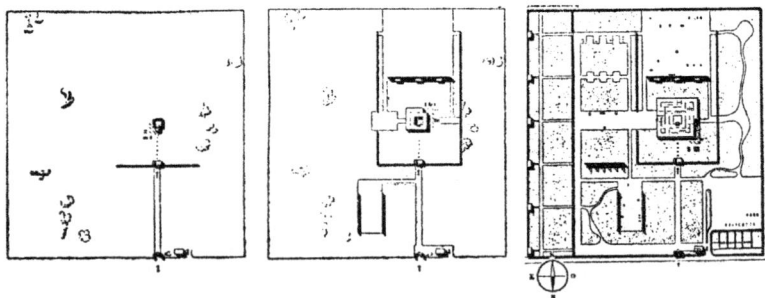

图 13-18

① 见《勒·柯布西耶全集》，Gisberge 出版，第 2 卷，1931，72 页。

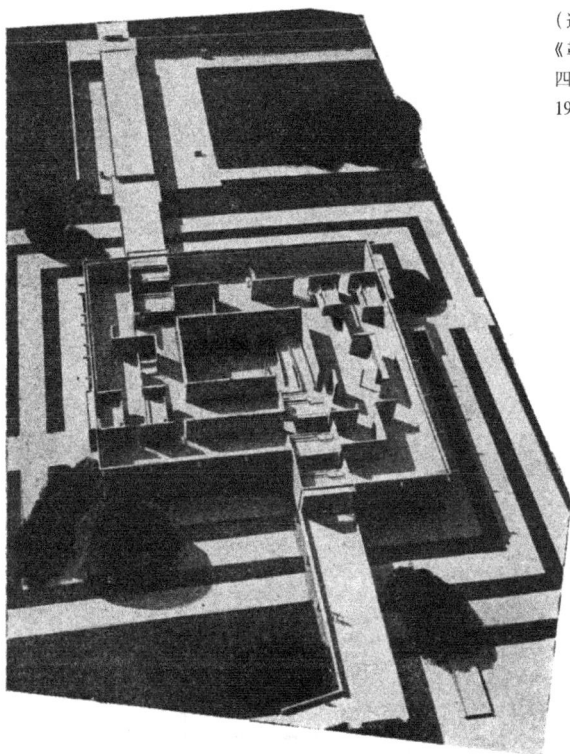

（这些模型的照片出现于《勒·柯布西耶全集》第四卷，Gisberge 出版，16、19 和 20 页）

图 13-19

的工具，像一个煤气表或者一座发电站。从一个中心柱子开始的，柱子周围螺旋环绕着边长为 7 米的正方形，它们组合成一个社会群体、一座城池、一片区域。然后根据可能性和需要进行建设；也可以日复一日地增长。入口在底部的中间位置。我们经过这些架空的柱子进入（现在和以后都一样）。因此，博物馆将是没有立面的。在即将到来的时间里，架空的柱子对仓库有很强的有效的保护作用。这是一个颠倒的世界？无关紧要！

　　1939 年，重新调整了为北非城市菲利普维尔所做的平面。战争爆发！博物馆国际办公室已经在它的刊物《Mouseion》上刊发了项目图纸，把它作为一个基本的投入。所有的柱子都是相同的，所有的过梁也一样，都是 7 米的长度，横梁也一样。临时立面使用了巨大的可拆卸的垂直水泥瓦片。吊顶使用了标准构件，利用自然光和组合光源。比例推动了整体。漂亮的模型也被做出来了。这些模型在 1940 年 6 月，大宫的法国海外省展览中令人惊讶地坍塌。1954 年，在昌迪加尔，喜马拉雅脚下，火炉的一角（1 月，酷暑中！），皮埃尔·让纳雷通知我说那些模型正在格勒诺布尔的博物馆安静地睡大觉呢。

1951 年，印度的棉纺织品中心，艾哈迈达巴德市政府委托我建造这样一个博物馆，叫做"科学博物馆"。我们打算表现这个城市居民过去的面貌，他们曾经做过的、他们今天所做的以及他们明天将

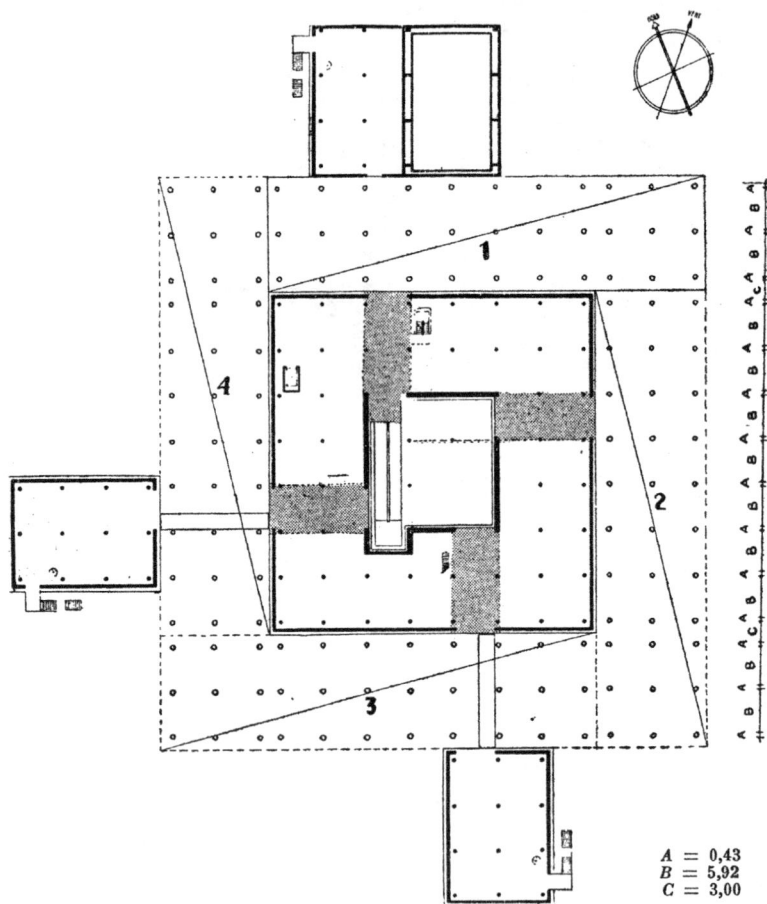

$A = 0,43$
$B = 5,92$
$C = 3,00$

图 13-20

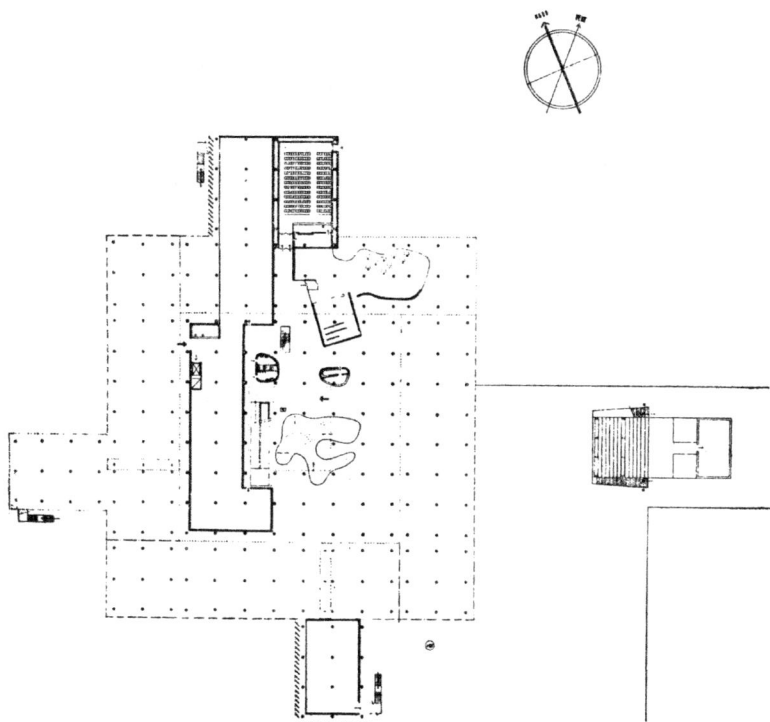

图 13-21

做的。艾哈迈达巴德的恶劣气候促使我们采取必要的预防措施。

艾哈迈达巴德博物馆也与构成方式同步：

算术，通过螺旋排列的 7m×7m 的正方形来诠释。

生物学（建筑学的）通过螺旋形的发展表现出来；但是这一个在连续的角中断了，似乎呼应了人的行为，法规是交替的而不是持续的，

几何，通过正方形显示出来。

通过模度的构造性，构建标准化使内部空间流动成为可能并且有利于无限扩展。

产品是多样化演出和数不清的建筑学事件的后续。和谐。（图 13-20、图 13-21、图 13-22、图 13-23）

建筑学，标准，单元！

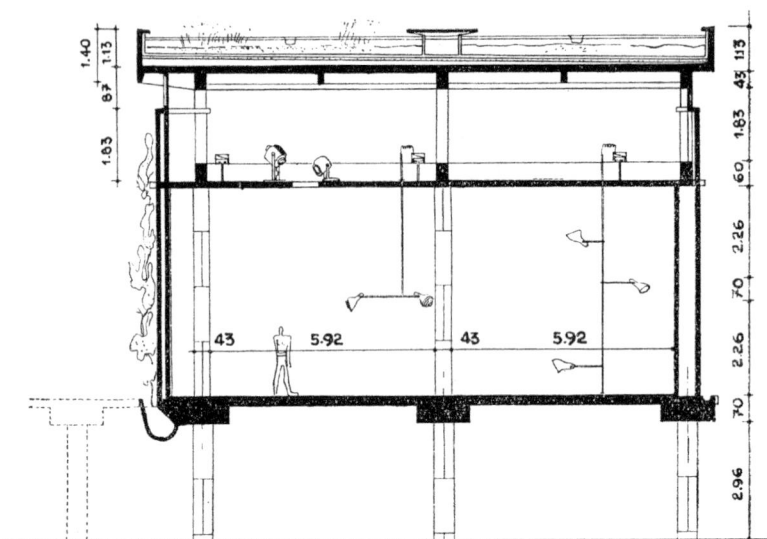

图 13-22

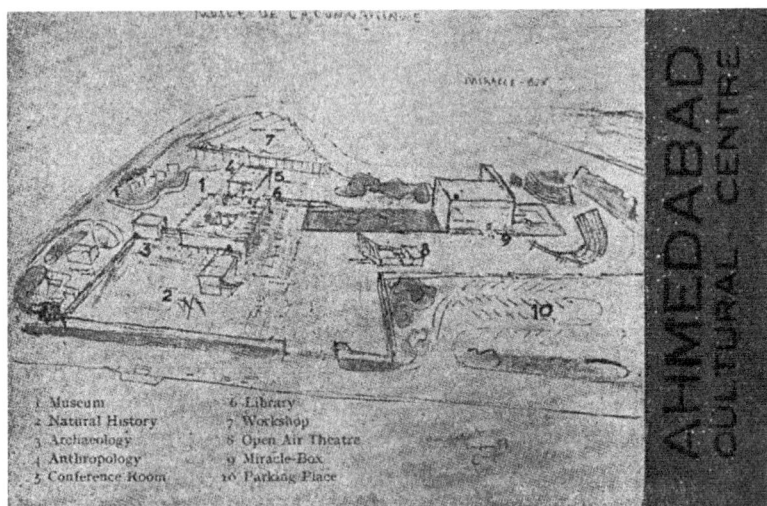

图 13-23

（艾哈迈达巴德博物馆的第一个方案，《勒·柯布西耶全集》第五卷，Gisberge 出版，161 页）

*
* *

马赛公寓。

我只是想展示这个大型建筑的一些细部，而不是那些毫无美感和诗意的重复所造成的这个建筑学上的爆炸。

1948 年的《模度》中已经提供了关于马赛公寓的信息，施工也开始了。在这些偶然拍下来的结构照片中，展示了钢筋混凝土的梁柱、型钢，与折叠铝板梁以及透光的捣实混凝土栏杆结合在一起。工地充满了协调的、比例的、友好共存的气氛，一个形式受到另一个形式的影响，一个表面受到另一个表面的影响，一条线受到另一条线的影响，从高到低地伸展。这些就是马赛公寓的成功之处，在建筑内部，这种和谐带给参观的人们安慰及鼓舞，精确性无所不在。在纷乱的建造过程中，没有出现一件废品、一片有妨碍的墙、一个错误、一个死角。所有的都被想到了。所有的都被呈现出来（图 13-24、图 13-25）。

除去一个不专心的工程师的两个随意做法：玻璃的尺寸不符合调节比例，预制混凝土块的尺寸使用了奇怪的模度，他因此失去了参与项目的机会。当时我在纽约，专心于联合国项目的图纸（图 13-26）。这种冒失的做法与模度中间的数字形成对立，我是如此沮丧，

图 13-24　底板被故意翻转了四分之一，以便展示除了所有的实际应用之外，谐调在各种不同元素间延伸

图 13-25

图 13-26

图 13-27

在激怒的尽头反而产生了单元外表多色处理的这种创造。但是那些颜色是如此光彩夺目，使注意力从不协调中脱离，被带到不可抑制的较多的色彩感觉激流中。没有这些错误，马赛公寓也许就不会拥有一个如此多色的外表（图 13-27）。

南特—河兹公寓现在已经完工了，进一步肯定了在马赛的创造。

居住单元最原始的创造曾经在《模度》（1948）中有所展示，83 页，图 5-2。也就是说两个开洞（玻璃墙）组成了一户的两个立面，前和后：一个大窗洞和一个小一点的。这两个窗洞划定了"家庭组成"（户）的界限：公寓。1948 年的图纸在施工过程中已经被完善了。在南特—河兹的项目中，进行了同样主题的更正。在我们所处的年代，模度形成了一种家庭单元的可能的表达方式，把建筑学从维尼奥拉的束缚中解放出来（图 13-28）。

这一系列模数通过立面上预制水泥板的立柱或者横梁表现出来。示意图表示了南特那栋建筑的三个主要立面、东立面、南立面和西立面。使用了 9 个不同的预制模度块，在地面现浇。这就是标准化！

在这里，一个消息。我收到了关于昌迪加尔国会大厦项目以印度比例尺（尺寸以英尺和英寸）标注的平面。我们在巴黎完成的平面，没有尺寸标注，但是所有尺寸都是根据模度来确定的。所得到的鼓励是所有国会大厦的图纸从未尺寸标注，但是被准确地绘制，它们被昌迪加尔印度建筑工作室转换为英式比例尺，自动的，（完全）使用英尺——英寸，以"模度 6'"（6 英尺）为基础。这是极其令人惊

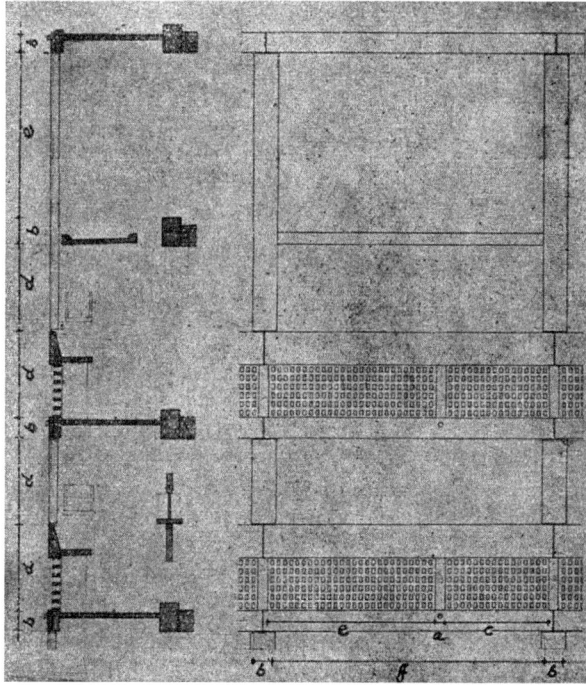

$$a = 0,13 \qquad d = 1,13$$
$$b = 0,27 \qquad e = 2,26$$
图 13-28 $\qquad c = 1,40 \qquad f = 3,66$

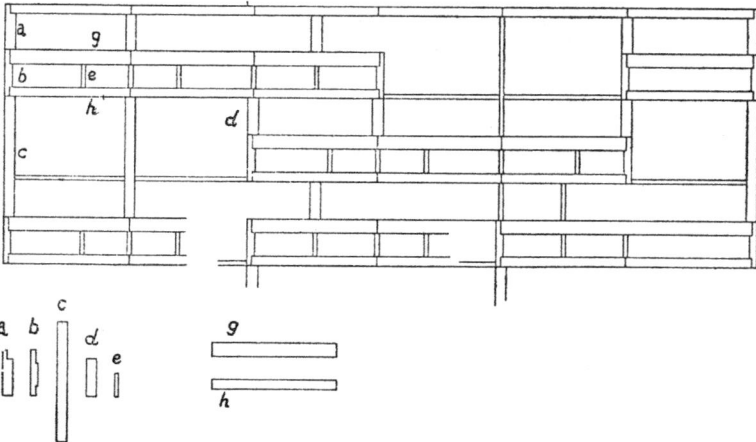

图 13-29

讶的简化。印度人负责我们的图纸（工程师的、建筑师的）。比如，1951 年设计的高等法院，目前正在建设中，在施工过程中未发现任何错误。同样的情况也发生在秘书处的建筑（包含 9 个部），也在建设过程中。所有都在轰隆隆地前进着！图表，工地，在巴黎，在昌迪加尔工程师们的工作室。

第四节 与人无限接近

1951 年 12 月 31 日，在蓝色海岸一家小"快餐厅"的餐桌一角，作为送给我妻子的生日礼物，我画了一个"小屋"的图纸，下一年它将被建造在一片被海浪压实的岩石上。这些图纸（我画的那些）

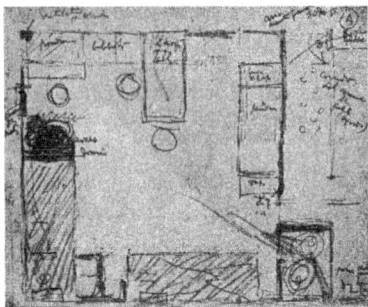

图 13-30

图 13-31

图 13-32

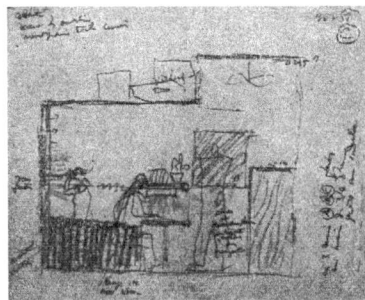

图 13-33

图 13-34

图 13-35

花了我 45 分钟的时间。它们是最后的图纸；没有任何改动。小屋已经根据整理过的图纸建成了。是模度，这个方法的安全性决定了一切（图 13-30 ～ 图 13-36）。

图 13-36

1954 年 8 月 29 日，纪录被刷新：半个小时之内，我给"快餐"店的老板罗伯特画了 5 个用于出租的"帐篷单元"（226×366）的最终图纸。它的体量和设施提供了如同轮船特等舱一般的舒适。半个小时！（图 13-37、图 13-38）

这些年来，没有真实比率的建筑学令人悲伤，1949 年，在研究更好地开发利用蓝色海岸的土地其间。我就已经依靠这段时期的一个专利：专利 226×226×226（之前在图 12-15、图 12-16 中提到过[①]）。

我们自己发现了问题的关键：*蜂窝居住空间*的实现。在这里精确度仍然是肉体和精神舒适的源泉。这个可居住的蜂窝空间自己提出了以不同人体尺度为基础的面积。

1954 年 2 月 8 日，我在昌迪加尔没有进行草图研究，以一种破纪录的速度对数字进行简单的罗列，决定了高等法院入口处镀金青

---

① 参见《勒·柯布西耶全集》第五卷，73 页，Gisberge 出版

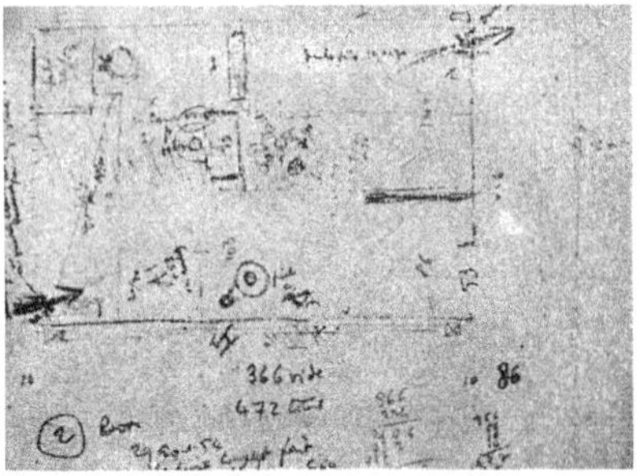

图 13-37

图 13-38

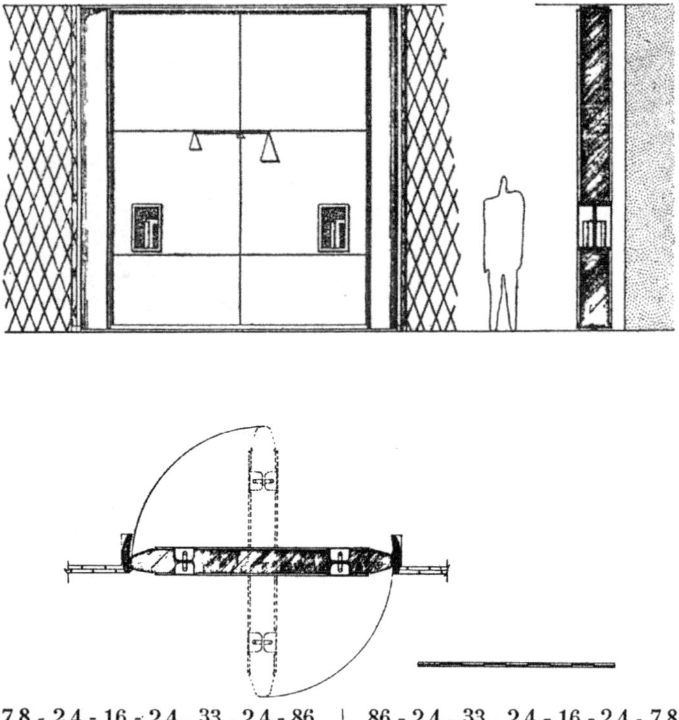

33 - 7,8 - 2,4 - 16 - 2,4 - 33 - 2,4 - 86 ┃ 86 - 2,4 - 33 - 2,4 - 16 - 2,4 - 7,8 - 33
33   10,2   139,8   139,8   10,2   33
            183   183

366

图 13-39

铜大门的尺寸和构成。针对 366 的高度，开口宽度为 3.66 米。把手便于抓取，门围绕中心旋转。高度是模度化的：366；宽度是模度数的一个增加值，总和：366（图 13-39）。

第五节　自由艺术

在混凝土表面上浇铸的模数图像
另一个在南特—雷兹的图像
朗香教堂
昌迪加尔张开的手
一个非人性大厅的改造

在马赛，在混凝土表面浇铸的模数图像，从 1948 年的《模度》（图 5-8、图 5-10）开始做准备，请看在工作室中绘制在黑色画布上实物大小的图样，一个木制模板，以及实施后的水泥墙面实物照片（图 13-40 ～图 13-43）。

图 13-40（左）

图 13-41（右）

图 13-42

图 13-43

这个创新在南特—河兹地区得到了反响，在施工中，方案有几次改动。这些表现了不同的尺度比例的复制品，从此刻写在室外楼梯间的水泥隔板上。我们将一个住宅的实物尺度剖面完全呈现在居民的眼前，为的是让居民们自己来衡量，在什么样的一个（小）尺度下，人们足可以宽松自在地生活。也就是说：运用一种通过大幅度减小房子的体量的方法帮助解决居住问题［奥斯利（82 页）终于有理由在这些线条前狡黠地坏笑。图 13-44]。

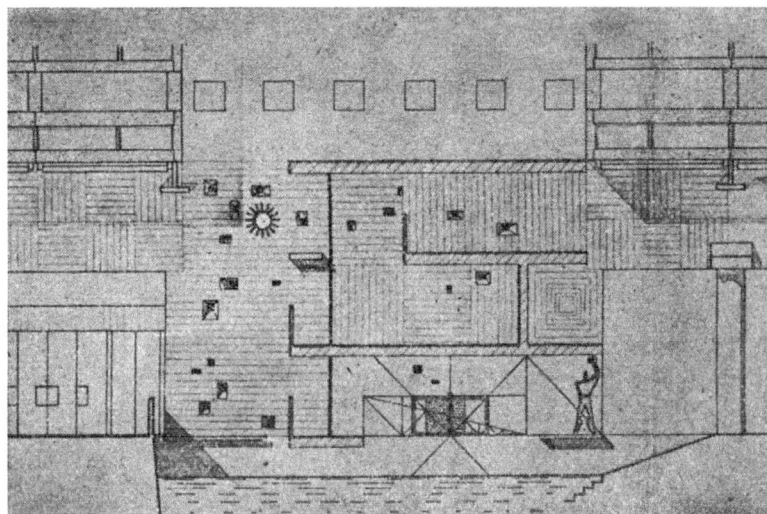

图 13-44

图 13-45

图 13-46

　　这是马赛公寓入口大厅的隔墙，根据 5 个模度尺寸浇灌了无底无盖的水泥盒子。这些盒子被叠放在一起，留下水泥灌注的痕迹，彩色或者白色的玻璃以手工的方式镶嵌在灰泥中。无论在大厅中还是在位于 15 层的幼儿园，这个墙面所带来的建筑艺术上的丰富性是不容置疑的。从此它带来了一种不需要腻子的彩绘窗的新艺术，并且留在了时间的精髓中（图 13-45、图 13-46、图 13-47）。

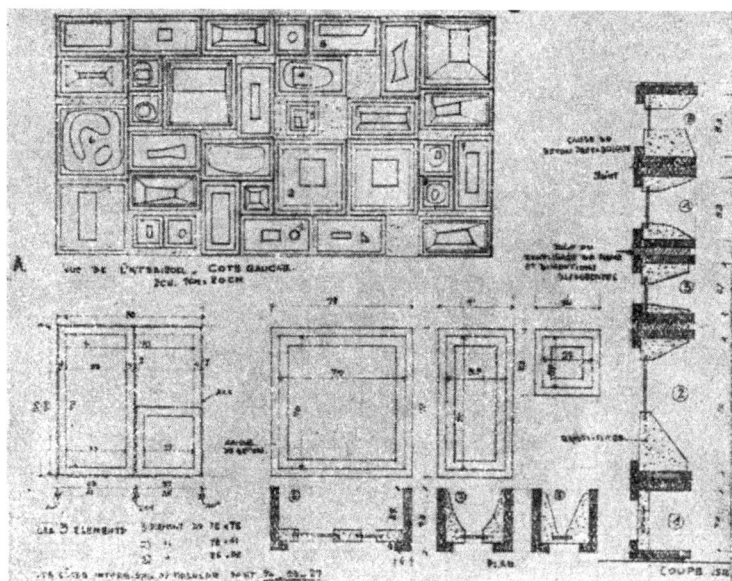

图 13-47

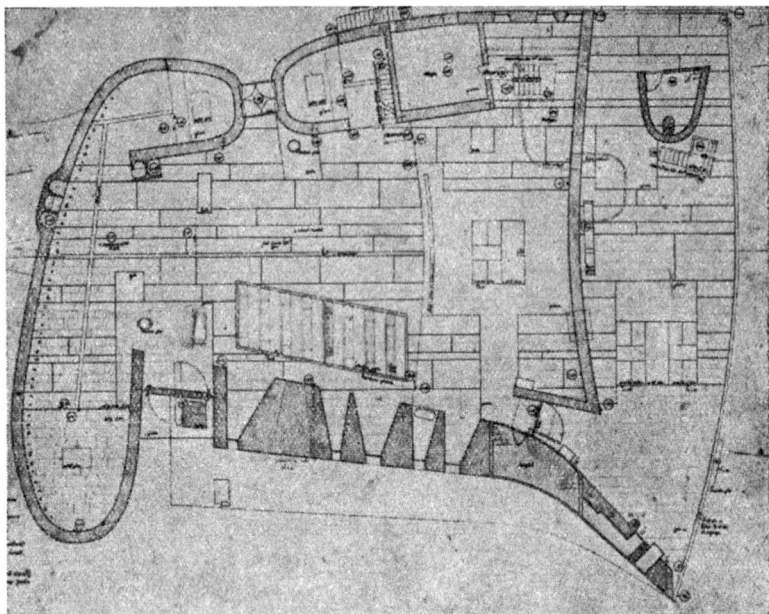

图 13-48

在同时期的艾哈迈达巴德的别墅群也采用了同样的系统。

朗香教堂（图 13-48 ~ 图 13-51）

我，基本上是反对"模度"的，它打断想象，主张物体的孤立性，而导致创作力僵化。但是我也绝对相信一种比例（诗意的）关系。这些比例关系拥有不同的、多样的、不可胜数的定义。我的思想还不能够接受法国标准化协会和维尼奥拉在建筑上提出的模度。我不接受"人体各部分比例标准"这个概念，我想要的是具有理性关系的物体间所产生的和谐。

朗香教堂将在 1955 年的春天竣工，它或许证明了建筑不是柱子之间的学问，而是造型元素之间的学问，学校或者学院的公式解决不了这些造型元素的问题，它们是自由的，不可胜数的。朗香教堂是建立在孚日山脉最后一片山体上的进香堂，将是一个静思和祈祷的场所。它西面俯视索恩平原，东面是孚日山脉，南面和北面分别是两个小峡谷。四个方向的景观是一种存在，它们是主人。教堂

图 13-49

作为"视觉领域的听觉器件"
与这四个不同层面的景观对
话。这是一种必须深入到每
件事情当中去的亲密关系，
它能够产生出深入到难以表
达的领域的光芒。内外皆为
白色，但一切都是真正自由
的，没有任务书和规矩条例
的限制，现存的问题被转化
为有利元素。一切都是协调
的。抒情诗，诗意的想象，
都通过无私的创作，通过比

图 13-50

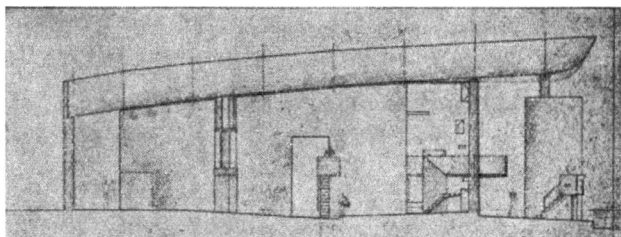

图 13-51

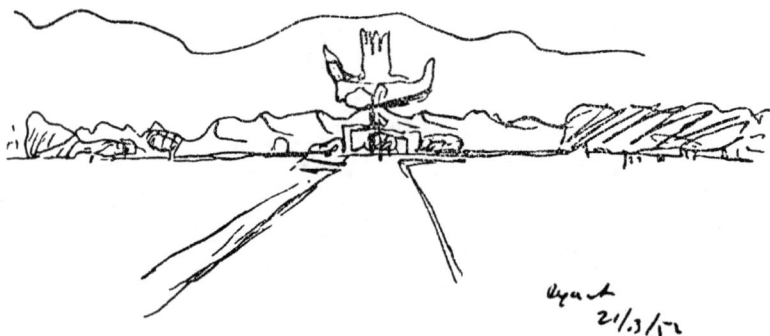

图 13-52

例的光辉而发散出来，所有这些都依赖于完美的数学组合。在这里，与这些模数资源游戏是一种幸福，并不时用眼角审视以避免愚蠢的行为。因为它们监视你们，抓住了你们的手，拉住了你们外套的下摆，诱惑你们走入深渊。

"张开的手"，昌迪加尔。

从 1951 年起，"张开的手"出现在喜马拉雅山脉前、在新的首都的前部出现（图 13-52）。

"张开的手"的设想开始于 1948 年（图 13-62），此刻和随后的几年，这个想法一直占据着我的头脑。在昌迪加尔这个想法首次得以实现，并且受到了热烈的欢迎！ 1952 年，在我的旅行手稿册中，它从空白中显现出来，从一个需要从平原上的黏土中挖掘出来的壕沟中显现出来。

壕沟成为一个选择的场所，我将它命名为：《思索的壕沟》（图 13-55）。

1952 年的 3 月 27 日，还是在昌迪加尔，在现场，我第一次赋予了这些组合图形以尺度（图 13-53）。

1952 年 4 月 6 日，一直是在昌迪加尔，我寻找一种有规律的线条，我从塞拉尔塔－迈索尼耶的线条中得到了启发。但当时这仅仅是一个设想——也许也可以把它说成是一种愿望！（请看之前的 208 页及 322 页）（图 13-54）。

构思在 1952 年 4 月 12 日得以确定（图 13-55）。

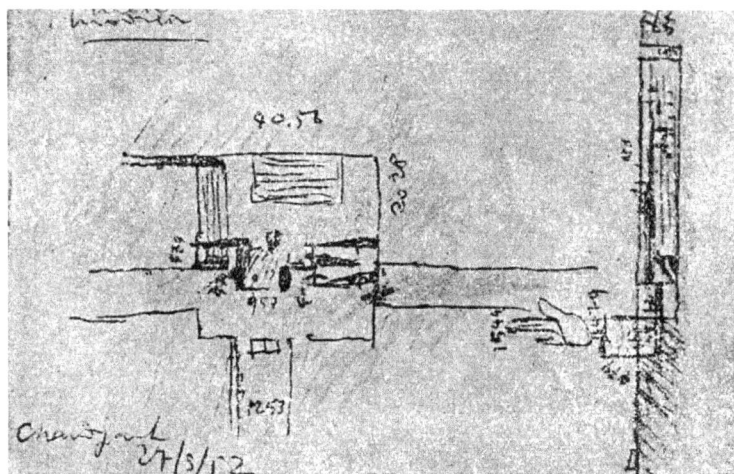

图 13-53

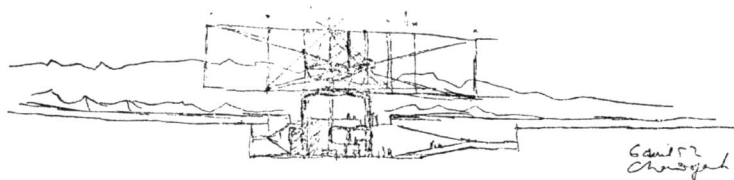

图 13-54

图 13-55

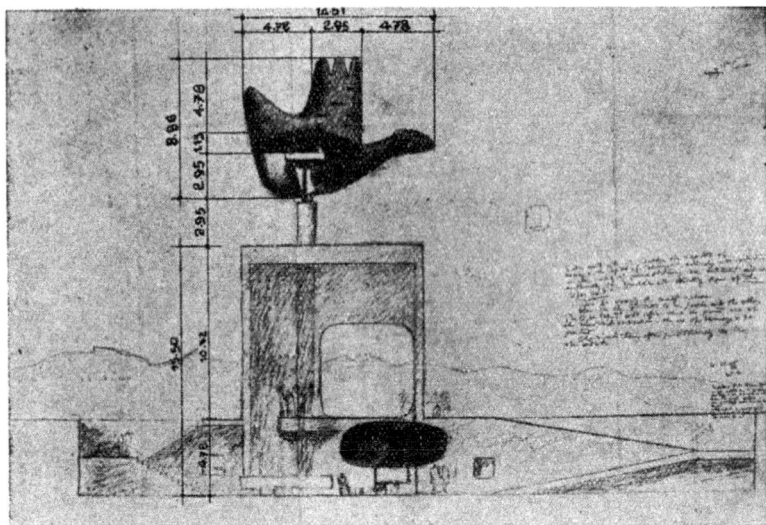

图 13-56

　　1954 年 2 月 27 日的深夜，从孟买到开罗的飞机上，我唤醒记忆深处的数字来继续我的研究。（怀疑者！）

　　1954 年 7 月底，在马丁岬，来自昌迪加尔的瓦尔马请求我立刻就考虑这个纪念物的建造，虽然只是作为自己的资料收藏，我仍然将模数应用到创作中（1954 年 8 月 1 日的草图）。从 8 月 1 ~ 12 日之间，我绘制了 27 张构思草图，这些草图似乎为我带来一些最终的成果。这里，模数，这个富有创造力的奴隶，与我的头脑一起成为主角，两个一起！然而自发地，8 月 28 日，当我正在用刚刚修剪好的芦苇进行尝试的时候，我再一次找到，一根线……（图 13-59）第

图 13-57

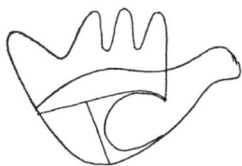

图 13-58

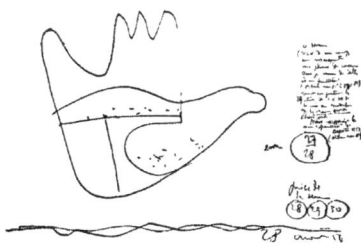

图 13-59

图 13-60

图 13-61

图 13-62

二次澄清了 1951 年的波哥大的"张开的手"（图 13-58）。在第 40 张图中，一个有效的解决措施出现了，正好符合 19 ~ 27 号图的模数网格。巨大的飞跃被赋予想象力，但这一次，是在一个数字的固定的网格中。（图 13-61、图 13-56、图 13-57）

从 1948 年开始，这件综合了建筑、雕塑、机械学、声学和伦理学的作品从艺术创作一直发展到实施详图，一步步逐渐地走完了它的历程。

*
**

一个非人性的大厅的改造

人周围的一切，就是模数最重要的价值。

巴黎的国立现代艺术馆是一个很不尽人性的地方，1953 年 11 月 ~ 1954 年 1 月展览我的绘画作品的展厅，同样也是一个非人性之地。很多著名的画家：马蒂斯、布拉克、毕加索、莱热和雕塑家洛朗、摩尔等的作品都被一些模棱两可的尺度空间缩小了尺度。我试着用重新建立人性尺度的方式来避免这个不幸。有人为我鼓掌喝彩，也有人埋怨我。我来提出这个现成的问题，由读者自己来判断和评价：这是一个错误的尺度……为什么，怎么样？或许我们可以证明；但无论如何我们已经感受到了。也许这是适用于矮子和长颈鹿的建筑尺度，我们不能明确地知道！但总之不是为人而设计的。它或者是

图 13-63　　　　　　　　　　　　　图 13-64

图 13-65   图 13-66

非凡的，就像罗马圣皮埃尔教堂的内部[①]，或者是令人丧气的，就像我们现在所在的巴黎国家现代艺术馆的展厅一样。合法的艺术品总是很让人乏味，丢失了与人之间的真正的关系，而人本身，正是它们唯一的受众。

因而，对于这个国立现代艺术馆的展览，改造就是在参观者和展品（油画、雕塑、图片资料）之间建立一种创新的有效的联系。这个联系产生了另一个参与者，那就是：赋予那些空间（展览空间和接待空间）人性的尺度。我们在这样一个丧失尺度的，以数字 226 为尺度的大厅里组织各种体量，开发其内部和外部的展览面积来固定油画，放置雕塑和文献资料，是冒很大的风险的。我的朋友费尔南·莱热在开馆的那天向我说："我很难过，你把这样一个美丽的大厅给毁了！"我是一个建筑师，我的职责是组织空间，也许我把这个大厅毁了，难道我没有事先说明吗？……当我的展览结束以后，大厅就恢复了从前的容貌。

这张照片（图 13-68）展示了这次改造的模型；同时还有其他几

---

① 1955 年 3 月，在去新德里的途中，我在罗马转机，快速地参观了圣皮埃尔教堂，我曾经对到机场来向我问候的奈尔维说，"我在圣皮埃尔教堂有桩心事要解决。"1910 年、1921 年、1934 年和 1936 年对这座巴西利卡的多次参观，已经让我心生厌倦，这一次，1955 年 3 月 15 日，情况依旧没有什么改变。在圣彼得教堂发生过一些事情；米开朗琪罗的接班人罪孽深重……

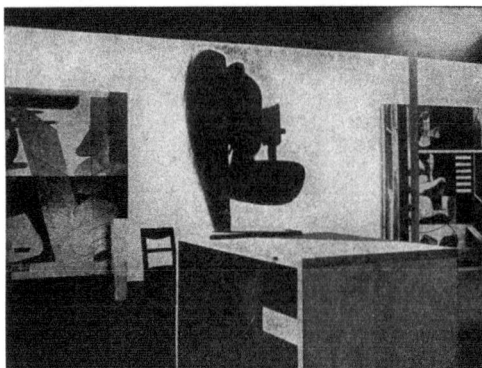

图 13-67

图 13-68

张角度不同的照片。唯一的评价就是：首先，所有的展出作品，雕塑或者油画，都展示了它们自身的尺度。然后，如果它们还有可能，再散发或者产生那些具有诗意的情感（图 13-63～图 13-68）。

*
**

昌迪加尔 576 平方米的挂毯。

P·L·瓦尔马先生
政府工程师
旁遮普邦的新首府项目
昌迪加尔

挂毯被用来保证昌迪加尔法院高等法庭和 8 个小法庭的声学要求。

————

词汇：建筑＝法院；

厅＝一个高等法庭或者 8 个小法庭之一；

挂毯＝覆盖高等法庭或者 8 个小法庭之一的背景墙上；

元素＝从一块挂毯出发；

3 种形式的元素：a）标准单元；

b）特殊单元；

c）余数；

色卡；

负责人（每一个挂毯的）。

————

1954 年 3 月 16 日于巴黎

所采用的方法看起来很有效，我在塞弗尔大街设立工作室致力于解决这些问题。我希望几天以后能够发给你们这些挂毯的定单。

我列举了有问题的数据：

1. 这些挂毯会被挂在高等法庭尽端（在法官的背后）的墙上（图 13-70）。

12 米 × 12 米 = 144 平方米（1550 平方英尺）

同样在小法庭尽端的墙上（没有那么多的门）：54 平方米（581 平方英尺）＝面积为 54 平方米的 8 个挂毯（图 13-73、图 13-73（b））。

2. 以模度为基础，这些挂毯由以下独立的单元组成：

a）*高等法庭*

8 个 1.40 米 × 4.19 米（3.66+0.53）的单元 = 5.866 平方米

（4'-7"）×（13'-9"）=（63 平方英尺）

8 个 1.40 米 × 2.26 米的单元 = 3.164 平方米

（4'-7"）×（7'-5"）=（34 平方英尺）

5 个 1.40 米 × 3.33 米的单元 = 4.662 平方米

（4'-7"）×（10'-11"）=（50 平方英尺）

5 个 1.40 米 × 2.26 米的单元 = 3.164 平方米

（4'-7"）×（7'-5"）=（34 平方英尺）

b）*小法庭*

5 个 1.40 米 × 2.26 米的单元 = 3.164 平方米

（4'-7"）×（7'-5"）=（34 平方英尺）

2 个 1.40 米 × 3.33 米的单元 = 4.662 平方米

（4'-7"）×（10'-11"）=（50 平方英尺）

2 个 1.40 米 × 2.26 米的单元 = 3.164 平方米

（4'-7"）×（7'-5"）=（34 平方英尺）

3. 总共需要制做的挂毯为：

高等法庭：144 平方米（1550 平方英尺）

小法庭：54 平方米 ×8=432 平方米（581 平方英尺）8=（4650 平方英尺）

总和：576 平方米（6200 平方英尺）

576 平方米的挂毯。

4. 这些挂毯同时也由：a）"标准"单元

b）"特殊"单元

c）"余数"（图13-69）

构成

高等法庭：

8个1.40米×4.19米的单元 ＋ 1个1.33米×4.19米的余数

（4'-7"）×（13'-9"）　　　（4'-4.5"）×（13'-9"）

8个1.40米×2.26米的单元 ＋ 1个1.33米×2.26米的余数

（4'-7"）×（7'-5"）　　　（4'-4.5"）×（7'-5"）

5个1.40米×3.33米的单元 ＋ 3个"特殊"单元

（4'-7"）×（10'-11"）

＋ 1个1.33米×3.33米的余数

（4'-4.5"）×（10'-11"）

5个1.40米×2.26米的单元 ＋ 1个"特殊"单元

1.13米×2.26米

（4'-7"）×（7'-5"）　　　（3'-8.5"）×（7'-5"）

＋ 1个1.33米×2.26米的余数

（4'-4.5"）×（7'-5"）

小法庭：

5个1.40米×2.26米的单元 ＋ 1个0.72米×2.26米的余数

（4'-7"）×（7'-5"）　　　（2'-4.5"）×（7'-5"）

2个1.40米×3.33米的单元 ＋ 3个"特殊"单元

（4'-7"）×（10'-11"）

＋ 1个0.72米×3.33米的余数

（2'-4.5"）×（10'-11"）

2个1.40米×2.26米的单元 ＋ 1个"特殊"单元

1.13米×2.26米

（4'-7"）×（7'-5"）　　　（3'-8.5"）×（7'-5"）

＋ 1个0.72米×2.26米的余数

（2'-4.5"）×（7'-5"）

每块挂毯的四周都配有四个包金属的小孔（好像卡车的篷布），使其能够通过弯头钉独立地悬挂起来（见附加的草图）。钉子可以通

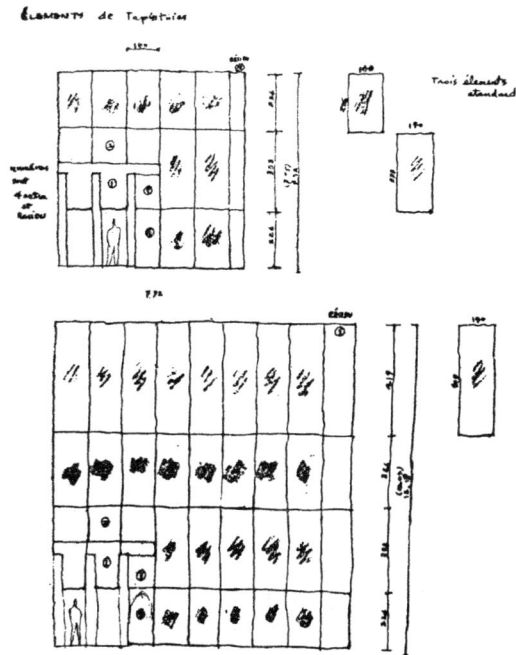

图 13-69

过"射钉"枪随意固定。

5. 听说这些挂毯是在乡村（在工匠们的家里）和监狱里织出来的。

在这里所设想的订货方法能够很容易地分配订货。比如，我们可以向一个村庄或者一个监狱订购一块 54 平方米或者说 144 平方米的挂毯。每块挂毯的"负责人"再把它们拼接在一起：

a) 一个挂毯的平面，比例为 5 厘米表示 1 米（图 13-71）。

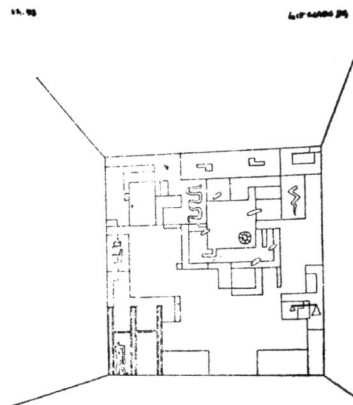

图 13-70

这些挂毯（用于小法庭的，被称为 A 或 B 或 C 或 D 或 E 或 F 或 G 或 H，用于高等法庭的，被称做 HC），每个单元的四周都用线表示它的标准尺寸：

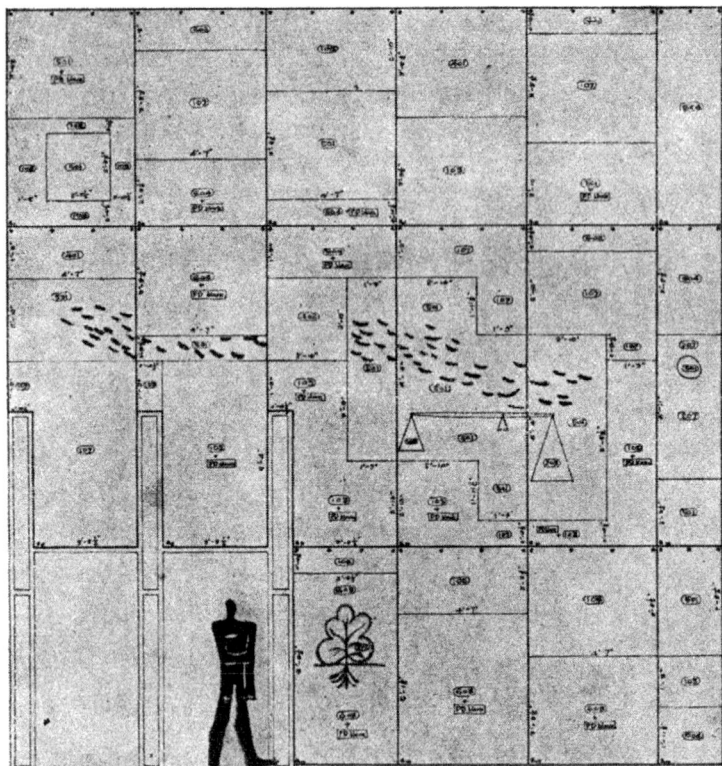

图 13-71

140 米 ×2.26 米   140 米 ×3.33 米
(4' -7") × (7' -5")   (4' -7") × (10' -11")

140 米 ×4.19 米
(4' -7") × (13' -9")

······

每个单元代表一个编号。比如：

A1   A2   A3   ······
B1   B2   B3   ······
C1   C2   C3   ······

······

用这种方法，每个挂毯单元都有一个确切的完美的称号，标在每块挂毯的左下角。

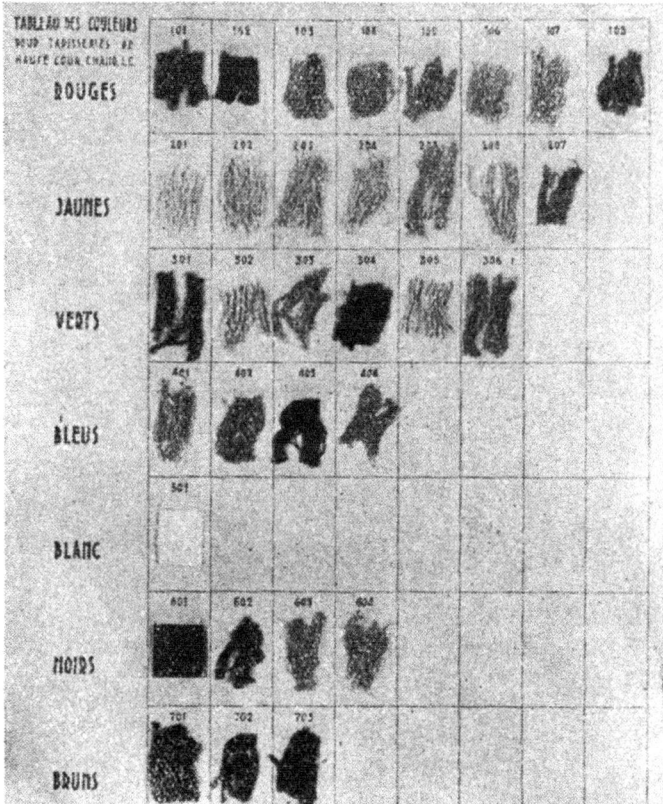

图 13-72

b）负责人会收到两份这种挂毯的平面。他用剪刀把其剪开，然后，按照意向进行分配，比如，把一个单元分配给一个家庭，另两个单元分配给另一个家庭，四个单元分配给一个工匠家庭等。

c）负责人还会收到一张色卡。色卡的尺寸为 52×44，由红、黄、绿、蓝、白、黑、灰等颜色系列组成，以小撮的羊毛或者棉花的形式，它们染色牢固，曾经被应用于昌迪加尔。这些羊毛或者棉的样品粘在卡片的格子里，每个格子里都标有一个周围划着圈的数字（图 13-72）：

红色	101	102	103	104	105	106	107	108
黄色	201	202	203	204	205	206	207	
绿色	301	302	303	304	305	306		

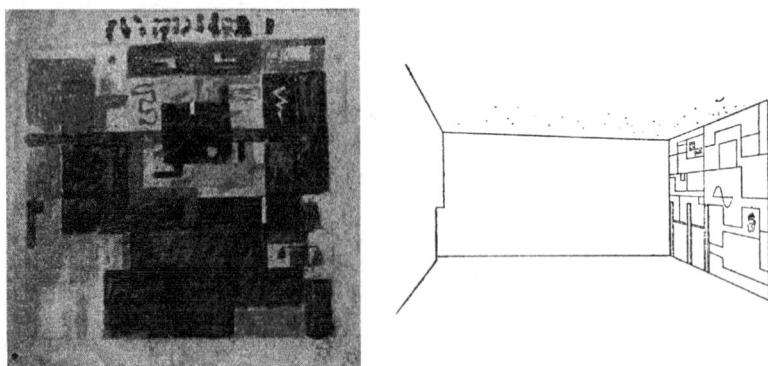

图 13-73

蓝色	401	402	403	404
白色	501			
黑色	601	602	603	604
灰色	701	702	703	704

同样也有用于羊毛染色的数字。

d）负责人、家庭、手工业者或者监狱在组成挂毯装饰图案的每个格子中间会发现那些数字（周围划着圈）。

e）这些单元都是通过模度确定尺寸。同时，每一个都额外以英制单位来标注。这些标注能够保证被委托的每块挂毯单元能够被准确无误地织成。

f）关于数量、图案和颜色等规则都是远距离传播的。这个简单方法是模度应用的结果。

6. 我指定以下这些人：

a）皮埃尔·让纳雷先生对问题进行审定；

b）西姆拉的乔杜里女士和撒帕尔小姐（新德里）负责与那些家庭和手工业者直接联系等。在瓦尔马先生的指导下，她们会在有用的位置定位，把每块挂毯的订单送交给负责人。

我建议一个村庄（包含家庭和专业的手工业者）负责一个完整的挂毯。每个挂毯单元的左下角都织着它的编号：

A1　A2　A3　……

B1　B2　B3　……

C1　　C2　　C3　……

……

7. 这种方法促成了大规模的竞赛。这种分割和工作分配方式可以很容易地在预计的五个月时间里 4 月、5 月、6 月、7 月、8 月完成 576 平方米的委托任务。这将是模度实践在标准化和工作分配方面的论证。

8. 在最后一刻，为了活跃每块挂毯的某些统一底色，我们又增加了四个黑色小方块或者小长方形图案的组合，叫做"点"，并且命名为 PA、PB、PC、PD。这些点或者是黑色或者是白色。（图板 4966，比例 1：1）（图 13-74）

挂毯中应该加入这些图案的部分通过下面这些称呼进行标记：

"PA 白色"或者"PA 黑色"，

"PB 白色"或者"PB 黑色"，

"PC 白色"或者"PC 黑色"，

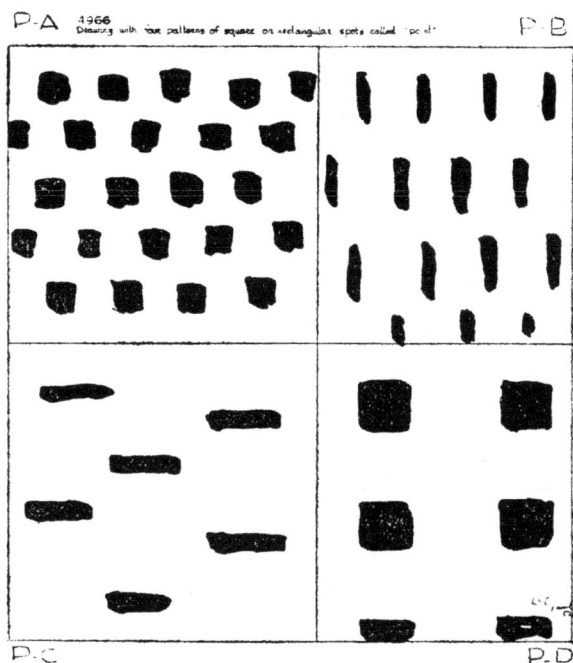

图 13-74

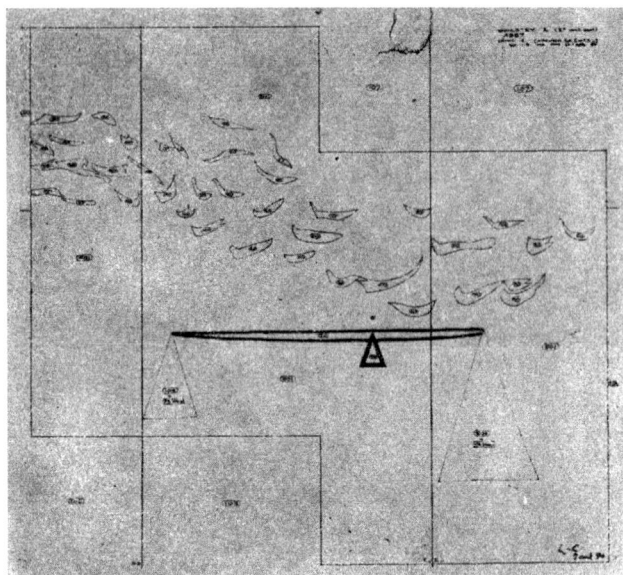

图 13-75

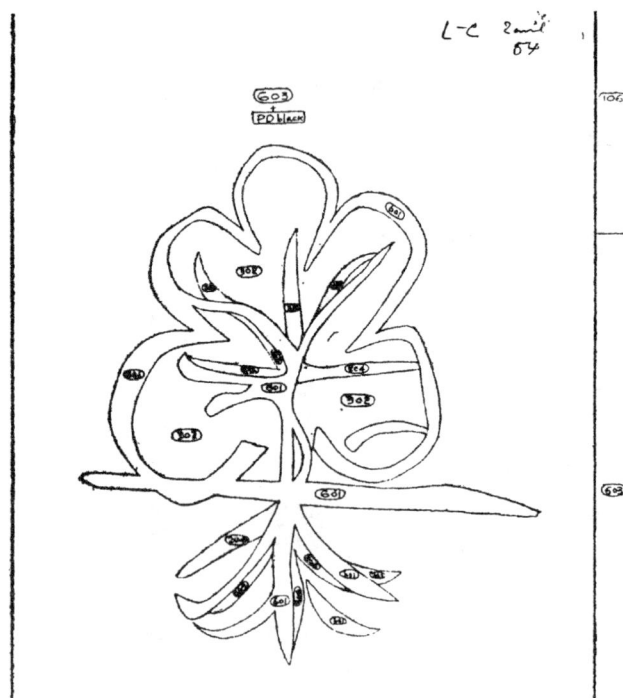

图 13-76

"PD 白色"或者"PD 黑色"，

被圈在一个长方形内。

9. 另外，用于活跃挂毯某些部分的图案，比如太阳、云、闪电、曲线、手、脚……以 1 : 5 的比例被分别画了出来。

这些图案有时候由一条黑色的线环绕着，线宽通过图案来体现（图 13-75）。但是在颜色周围的边界用细铅笔线标记（图 13-76）。

10. 这些编号的图板，以 1 : 5 的比例画着一道闪电、一只手、两只脚……这些图案是为了表明挂毯的生产工艺不只能够实现曲线和斜线等连续的线。曲线和斜线虽然是用像台阶的线来表示的；但这并无关紧要。

勒·柯布西耶[①]

*
**

图　画

模度从来没有给那些本身就没想象力的人提供更多的想象力。看看最近的这些插图。它们需要长期的准备工作（在接下来的几年里），但是实现它，大部分时候都比较迅速；但图案的质量并不受影响。产生一个想法需要很长时间，把它表现出来也要花很长时间，再花更长的时间把它们统一在同一个图案里：组合、颜色、价值……它在没有任何约束（或者说优柔寡断），没有基准线，没有模度的情况下诞生，从想法产生之初，就带着抒情性和潜在的诗性。

但是，当我们创作作品或者绘画的时候。要准备一块画布或者一块图板，画线、上色，用笔刷铺开颜色。对于那些将进行长期准备工作的奖励就是不再通过画布进行研究：它表达现有的想法，并把其付诸实现。如果它愿意，可以发现基准线在图案的布局上所表现出来的清晰性（取消其不准确性并且确定公平的比赛）。同时，也可以把模度表放在手里，使其布局中某些重要的点符合模度，并确定模度化的面积……借此，将确定它的图案，保证其正确，因为导致画笔开始画画的争斗已经足够棘手了！（图 13-79）

[①] 最后，我们找到一家信誉很好的印度公司能够在规定的时间独立完成 576 平方米的挂毯。

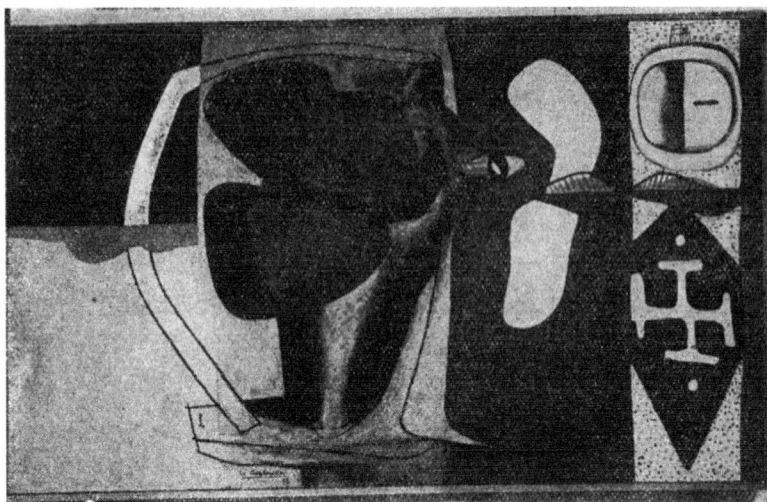

图 13-77

　　特殊的是，1951 ~ 1952 年，我试着利用
模度。我在那些画的一角画上模度的标签，看
起来比较容易发现，为这些研究留下一个真
实的记录（图 13-77，右上角）。所有都被
清除，所有事物都被消化理解，我自问：在
这项事务中引入模度的分级，我是否因此犯
下了冒犯诗意、冒犯神秘、冒犯距离的罪行？

　　请看我 1953 年 9 月 13 日作的画。

　　还有缩小比例的模度的 16 个梯级（10
厘米 ~ 3.66 米），画在工作室的地上捡起来
的一片卡纸上，用了不到 5 分钟的时间（那
片卡纸上还带着画笔留下的污迹）。就是这
个比例尺，我拿着它在昌迪加尔的挂毯组合
图上来回移动，这些挂毯也是以这些比例尺
建立起来的。在这种情况下，工作进展迅速！
对于思想自由的好处就是使双手能够专注于
图画而不是反复探索（图 13-80）。

图 13-78

*
**

挂毯（图 13-81）。

5 年以来，回复了欧比松的一位"年轻人"——"P. 博杜安 -
皮科工作室"——我在纸板上画了大量的挂毯图案。我首先担忧
的是以模度确定挂毯的高度，220（＋6）或者 290（＋5）或
者 360（＋6），以便它们将来有一天能够融入现代建筑学中①。
过去，我曾经把挂毯叫做："游牧者的墙"，好像我们曾经或者将要
成为"游牧者"和房客。家庭用的挂毯回应了合理的对诗意的向往。
但是它的本质就是为了控制它本身的组合。模度有这个能力。

图 13-79

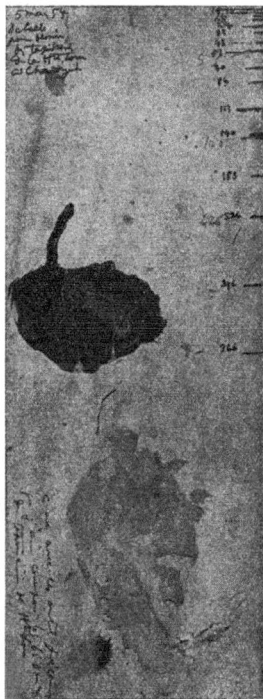

图 13-80

---

① 一般来说挂毯应该直达地面，因此室内的净高为 226、295、366 等。

图 13–81

*
**

活版印刷。

（1953 年 2 月 28 日的笔记摘录。）

在委员会的一次会议期间，我收到尺寸为 33 厘米 ×42.2 厘米的纸，在巴黎一家国际机构使用。模度将其统一为 33 厘米和 43 厘米。[①]

解放后（1945 年），活版印刷的专家福舍设计了建筑者委员会的会员卡。卡片有两个折页，尺寸为 7.8 厘米 ×10 厘米；这正是模度

① 目前，完成了手稿的修改工作，为了画一幅水粉画，我使用了从昌迪加尔带来的一包纸中的一张：印度官方使用的标准尺寸的纸，折半的尺寸和比例符合信封的尺寸。尺寸：34 厘米 ×43 厘米，对折后 34 厘米 −21 厘米，尺寸与"国际建协章程"=21 厘米 ×33 厘米相对应，这个尺寸来源于信封的尺寸 21 厘米 ×27 厘米加上"附属的端部" 6，共计 21 厘米 ×33 厘米。

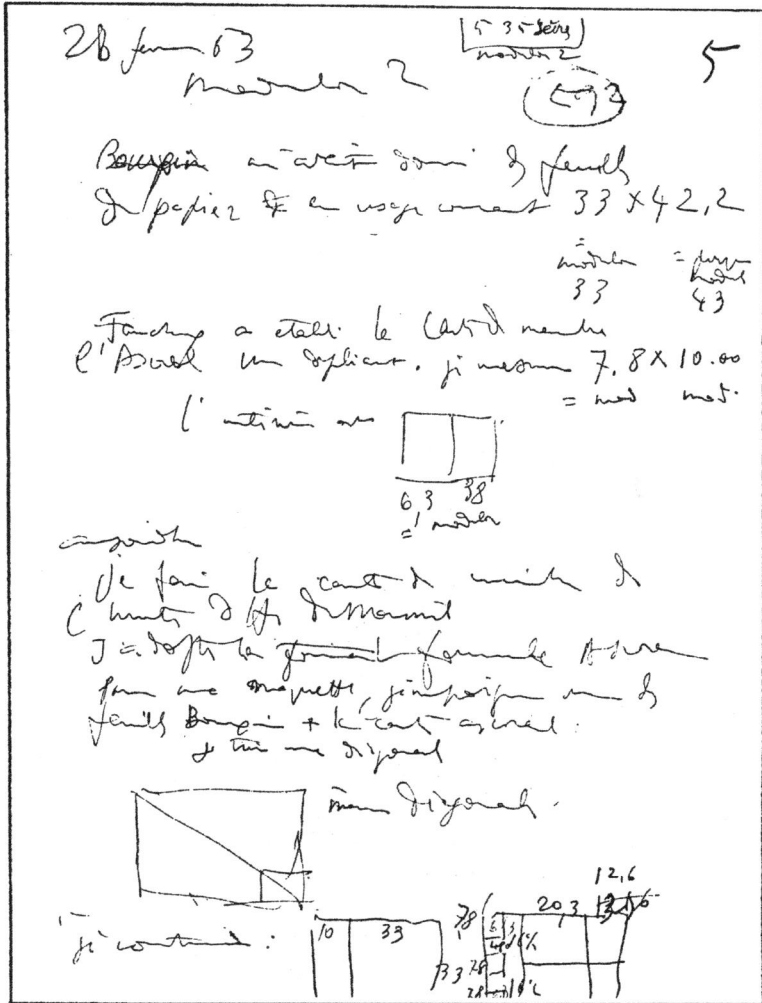

图 13-82

的两个尺寸。今天，1953 年 2 月 28 日，在马赛公寓居民委员会的要求下，我设计了它的会员卡。我采纳了建筑者委员会的卡片，福舍设计的尺寸。为了制作模型，我使用了一张在角落里发现的 Bouxin 纸（如上述），我把建筑者委员会的卡片放在一角，它的对角线与纸页的对角线重合（图 13-82）。我继续，坚持不懈地把卡片按照模度的方式分割。在编撰《模度 2》的最后阶段，这是一种相遇，是一个良好的验证，人们每时每刻，在任何地方都会做出与其身体各部位及动作幅度相称的行为，从而创造出与其自身行为尺度相适应的空间。我很高兴地意识到模度的关键已经包含在我的研究之中，在那些经过考验的喜悦的瞬间，以及我旅游过的地方，我在那些地方的房子里面或者前面都感到自由自在，在那些地方"向上伸出手臂的人"一直盛行，在超过 30 年的时间里，他的高度从 2.20 米到 2.16 米，最后成为 2.26 米，再接下来发生的事情，读者都有所了解。

在友情的驱使下，我利用模度为阿莱尔特·让纳雷的《小提琴独奏曲》设计了印刷封面，它的音乐内在、干净而令人感动。

我认为模度为那些利用它的人带来了不可估量的满足感——在内部，在里面。

图 13-83

第十四章

计数法

“这是难以带来坏处，易于带来好处的一系列比例。”
——爱因斯坦，普林斯顿，1946 年（见《模度》1948 年）

1949 年前后，《法兰西之夜》（France-Soir）杂志在其专栏《*在十五分钟内你将了解全世界*》……上刊登了一篇文章：建筑师柯布西耶开始向米开战……向低级的米制系统！……这就是新闻业！尽管这出于记者的良好的愿望，但是却经常引起喧嚣和令人烦恼，引起公愤！我并没有如此的记忆：不认为有必要推翻公制度量系统。[见《模度》（1948 年），110 ~ 115 页]

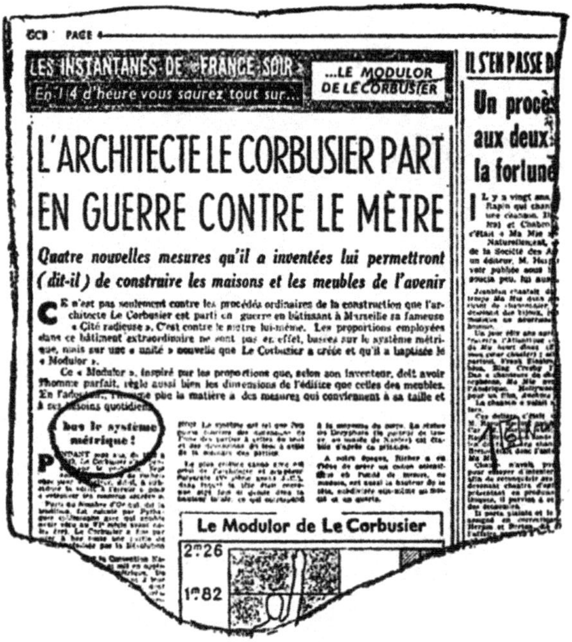

PAGE 4

LES INSTANTANÉS DE « FRANCE SOIR »
En 1/4 d'heure vous saurez tout sur...
...LE MODULOR DE LE CORBUSIER

L'ARCHITECTE LE CORBUSIER PART EN GUERRE CONTRE LE MÈTRE

Quatre nouvelles mesures qu'il a inventées lui permettront (dit-il) de construire les maisons et les meubles de l'avenir

CE n'est pas seulement contre les procédés ordinaires de la construction que l'architecte Le Corbusier est parti en guerre en bâtissant à Marseille sa fameuse « Cité radieuse ». C'est contre le mètre lui-même. Les proportions employées dans ce bâtiment extraordinaire ne sont pas en effet, basées sur le système métrique, mais sur une « unité » nouvelle que Le Corbusier a créée et qu'il a baptisée le « Modulor ».

Ce « Modulor », inspiré par les proportions que, selon son inventeur, doit avoir l'homme parfait, règle aussi bien les dimensions de l'édifice que celles des meubles. En l'adoptant, l'homme plie la matière à des mesures qui conviennent à sa taille et à ses besoins quotidiens.

bas le système métrique !

Le Modulor de Le Corbusier

2.26

1.82

图 14-1

该公制度量系统是一种根据十进制建立的测量方式；这就是人们为了现代社会而创造的一种工作的工具。

直至此时，"模度"的不同的等级是根据米制（公制度量系统）或英制（非公制度量系统）来制定的。不断地重复着盲目的冒险，该计算方式令英制度量系统的保持者能够进行十进制的运算。

在《南部手册》中的一项研究中，安德烈·沃根斯基已经指出了《模度》中某些专业术语的非精确性。另外，对于"关于和谐的度量标准的评论"。我认为更有助于理解的说法是："关于人的尺度的和谐系列的评论，具有普遍的适用性等"。但是，该问题并没有完全得到解决。"模度"中的等级一方面无限趋向于零，另一方面却趋向于无穷大，这些等级缺乏一种适宜的实用的计算方式而简单地书写微小和巨大的区间……它可能并没有引起严重后果，也没有影响到某一个独立的个体……然而，从理论的清晰度来看，该协调的比例——"模度"没有提出其立足点，由于它永远不到达零；而另一方面，由于它无限趋向于无穷大，它也没有停留在假设的半空中。这就是完美的诡辩！但是它有着无懈可击的城市法则。如果希望为"模度"发现一种计数法，就必须从将成为基本单位的现实的观点出发，在该基础上向上和向下去延伸发展该比例。寻找一个理论的出发点并不容易。我所询问过的人没有回应，而且有时对这些问题毫无兴趣。其中一个随意回答问题的人说：应该取"直立"的人的立足点为基准点，但是，在"模度"的图示中，这些立足点被搁置在地面上或所指定的降落地面上或下降到零点的地面上。然而，该零点只是被指定的一个不可到达的目标的趋向性：永远到达不了该点！

1951 年 6 月，我曾向克鲁萨诃先生提议一个通过图形 14-2（同样的问题也于 1954 年向斯贝塞尔教授提议过）来表达的计算方式的出发点。该出发点建立于 113 坐标和在其之下趋向于零的各个等级，这些等级代表了各个分级的数字，也就是 1、2、3、4……20……100……200……并被加上附注 A（例如），于是可以写成 1A、2A、3A、4A……20A……100A……200A……亦因此可以迅速地到达微小的尺寸。

在 113 之上，被加上附注 B 的各个等级通过无限列举法来标明了它们的位置，如 1、2、3、4、5、9、27、88、205 等被写成 1B、

2B、3B、4B、5B、9B、27B、88B、205B 等。

　　我觉得这种书写方式是拙劣而无说服力。我给学者们留下去寻找一种精确的和实用的系统阐述的忧虑。我说到：实用性，因为此计算法源于计算：加、减、乘、除等，甚至包括代数方程式。此时，这些附注 A 和 B 就显得碍事，而我希望这些附注能够表示其上和其下。

　　1.13 米处的标高标志了"模度"中富有意义的地方：2.26 米的一半（蓝色系列），这就是说这是举起手臂的男人的腹腔部位，等，或者是人站立的高度（红色系列）——1.83 米的黄金分割比的数值。

　　关于"模度"的可能计算法这个问题是开放的、无限制的。也许，读者就能发现一种解决方法？

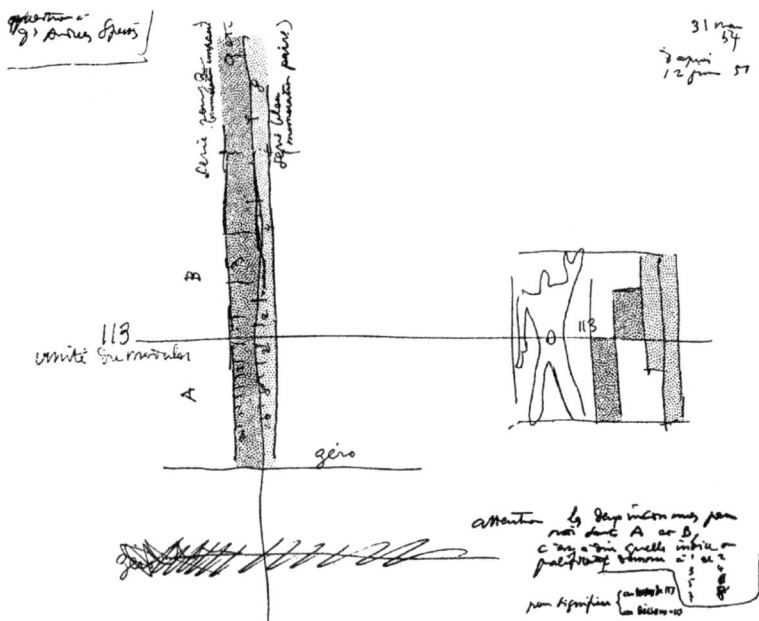

图 14-2

后　记

从人作为一种测量方式和从数字作为一种测量方式：由柯布西耶作发展的"模度"是一种协调的空间测量方式。

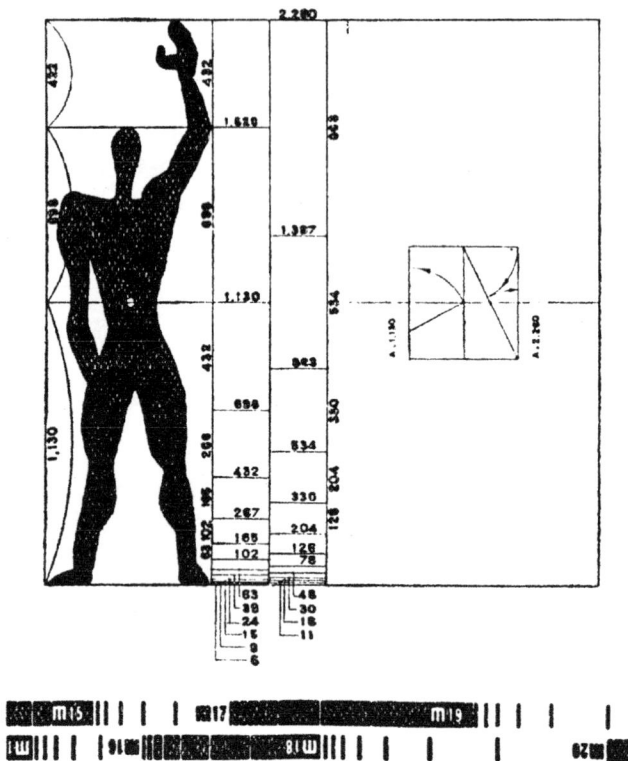

The human figure produces the elements from which are determined two Fibonacci series; the RED series (left), taking its base value from the height of a standing man, and the BLUE series (right), taking its base value from the height of a standing man with arm upraised. Together or separately the two series can be used as an instrument of proportional measurements. The diagram at the right recalls the two progressions determined by the golden mean; magnitude extended by the golden mean, and magnitude reduced by the golden-mean. Below the diagram, a fragment of the Modulor tape.

* In 1947 Durisol Inc., New York, undertook the development of Modulor in the form of a graduated tape.

图1

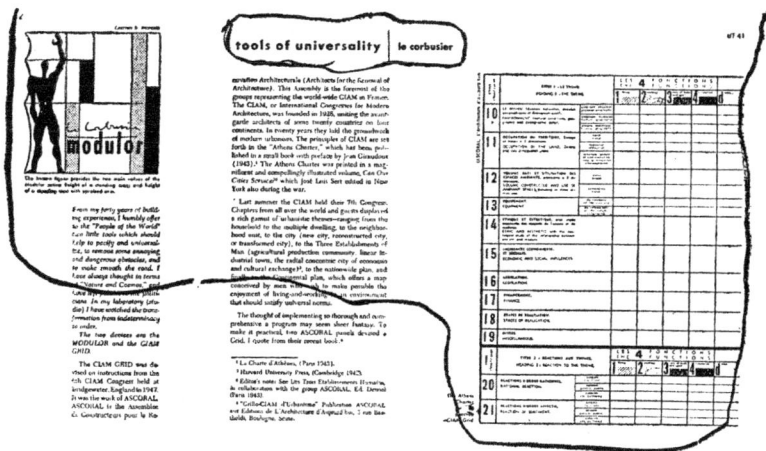

图2

＊
＊＊

60多年以来，我觉得自己已经本能地、单纯地，并非事先考虑地，去提出3种工作的工具：

1. 模度；

2. 国际建协章程（建筑者委员会）；

3. 气候研究目录（塞弗尔大街35号工作室）。

它们是普遍的、用于调解的工具，扫清障碍的工具，是促进观点和实物循环交流的工具。[①]

关于我的研究的秘密，需要在我的绘画中发现。从我的童年起，我的父亲便带着我们穿越山谷，描绘他所喜爱的事物：多样性、相异性、不同物体表现出来的令人称奇的个性、尤其是不同规律的和谐统一。

在13岁离开学校之前，我已经学习到物理学、化学、宇宙学、代数学的基本知识，这些知识令我成长起来。之后，我受教于一位令我尊敬的绘画老师（勒普拉特涅），他亦带领我们到田野、森林中去观察、发现自然万物。"发现"是一个意义非凡的词汇。开始去发

---

① 图2《模度》和《国际建协章程》在纽约的杂志《重建》上，以《普遍工具》为题发表。

现吧！一旦开始行动，就不要停止。在前进的道路中的每一步都要去发现。

在 31 岁，我完成了第一幅作品（这样说绝对地精确，因为绘画只是色彩的铺陈，是一种简单的涂抹；而了解比绘画更加困难）。我的作品来源于创造的本性，并非简单的模仿，总是有建设性的、有机的和有组织的，并且建立了最具人性的权威：在行动中建立起脑与手的有规律的互动联系，而这个行动同时也是平衡的载体。

在建造的精神实质上，必须有均衡的观念，时间的品位和本质的概念。

还必须有想象力。

在我看来，绘画现象是通过真实世界中各种联系的闪光点和独创性去展示诗意的时刻。真实性，是抒情性的跳板。

建筑，只是被掀起了面纱。[①] 已经获得理论方面的技巧，接下来就要通过不同的计划把它们转变为实际的建筑。尔后，对于城市规划，则要考虑到社会计划、个人与集体的二元架构、人与人之间的情感、人性的尺度、自然法则和空间支配权等。

这就是为什么，在某一天，当我经过墙根的时候，我会听到众神在墙后游戏。自此，我便义无反顾地陷入了求知欲之中……

完

1954 年 8 月 9 日星期一于马丁岬复读完毕（该书于 6 月口授于我的秘书让娜。读者将会理解由于口述造成的某些生硬的字句而不至于产生愤怒情绪。应该更专心于这些文字从始至终向我们展现的问题的深刻本质）。

同意付梓，1955 年 4 月 14 于马丁岬。

---

① 我从 17 岁半开始实践（1905 年建造了我的第一栋房子）。但是，这之后，直到 1919 年 32 岁的时候，我才在建筑学上有所开窍。

附录

愉快的独白

　　最隐秘的事情，就是备受感动，感动来源于无数影响的作用，它们令灵魂得到启迪、震撼、充实、激发热情、恢复活力……

　　图 a1，该木制模型非常粗糙却足以令我身临其境于印度的艾哈迈达巴德。那里天气酷热；我们想象一个蜗牛的壳（住屋）环绕着

图 a1

图 a2

某装置产生夏日的阴影；但冬天的阳光却可以深深地渗透进去。穿堂风带来更加舒适的环境。屋顶和立面产生了阴影。在内部，人来人往，随意行事。建筑面向主导风向开敞，空气亦循环流通。

图 a2（永恒之城的片断）。位于普罗旺斯的圣鲍姆，高处为向玛丽·玛德莱娜献祭的祭坛。长达数世纪的信仰！随后便被遗忘了。之后，在这个时代，一切的激烈运动都将可能复苏：纷乱喧嚣、杂乱无章、令人震惊的虚构等。人们希望能够思考、沉思和筹划。在这些年里，特鲁安和我已经在筹备一项大型的关于圣堡牡的建筑与城市面貌的复苏工程：神秘的、不露形迹地下大教堂；在室外，人们生活在与周围景观、自身姿态与精神相呼应的简朴之中。一切都是那么赏心悦目！这是一项巨大的保护工作，令我们热情高涨。但是，法国的大主教和红衣主教却在了解方案之后错误地将其摒弃……

我在马赛进行了大量的斗争：1946～1952年，在同行（建筑师和其组织机构）的阻挠下，马赛公寓被建设在一片战场之上。这是多么的不幸！它需要拥有多强的耐性啊！这就是马赛！看吧，马赛！首先，这与建筑专业本身无关。这是从中世纪一直跨越到我们这个时代的桥梁。这是一座没有国王、王子，却有男人、女人和小孩的建筑物。

在地中海的阳光普照之下，清新的夏日之宅。就是在马赛，整个大海从窗户涌进来，群山亦从另一面蜿蜒进入房中。这难以置信的景观，如同身在德尔斐（Delphes，位于希腊弗基斯的圣地遗址——译者注）或海岛之中，完全可以忽略百叶窗的阻挡。

马赛公寓的 1600 户居民，母亲、父亲和孩子们从一个楼层上到另一个楼层。一个全新的生活不就将会在他们面前呈现出来吗?

而此时，1955 年的春天，在南特—河兹，一个月来每天都有住户迁入第二个"无关政治的垂直公社"。马赛：6 年的角力，这艘巨大的船舰护航着每天日常的欢乐。这是 40 年深切思考的报答；是一生经验和大群忠实的年轻拥护者热忱帮助的成果：1907 ~ 1952 他们来自法国和世界各地。以耐心、坚韧、谦逊的态度探索。沉默并苦干。这是一种经历。7 位部长相继批准、容许或热情地给予帮助。

图 a3

今天，旅行客车直接来自马尔默、加莱、科隆。在卢瓦尔河城堡之后，这幢房子是法国被参观最多的地方……而18个月建成的南特—河兹公寓（图a22），是塞弗尔大街35号年轻人的作品，同样致力于法国当今居民住宅的研究，是不屈不挠坚持到底的探求。

读者，请你们看由模度带来的令人愉悦的图像："易于带来好处……"图a3："可出租盒子"入口（马赛）；图a4：天空映衬下的建筑体量（马赛）；图a5：这是在56米高度上的屋顶，一个通风烟囱，一条为跑步者准备的320米长的跑道；图a6：这是在7楼的面包、肉类、蔬菜市场和之上的市场街以及咖啡馆。还有食品杂货店、洗衣店等。图a7：不透光的北立面，背部阻挡强烈的北风。图a8：从上到下到处是粗制混凝土；钢筋混凝土作为高雅的材料而被接受。图a9：鲜明的几何，纯粹性。

图 a4

图 a5

图 a6

图 a7

图 a8

　　图 a10：家庭的蜂房，每个家庭占据一个蜂房——以人的尺度衡量安排。图 a11：架空层柱子，近似冒险的城市规划的主角："光辉城市"；地面将属于行人。图 a12：在这出色的玻璃、木头、水泥……栅栏之后的市场和下面的百年老树以及旁边的山、远处的海；模度在这里展开了"希腊式"、"爱奥尼式"的笑容——多亏了数学，以及人的尺度比例。图 a13：在入口大门之上 56 米，幼儿园的孩子们享受水、阳光和景色……去上面看看他们是否开心吧！图 a14：简单的比例游戏……图 a15：这里，模度在南特—河兹公寓（1955）入口的混凝土中唱着颂歌。图 a16 和图 a17：读者们注意了，这里是昌迪加尔法院的门廊，法院在这个 1955 年 3 月 19 日由尼赫鲁先生举行了落成仪式。请保持耐心！法院前的大水池正在建设中，摄影师已被派去几星期了。

图 a9

图 a10

图 a11

图 a12

图 a13

图 a14

图 a15

图 a16

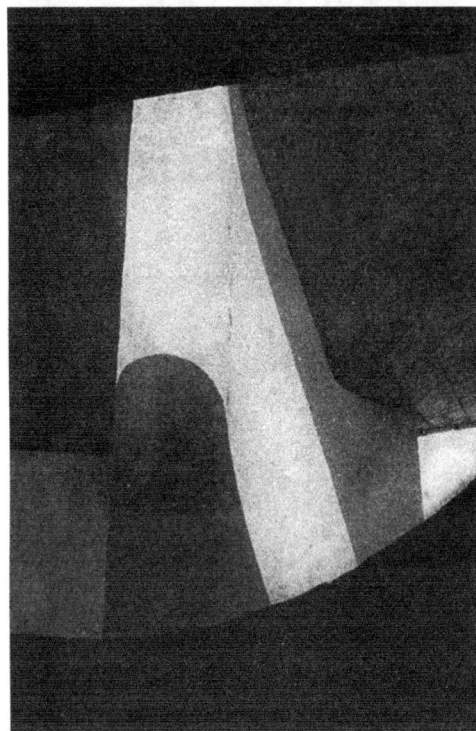

图 a17

在这奇妙的景色中，摄影师颂扬建筑和大自然的和谐交织。图 a18：透过雨天看圣迪埃的工厂；图 a19：工厂最顶层的管理人员办公室，1946 年被摒弃的勒·柯布西耶为圣迪埃所做的规划方案的唯一实践示范。图 a20：这是制作工人的大厅。应该看到点缀顶棚的颜色鲜艳强烈，为这个工人工作的场所带来了几分壮烈的色彩和中世纪的气息（注意：是中世纪的时代精神气息）。图 a21：在里昂附近的拉图雷特建设中的多明我会新修道院，在方案中汇集了有价值的宗教仪式，营造行为动作、心灵禀好和人文精神的场所——模度的美好主题……

这个内心的独白使人心情愉快，因为它记录了我们占据的场所都围绕着人的价值来组织：现代住房 = 被当成家庭圣殿的居所；现代办公场所 = 工场；圣地 = 此修道院。对！为什么不呢？是的，当然！问题在回响。

图 a18

图 a19

图 a20

　　我们的多个方案被弃用：国际联盟（日内瓦，1927 年）；苏维埃宫（莫斯科，1931 年）；联合国大厦（纽约，1947 年）；联合国教科文组织大厦（1952 年——巴黎——我居住的城市）。好极了！

　　我一生都在设计作为人类居所的宫殿；建造宫殿般的居所。我们最后的构想体现在昌迪加尔的国会大厦和里昂拉图雷特修道院中，"悦耳"的玻璃墙作为现代最合理的门窗做法，它们的排列组合遵循了音乐领域早已存在的规则。

　　立面上的玻璃墙独立于承重墙（图 a23），为走廊和公共厅室带来光线。这层玻璃墙镶嵌在钢筋混凝土做成的细框架上。

　　若不采用模度比例，有两种传统方法对钢筋混凝土框架进行分格。第一种是最普通的方式，把框架等距排列。第二种较为巧妙，随着算术级数变化框架间距，创造有韵律感的图案。

　　这两个方法是静态的。我把第三种方式暂时命名为："悦耳的玻璃墙"（图 a23）。

　　在这里，模度的活力完全自由不受约束。立面元素在笛卡儿坐标竖直和水平两个方向上互相对照。在水平方向上，框架的密度以

图 a21

图 a22

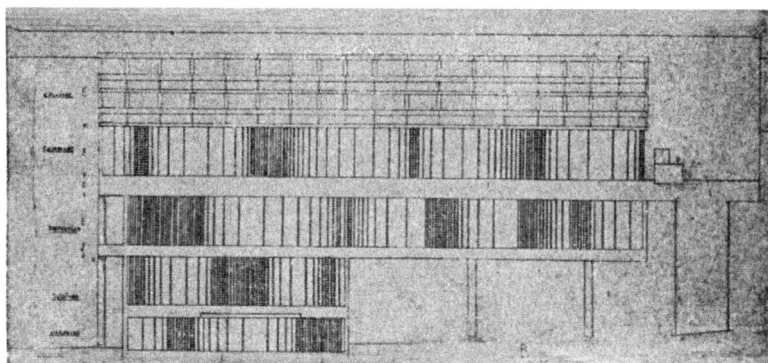

图 a23

时松时紧的弹性波动方式持续变化。竖直方向上，创造与不同密度相对位的和谐装饰。模度的红色系列和蓝色系列两个等级时而分开，时而交织，从而产生微妙的均衡。

（经过考虑，为了避免侮辱或恶毒的中伤，我们最终为这个方法采用以下形容词："波动的玻璃墙"）

***

修道院的玻璃墙由工程师、音乐家，现以建筑师身份在塞弗尔大街 35 号工作室工作的克赛纳基斯调整到位。三种有利的职业集于一身。在模度理论中被无数次提及的音乐和建筑理论的相切，这一次在克赛纳基斯的乐谱中被刻意表现出来：在《Metastassis》中利用模度作曲，把模度的方法引入音乐作曲中。

以下是克赛纳基斯的文章：

"歌德说'建筑是凝固的音乐'。以作曲家的观点来看，可以反过来说'音乐是灵动的建筑'。理论上，也许这两种说法都是优美而确切的，但并没有真正地触及两种艺术的内在结构。

在为 65 个演奏者的古典管弦乐队谱写的乐曲《Les Metastassis》中，建筑理论的参与直接建立在模度基础之上。模度甚至在音乐发展中也找到了本质上的应用。

直到这时，时间的持续现象才与声音想象相比照。作曲家总以传统机械理论中物理学家的方式使用它们。在 19 世纪的物理学中，时间是物理定律性质的外在参数，均匀而持续。相对论的机制打破了这个不够确切的概念，并把时间的持续归并于与物质和能量具有相同的本质。

在《Metastassis》中处理时间持续的方法是一种相对论的方法。

《Metastassis》在这类概念中的基本应用之一是：6 个代数间隔和 12 音的调律音阶在与频率成比例的时间段内被发送。6 个持续的音阶伴随着间隔的发送。

连贯的温和的时间间隔是一种几何级数。时间的持续也同样是一种几何级数。

此外，时间的持续有递加的特性。一段时间的持续可以加在另一段上，而成一整段。因此，出现能够向上递加的时间持续的系列自然是非常必要的。

在所有几何级数中，只有其中一种的关系具有递加特性。这就是黄金分割级数。

模度理论就是用这样的方式创造了时间和声音间紧密的结构联系。

但这种制约在声密度场的定义中采用了另外的表达方式，不同于借助弦乐器的级进滑音表达的《Metastassis》开篇，这种相异的表达也被发现在结尾级进滑音的整体持续时间的比例范围中。"（图a24和图a25）

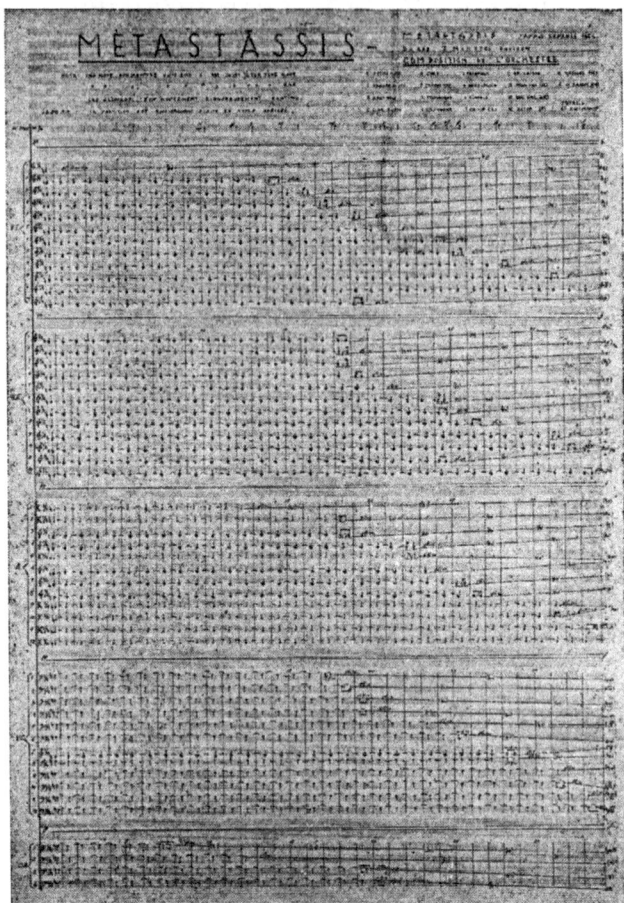

图 a24

· ·

　　我无可救药的兴趣驱使我完成此书。但这次，我面对不熟悉的事物并深陷其中：我有音乐家的灵魂，但事实上我完全不是音乐家。《模度2》又一次向未知打开了门，对使用者说话……

独白结束，

勒·柯布西耶

1955 年 5 月 12 日于巴黎

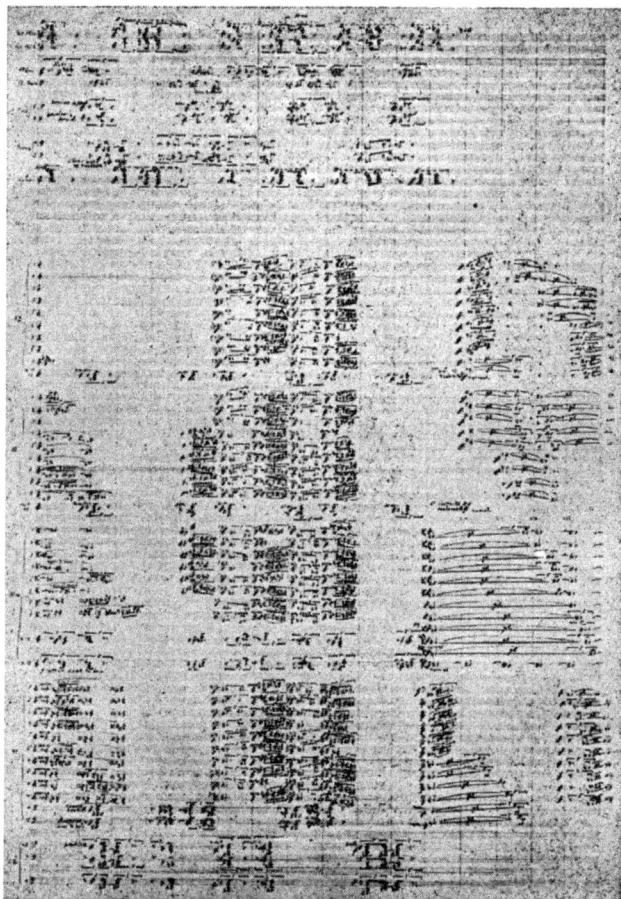

图 a25

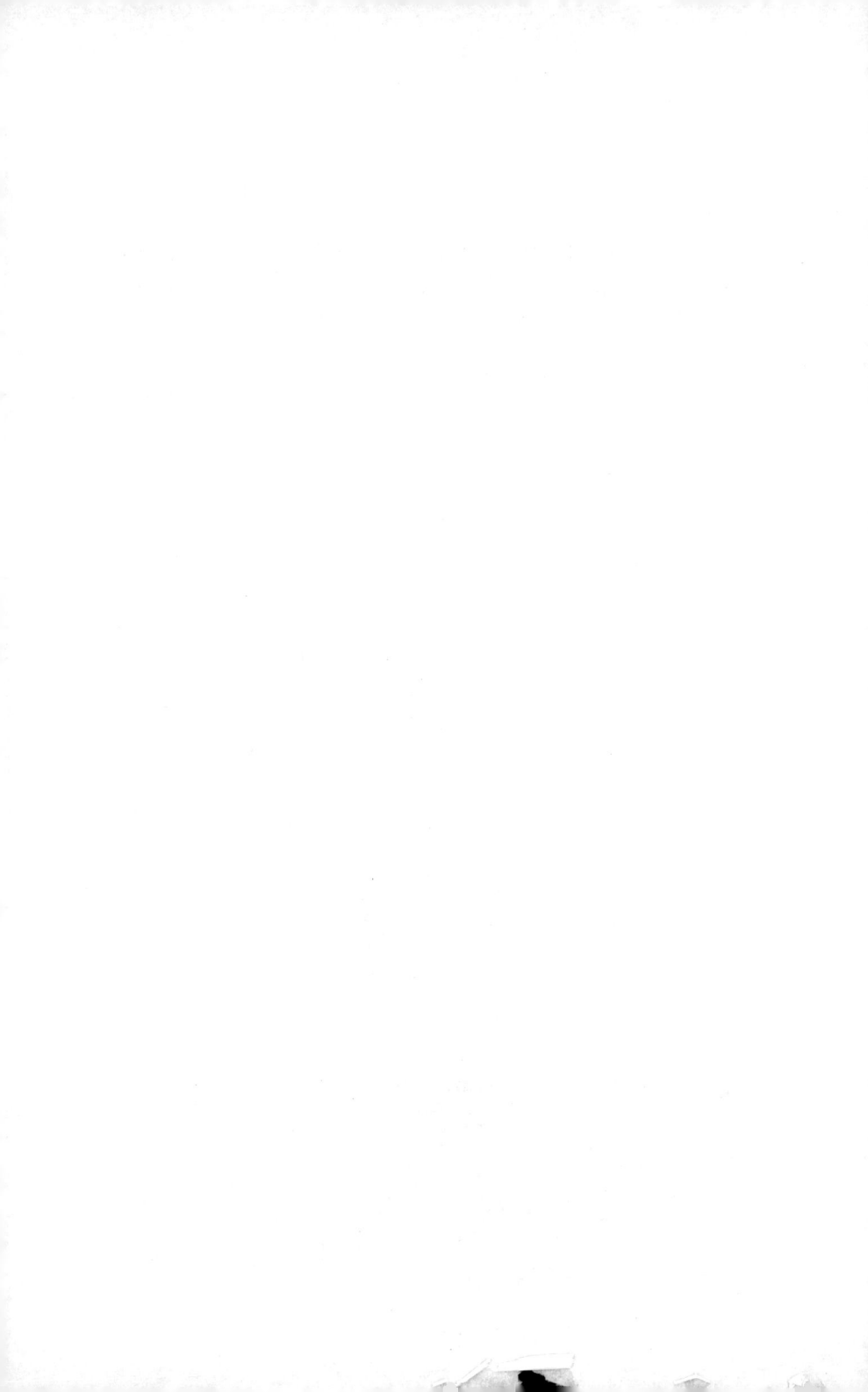